생활 속의 수리 과학

Mathematical Sciences in Life

조용욱 지음

KM 경문사

머리말

오늘날 일상생활은 21c가 도래함에 따라 정보화 및 인터넷의 발달로 시대가 변천하고 있습니다. 교육도 e-러닝 수업 및 사이버 수업으로 진행하는 경우가 점차 많아지고 있습니다. 이에 따라 일상생활에서는 물론 모든 학문 영역에서 정도의 차이는 있지만 수학 및 기초과학의 필요성과 응용성이 절실하게 느껴지고 있습니다. 그래서 이 책에서는 자연과학계열, 공학계열, 경상계열, 인문사회과학계열 및 예능계열 대학의 교양학부 교재로서 최소한 필요하다고 생각되는 내용들을 모아놓았습니다. 특히, 이 책은 생활 속에서 수리과학에 관한 기본적인 내용을 다루고 순수수학을 바탕으로 엮어나갔습니다.

이 책의 제1장에서는 실생활의 주요예시를 통한 수리과학의 다양한 현상을 다루고, 제2장부터 제6장까지는 수리과학에 필요한 순수수학을 바탕으로 기초적이고 논리적인 명제와 집합이론을 취급합니다. 특히 함수의 개념을 도입하고 생활 속에서의 수학을 토대로 행렬, 행렬식, 연립방정식, 벡터개념을 공부합니다.

제7장부터 제9장까지는 수리과학에 필요한 응용수학을 토대로 함수의 극한, 미분개념, 적분개념, 암호이론 및 미분방정식을 다루었습니다.

보다 깊은 수리과학 학문을 위하여 기초대수학, 기초해석학 및 기초기하를 공부하고 이들을 유클리드 벡터 공간상의 벡터 해석학에 적용하여 여러 가지 다양한 학문 영역의 깊은 탐구를 해 나가는 과정에서 생활에 필요한 지식을 습득하여야 합니다.

실생활 및 응용학문에서 이론을 전개할 때에 수학적 기초 이론을 이용해서 전개해 나가는 경우가 많습니다. 그래서 학생들이 기초적인 수학을 바탕으로 한 응용력을 기를 수 있도록 하는 데 이 책의 역점을 두었습니다.

이 책은 두 학기용 교재로서 고교 수학과정을 충실히 공부한 학생이면 누구나 혼자서도 읽을 수 있도록 쉽게 설명하려고 노력하였습니다. 특히, 개념, 보기, 정리, 예제, 보충, 주의를 중심으로 학생들이 반복하여 개념을 읽히도록 배려하였습니다. 또한, 각 절마다 다양한 연습문제를 통하여 다시 한 번 내용을 복습하고 다지도록 하였습니다. 그리고 서두에서는 생활과 수리과학의 다방면에서의 적용과 응용적 측면을 개략하였습니다.

첫 번째 학기에 공부할 내용을 열거하면, 먼저 기본 논리인 명제와 집합이론을 소개하고, 다음으로 기초대수학 분야인 행렬의 주요개념 및 성질, 행렬식의 주요개념 및 성질, 연립 방정식의 여러 가지 해법을 다루고, 유클리드의 벡터개념을 소개하고 내적의 기본개념, 외적개념, 거리, 정사영, 일차결합, 1차 독립 및 1차 종속 등 유클리드 벡터공간의 기본적인 성질을 공부합니다.

이 책의 내용을 보다 심화시킨 학습으로, 두 번째 학기에 공부할 내용을 열거하면, 일반적인 벡터공간상에서 주요개념 및 성질, 1차 독립과 1차 종속의 특수개념 및 성질을 다루고, 다음으로 기초해석학 분야인 함수의 극한, 미분의 주요개념 및 성질, 도함수의 주요개념 및 성질, 적분과 정적분의 응용 및 주요개념과 성질을 취급합니다. 더불어 수리과학의 응용분야로서 암호 이론 및 미분방정식 이론을 취급하였습니다.

이 책은 두 학기용 교재로서, 수 또는 스칼라를 다룰 때 특별한 언급이 없는 한 실수 범위 내에서 생각하도록 합니다. 이 책에서 다루는 내용은 주로 실수 및 유클리드공간을 바탕으로 구성되어 있습니다. 또한 보다 깊이 수학을 공부하고자 하는 학생들을 위하여 책 뒷부분에는 기초적인 대수적 개념 및 기본적인 수학공식을 부록으로 삽입하였습니다. 그리고 각 절마다 주요개념을 설명한 뒤에 거기에 따르는 정의, 보기, 주의, 예제, 보충 및 정리를 충실히 다루고 절 끝에는 내용을 보다 깊이 연구하고 적용하기 위해 풍부한 연습문제를 수록하였습니다.

끝으로 이 책의 마지막 부분에는 독지들의 이해를 돕기 위하여 각 절의 선정된 연습문제 해답을 수록하였습니다. 부족하지만 이 교재를 통해 독자들이 생활 속에서 수리과학에 대한 이해의 폭을 넓히고 이를 모든 학문분야 및 일생생활에 응용할 수 있는 계기가 되기를 바랍니다. 또한 독자들로부터 많은 충고와 비판을 받아들이고 수용하여 수정 및 보안해 나갈 것을 약속드립니다.

2015. 3. 저자

차 례

제1장. 수리과학의 개요

제1절. 생활과 수리과학 --- 2
제2절. 수리과학의 적용 --- 19

제2장. 명제와 함수

제1절. 명제와 집합 --- 32
제2절. 함수의 개념 --- 39

제3장. 행렬

제1절. 행렬과 행렬연산 --- 48
제2절. 기본연산과 기본행렬 --- 64

제4장. 행렬식

제1절. 행렬식 --- 84
제2절. 행렬식의 성질 --- 94
제3절. 행렬식의 전개와 수반행렬 ---105

제5장. 연립1차방정식

제1절. 연립1차방정식 --- 118
제2절. 연립1차방정식의 성질 --- 133

제6장. 벡터

제1절. 벡터의 연산 및 내적 --- 144
제2절. 벡터의 노름 및 정사영 --- 152
제3절. 1차 독립과 종속성 및 외적 --- 161

제7장. 미분의 개념

제1절. 함수의 극한, 연속성 --- 172
제2절. 도함수, 미분 --- 181

제8장. 적분의 개념

제1절. 부정적분, 정적분 --- 196
제2절. 적분의 응용 --- 211

제9장. 수리과학의 응용

제1절. 암호 시스템 --- 220
제2절. 미분방정식 --- 227

제10장. 부록편

제1절. 대수적 기초개념 --- 234
제2절. 기초 수학공식 --- 242

해답 (선정된 문제) --- 249
참고문헌 --- 262
찾아보기 --- 263

수리과학의 개요

Chapter 1

1.1_생활과 수리과학

1.2_수리과학의 적용

1.1 section 생활과 수리과학

수학 (mathematics)은 숫자를 바탕으로 하여 기호와 문자를 통하여 다루는 학문으로서, 그 학문의 진리는 영구불변하며 모든 학문의 근본이며 양식이다. 또한 **수리과학** (mathematical sciences)은 수학을 통한 각종 학문 및 실생활에 응용한 학문으로서 자연과학, 인문사회과학, 공학, 경제학, 법 및 행정학, 암호이론, 게임이론, 컴퓨터, 예술 및 체육 분야 등에 관계된다. 따라서 수리과학은 모든 학문에 적용되고 있다.

아래와 같이 각 분야별로 분류를 하였고 예시 및 그림을 통하여 시각효과로서 수리과학을 보다 쉽게 이해할 수 있도록 다루었다.

1. 수학은 일상생활에서 발견된다.

실생활에서 매개수단인 **화폐**단위는 정수 및 실수 상에서 중요한 **연산** 작용인 **가감승제**를 잘 활용할 수 있는 가장 좋은 **수학적 도구**이다. 물건이나 부동산을 사고 팔 때, 그 가치를 숫자에 대응시켜서 매매가 이루어진다. 여기서 자연스럽게 함수의 관계를 이해할 수 있다.

집합과 명제를 공부하고, 관계와 함수를 다루는데 있어서, 구체적인 예를 들면, 남학생과 여학생간의 미팅하는 방법 및 10명의 학생을 일렬로 줄 세우는 방법에서 여러 가지의 **함수관계**와 성질을 찾을 수 있다 (2장 참조).

화폐 [그림 1.1]

밀가루는 **제빵기**라는 함수를 통해서 새로운 결과물인 **빵**을 만들 수 있다. **자연수**는 +라는 함수를 통해서 **새로운 수**가 탄생한다.

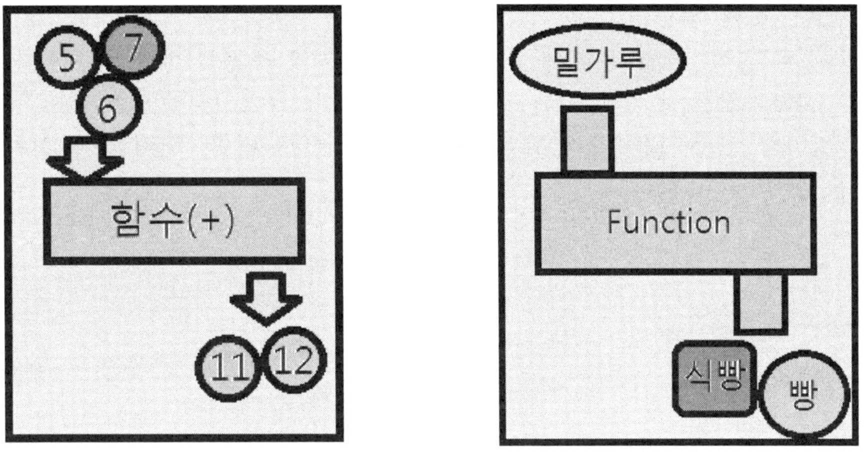

함수 [도표 1.2]

우리가 착용한 의복도 대, 중, 소 사이즈로 나누어 판매하며, 우리가 먹는 음식도 칼로리를 정하여 먹는 양을 조절하면 건강에 도움이 된다. 동과 호수 별로 정리된 APT 및 주택단지 도 수학의 원리에 이해 규명되고, 뼈대가 형성된다. 예를 들면, 건축에 필요한 **길이의 단위**, **넓이의 단위**, **부피의 단위**, 시간, 공구 등은 수학적 근거가 없이는 다루기 힘들다.

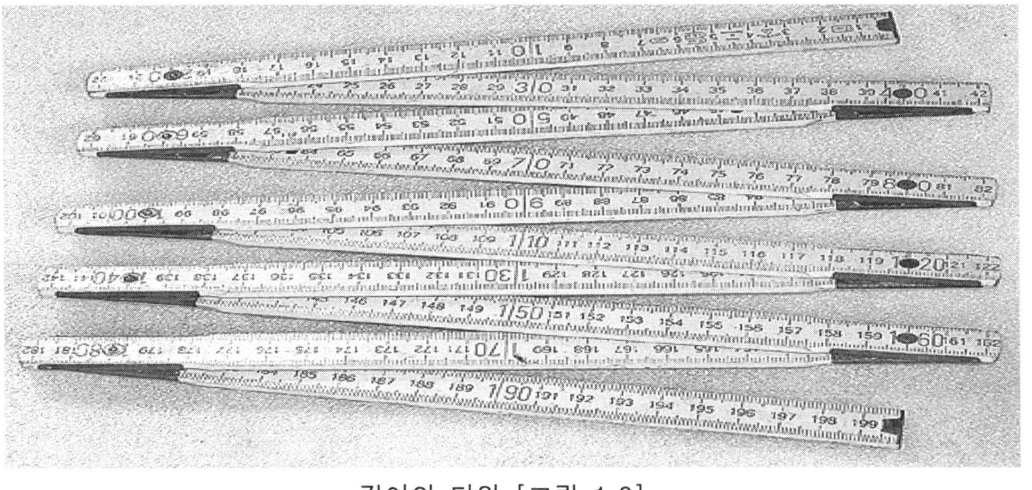

길이의 단위 [그림 1.3]

2. 수학은 과학의 여왕이라고 한다.

자연과학 현상에서 나타나는 **속도, 가속도의 원리, 파동방정식, 모멘트, 원심력, 구심력, 질량 불변의 법칙** 등 모든 과학적인 사실은 수학에 의해 표현된다. **피타고라스의 원리, 멘델의 법칙, 케플러의 법칙** 등의 유명한 예를 들 수 있다.

모든 자연과학은 수학에 의해 규명되고, 뼈대가 형성된다. 예를 들면, 과학에 필요한 **길이의 단위, 넓이의 단위, 부피의 단위, 시간 단위, 미터법, 계산기** 등은 수학 없이는 다루기 힘들다.

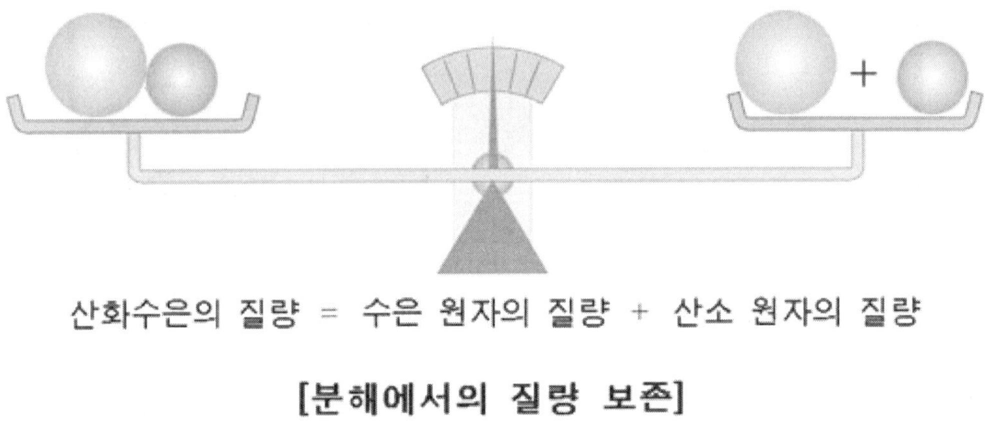

질량불변의 법칙 [도표 1.5]

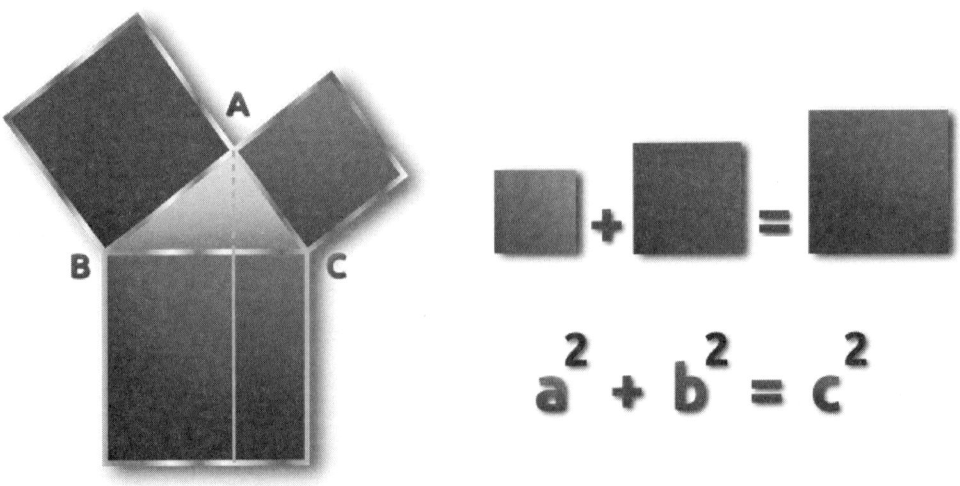

피타고라스의 정리 [도표 1.5]

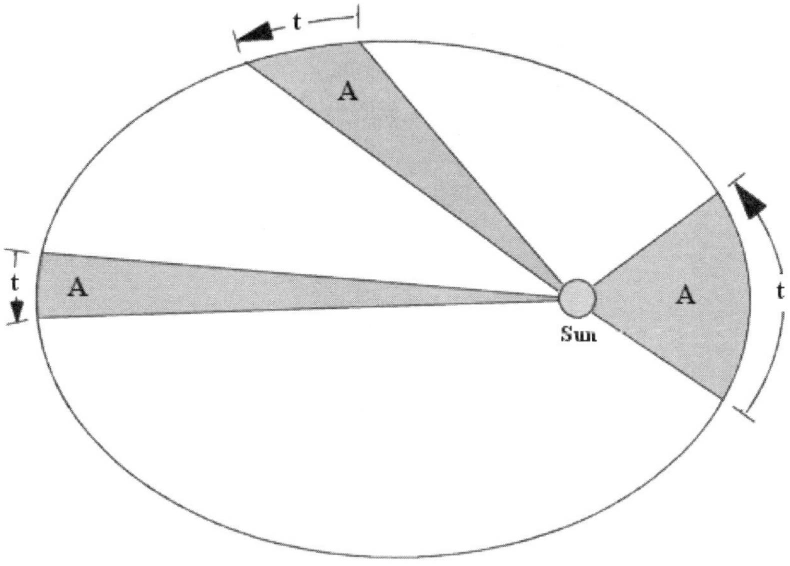

케플러의 법칙 [도표 1.6]

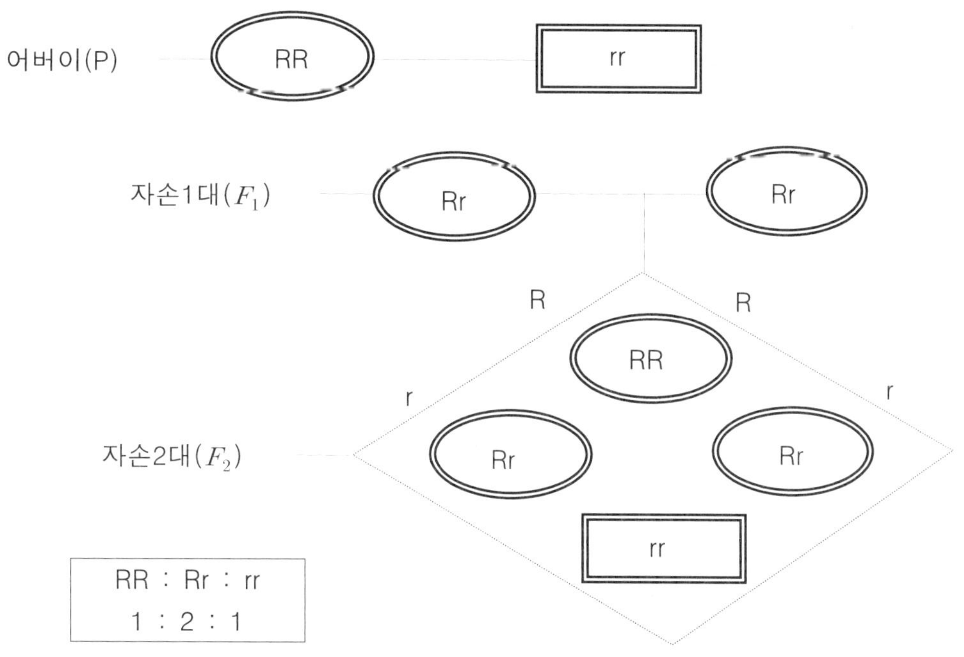

멘델의 법칙 [도표 1.7]

계산기 [그림 1.8]

3. 수학은 삶의 철학이다.

매일 우리는 **숫자**로 시작하여 하루의 일과를 진행하며, 숫자로 하루를 마무리 짓는다. 예를 들어, 아침 6시에 기상하여, 7시에 아침을 먹고, 9시에 일과를 시작하여 업무에 따라 계산되고, 12시에 점심을 먹고, 오후 5시에 일과를 마치고, 오후 7시에 저녁을 먹고, 밤 12시에 잠을 잔다고 하자. 이는 분명히 **시계**와 함께하는 생활이다.

또한, 윷놀이, 제비뽑기, 체스. 복권, 주식 등을 통하여 행운을 기대하기도 한다. 마음속에 특정한 숫자를 간직하여 생활의 지표로 삼기도 한다.

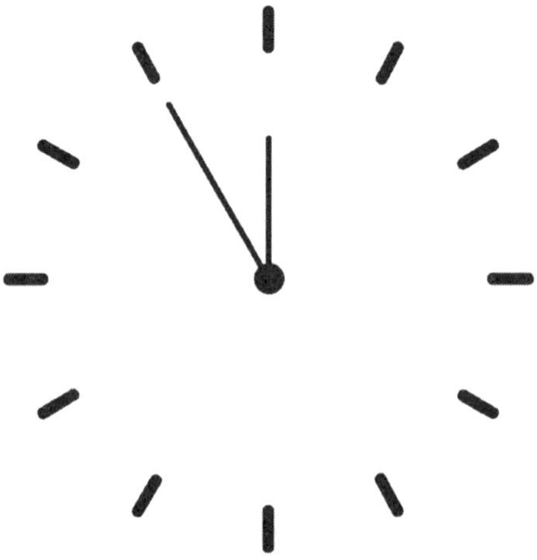

시계 [그림 1.9]

4. 수학은 생활공간에서 기하학적 성질을 찾아볼 수 있다.

우리가 매일 접하는 주택단지나 물건(**블록, 벽지, 타일** 등)에서 **삼각형**, **사각형**, **오각형**, **육각형**, **원**, **타원**, **직육면체**, **원기둥** 등에서 여러 가지 **기하학적인 성질**을 찾을 수 있다.

건축물, 보도블록, 타일, 벽지 등 여러 가지 물체에서 **대수학적 성질**인 **대칭성**, **연속성**, **반사법칙** 및 **추이법칙**도 찾을 수 있다.

야구공이 날아갈 때의 **포물선**, 다리 위의 **현수선**, 폭포수가 떨어지는 동작에서 여러 가지 **기하학적인** 곡선을 찾을 수 있다.

포물선 분수대 [그림 1.10]

≪예제 1≫ 실생활에서 **포물선**의 함수를 응용한 물체의 예를 들어 보시오.

풀이 돋보기, 손전등의 전구부위, 선풍기모양의 난방기의 열판, 현수교, 군인들의 철모, 파라볼라 안테나 등등. ⊠

대칭성 나비 [그림 1.11]

5. 수학은 중세 및 고대의 건축양식에서 찾아볼 수 있다.

우리가 접하는 고대의 미술이나 고대 및 중세의 정교한 **건축 양식**과 **꽃무늬 장식**들 (아래그림 참조)에서 여러 가지 **기하학적인 도형**을 찾을 수 있다.

고대 콜로세움 [그림 1.12]

중세건축과 잔디밭 꽃무늬 [그림 1.13]

고대건물 중 우리나라의 **고인돌**이나, 기원전 3000년 전에 지어진 **스톤헨지**는 기하학적 원리를 활용하고 베어링을 이용한 지레의 원리를 사용하여 건축하였다. **원형**인 스톤헨지는 태양이 뜨면 지름을 지나고 하지와 동지를 그림자로 알 수 있게 건축하였다.

피라미드 [그림 1.14]

≪예제 2≫ 일상생활에서 여러 가지 모양의 기하학적인 도형을 5가지 이상 찾아보아라.

힌트 바둑판, 책상, 식탁, 색종이, 건물의 유리창, 건물의 지붕 등. ⊠

6. 수학은 움직이는 물체와 운동기구 속에서 수학을 찾을 수 있다.

풍차, 열차, 비행기, **열기구** 등 움직이는 물체 속에서 수학적 사실을 찾을 수 있으며, **농구** 및 축구 경기나 야구 경기를 관전할 때, 운동 도구는 **구 (공)**이며, 경기가 시작되면 운동 도구는 **곡선**을 그리면서 진행된다.

야구공을 던질 때, 포를 쏠 때, 각도에 따라 여러 가지 형태의 **포물선**을 만들고, **속도**와 **가속도**를 동반하고, **거리**, **속도**, **시간**의 관계식도 얻을 수 있다. 달리는 자동차나 기차에서도 **속력**에 따라 거리가 달라짐은 완전히 **수학적 원리**이다.

풍차 [그림 1.15]

열기구 [그림 1.16]

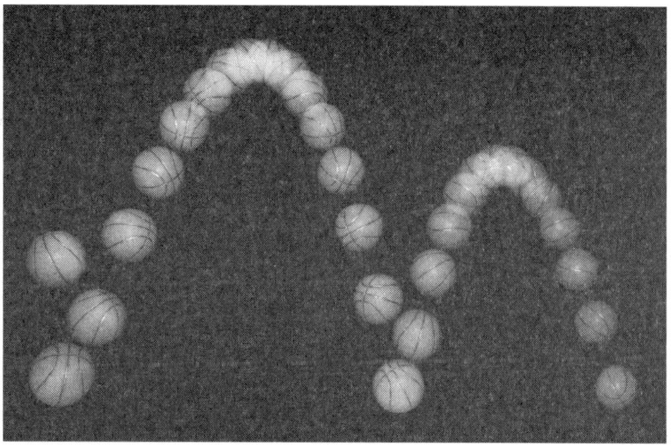

농구공의 움직임 [그림 1.17]

7. 수학은 군수산업 및 우주개발에 큰 영향을 미친다.

제2차 세계대전 때는 수리 과학적 지식이 정부연구소와 군수산업에서 전투력강화, 육군, 해군 및 공군에 널리 이용되었다고 한다.

과학사들는 **암호이론** 및 **정보이론**의 개발, **탄도학**, 레이더, **항공사진**, **로켓포**, 원자폭탄, 잠수함, **전파탐지기**, 수중음파탐지기 등에 수학의 원리를 활용한다.

제2차 대전 이후에는 우주개발을 위해 인공위성 발사, 슈퍼 PC로 천체연구 및 우주 전체를 관측하기도 하였다.

로켓포 쏘는 거리와 각도 [그림 1.18]

8.수학은 고대 철학에서 출발하였다.

철학은 사물을 대할 때 다양한 것 속에서 통일성과 일반적인 특성을 찾아내는 보편성과 존재성을 추구하는 학문이다. 여기서 존재성과 관련하여 집합의 개념이 등장한다. 집합은 어떤 특정한 성질을 만족하는 사물의 모임이다. 이와 같은 모임이 존재하지 않을 때 공집합이라 하고, 공집합이 아닐 때는 단일 혹은 복수 집합인지를 따져야 한다. 여기서, 집합들 간의 **합집합**, **교집합**, **차집합**, **곱집합** 등의 이론이 나온다.

플라톤은 존재를 다음과 같이 세 가지로 분류하였다: 이성에 의해 판단되는 형이상학인 이데아, 수학적인 존재, 감각적인 사물들로 나누었다. 위의 세 가지 존재에 대응시켜, 플라톤은 수를 **이데아 수**, **수학적인 수**, **감각적인 수**로 분류하였다. 플라톤의 주장에 따르면 수학자는 수를 창출하는 것이 아니라 이미 존재하는 수를 찾아내 가설을 바탕으로 결과를 탐구하는 사람. 수의 존재는 영원불멸함을 알 수 있다.

고대 철학의 근본인 가설과 결론을 동반한 **소크라테스**의 삼단 논법은 좋은 수학적 원리이다.

플라톤과 제자들 [그림 1.19]

9. 수학은 전파 및 음악 분야와 깊은 관련이 있다.

텔레비전 수상기의 전파에서 수학을 찾을 수 있고, 음악에서도 찾아볼 수 있다. 피타고라스의 **음계표**는 진동수를 나타내는 숫자의 배열로서 분모와 분자가 각각 모두 2와 3의 **멱등 인수**로서 이루어 졌다고 한다.

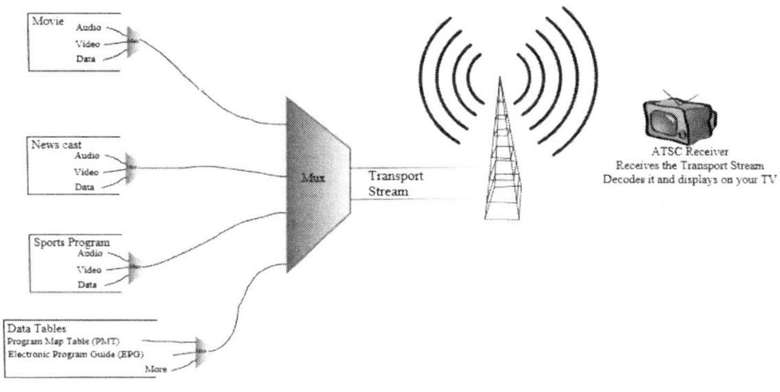

텔레비전 수상기 전파 [그림 1.20]

바흐는 **음계**를 만들 때, 각 음정을 평균화하여 음조를 만들어 48곡을 즉시 만들었다고 한다. 베토벤은 소리를 구성하는데 마치 연속적인 곡선과 기하학적인 논리를 전개하는 것과 같은 재능을 발휘하였다고 한다.

아래 도표에서처럼 현의 비례에서 조화 음을 발견할 수 있다.

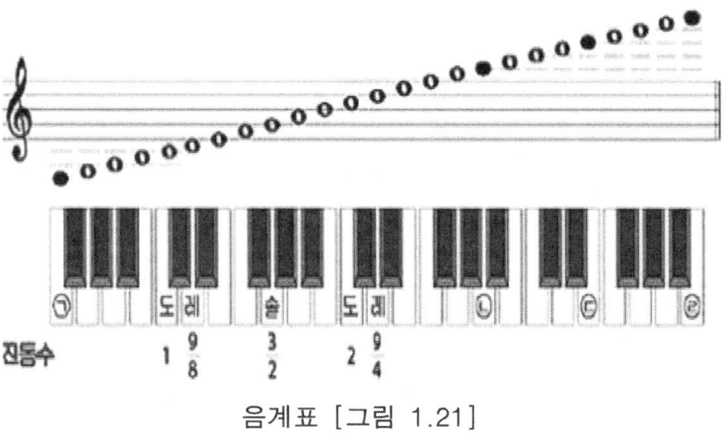

음계표 [그림 1.21]

10. 수학은 미술과 조각에도 큰 영향을 미친다.

레오나르도 다빈치, 반 고흐, 라파엘로, 미켈란젤로 등 유명한 화가들은 자연과 인간을 화폭에 담을 때 시선에 따라 사물을 그리는 **투시법**과 **각도법**을 잘 적용하고 이를 활용하였다.

토머스 아퀴나스는 **미학**의 기준으로서, “균형 있는 것이 아름답다”고 하였다. 따라서 수학의 **대칭성**, **연속성**, **규칙성**이 예술에 활용됨을 알 수 있다. **미술가**, **건축가** 및 **조각가**들이 조형미를 만들 때 **황금비율**을 많이 사용한다.

황금비율이란 선분을 한 점에 의하여 2개의 부분으로 나누어, 그 한쪽의 제곱을 나머지와 전체와의 곱과 같아지게 하는 일을 말한다.

작도를 할 경우 하나의 선분 $\overline{AB}$가 있을 때, 그 선분 상에 한 점 P를 구하여

$$(\overline{AP})2 = \overline{BP}\cdot\overline{AB}$$

가 되도록 하는 일이다. 즉

$$\overline{BP}:\overline{AP}= 2:(\sqrt{5}+1)= 1:1.61803\cdots$$

을 **황금비율**이라 한다.

원근법과 소실점 [그림 1.22]

조각 [그림 1.23]

11. 수학은 무용, 체육 분야에서도 찾을 수 있다.

무용 및 체조의 여러 가지 움직임에서 **반사**, **대칭**, **추이관계**, **회전 및 체인** 법칙을 찾을 수 있다.

또한 달리기 경주와 마라톤 경기에서도 **연속성**, **증가법칙**, **감소법칙** 등 규칙성을 찾을 수 있다.

무용 및 체육시간에 학생들의 질서 정연한 모임에서 수학에서 중요한 분야인 **행렬**과 **행렬의 특성**을 발견한다.

$$M=\begin{bmatrix} a_{11} & a_{12} & a_{13} & a_{14} & a_{15} \\ a_{21} & a_{22} & a_{23} & a_{24} & a_{25} \\ a_{31} & a_{32} & a_{33} & a_{34} & a_{35} \\ a_{41} & a_{42} & a_{43} & a_{44} & a_{45} \\ a_{51} & a_{52} & a_{53} & a_{54} & a_{55} \end{bmatrix}$$

행렬 [표 1.24]

무용 [그림 1.25]

12. 수학은 자연현상 및 프랙털 이론에서 발견된다.

눈송이, 식물의 줄기, 열매, 잎사귀와 꽃봉오리에서 기하학적인 곡선, 대칭성, 연속성을 찾을 수 있다. 특히, **프랙털** (Fractal)**이론**은 연구할 가치가 크며, 앞으로 유망 연구 분야이다. 아래 그림에서 여러 가지 모양의 프랙털 그림을 이해하고 그 원리를 살펴보아라.

프랙털 (Fractal)**이론**은 1975년 Mandelbrot에 의해 제시된 개념으로서 **해안선의 길이, 강물의 지류, 나뭇가지, 우주공간, 눈송이, 자기현상**에서 나타나며 작은 구조가 전체구조와 비슷한 형태로 끝없이 되풀이 되는 구조이다.

연못에서 물 제비를 날렸을 때, 조약돌을 풍덩 넣었을 때 나타나는 모양을 살펴보아라. 이는 **프랙털 현상**이다.

동물들 간의 관계 및 우리 인간관계에서도 **대칭성**, **추이성**과 **반사법칙**을 발견할 수 있다.

자연현상에는 아름다운 조화로서 연산의 주요법칙인 **교환법칙**, **결합법칙** 및 **역현상의 원리**가 존재한다.

눈송이 [그림 1.26]

고사리 잎 (프랙털) [그림 1.27]

연습문제 1.1

1. 일상생활에서 수학적 원리를 3가지 이상 찾아보아라.

2. 과학 분야에서 수학적 원리를 3가지 이상 찾아보아라.

3. 공학 분야에서 수학적 원리를 3가지 이상 찾아보아라.

4. 체육 분야에서 수학적 원리를 3가지 이상 찾아보아라.

5. 예술 분야에서 수학적 원리를 3가지 이상 찾아보아라.

6. 인문사회 분야에서 수학적 원리를 3가지 이상 찾아보아라.

7. 논리와 철학 분야에서 수학적 원리를 3가지 이상 찾아보아라.

8. 경제 분야에서 수학적 원리를 3가지 이상 찾아보아라.

9. 고대건축 양식에서 기하학적인 도형을 3가지 이상 찾아보아라.

1.2 section 수리과학의 적용

수리과학은 수학을 통한 각종 학문 및 실생활에 응용한 학문으로서 **자연과학, 인문사회과학, 공학, 경제학, 암호이론, 게임이론, 컴퓨터** 등에 적용됨을 알아본다.

아래와 같이 각 분야별로 분류하고 간단한 예시를 통하여 수리과학을 보다 쉽게 이해할 수 있을 것이다. 이를 우리의 실제 생활에 적용하여 볼 수 있다.

1. 숫자의 배열 및 사칙연산의 활용으로 생활 속의 수학을 발견한다.

생활 속의 **수리과학**에 관한 교재를 공부할 때, **덧셈연산**(+) 및 **곱셈연산**(·)이 잘 정의된 **자연수 집합** (ℕ), **정수 집합** (ℤ), **유리수 집합** (ℚ), **실수 집합** (ℝ), **복소수 집합** (ℂ)상에서 공부한다.

이 책의 부록 연습문제 풀이는 교재를 이해하는데 많은 도움이 될 것이다.

특히, 자연수의 집합 연산에서 **파스칼의 삼각형**은 수학의 **순열, 수열** 및 **조합**에 중요한 개념이다.

피보나치는 13c 이탈리아의 수학자이고, 일명은 Leonardo pisanio이며, 상업을 목적으로 널리 지중해 연안을 여행하면서 동양과 서양 사이에서 수학적인 지식을 전파하였다. 특히 10진법을 고안하였으며, **아라비아 숫자**를 유럽에 소개하여 후세에 산술과 대수학의 기초를 마련하였다.

아래는 **피보나치수열** (Fibonacci sequence)이다. 첫 번째 항의 값이 0이고 두 번째 항의 값이 1일 때 이후의 항들은 이전의 두 항을 더한 값으로 만들어지는 수열을 말한다.

$$0,\ 1,\ 1,\ 2,\ 3,\ 5,\ 8,\ 13,\ 21,\ 34,\ 55,\ 89,\ 144,\ \cdots$$

피보나치수열 [표 1.28]

한편 아래 삼각형 모양의 숫자 배열을 **파스칼의 삼각형** (Pascal's triangle)이라고 부른다.

									1									
								1		1								
							1		2		1							
						1		3		3		1						
					1		4		6		4		1					
				1		5		10		10		5		1				
			1		6		15		20		15		6		1			
		1		7		21		35		35		21		7		1		
	1		8		28		56		70		56		28		8		1	
1		9		36		84		126		126		84		36		9		1

파스칼의 삼각형 [표 1.29]

일상생활에서 수학적 원리를 활용한 문제를 많이 다룬다. 예를 들어, 1차 함수 $y=ax$를 생각하자. $a=10$인 경우, $y=10x$ 으로 실생활에 적용하면, 승용차의 연비가 $10km$이고 기름이 30리터일 때, 승용차가 갈 수 있는 거리는 얼마인가? 여기서, 연비란 기름 1리터로 갈 수 있는 거리를 말한다.

답은 $y=10\cdot 30=300km$이다.

또, 1차 함수 $y=ax+b$를 생각해 보자. $a=1000$, $b=50$으로서 $y=1000x+50$을 생각하여 실생활에 적용하면, "1000원짜리 아이스크림 10개를 사서 50원짜리 봉투에 넣어서 지불해야 하는 금액은 얼마인가?"의 문제를 들 수 있다.

답은 $y=1000\cdot 10+50=10050$원이다.

이와 같은 문제는 우리가 일상생활에서 얼마든지 많이 접하는 사례이다.

일상생활에서 행렬을 자연스럽게 정의하기 위하여 어떤 회사에서의 제품 생산량을 나타내는 다음 두 개의 표를 생각해 보자.

A회사 제품	가	나	다
2004년도	70	110	150
2014년도	65	125	200

B회사 제품	가	나	다
2004년도	95	123	122
2014년도	110	136	123

행렬 [표 1.30]

위 표를 통해 A와 B 두 회사에서 2004년도와 2014년도에 가, 나, 다 제품을 각기 얼마나 만들었는가 하는 것을 알 수 있다.

그런데 두 표는 숫자를 빼고는 똑같은 형태를 갖추고 있다. 즉 표에서 중요한 것은 생산량을 나타내는 숫자들이고 그 숫자들만 나열하는 것으로 하나의 행렬 형태를 갖춘 것을 이해할 수 있다. **따라서** 위 표는 다음과 같은 형태로 나타낼 수 있다.

$$A = \begin{bmatrix} 70 & 110 & 150 \\ 65 & 125 & 200 \end{bmatrix} \qquad B = \begin{bmatrix} 95 & 123 & 122 \\ 110 & 136 & 123 \end{bmatrix}$$

행렬 [표 1.31]

위와 같은 A와 B의 형태를 **행렬**이라고 하고, A와 B의 첫 번째 열은 '가' 제품 생산량이며 두 번째 행은 각 제품의 2014년도 생산량을 나타내고 있다.

위에서 **덧셈연산**과 **스칼라 곱 연산**이 정의된 벡터공간을 자연스럽게 이해할 수 있다.

≪예제 3≫ 여의도 63빌딩의 높이 (m)를 구하는데 직접 재지 않고 간접적인 방법으로 구하여라.

힌트 눈금이 표시된 **막대 자**를 이용하여 **비례**를 사용하여 구한다. ⊠

≪예제 4≫ **사칙연산**을 이용해서 다양한 방법으로 1부터 9까지 순차적으로 나

열해서 100이 되게 하시오.

풀이 $123-4-5-6-7+8-9=100$

$123-45-67+89=100$ ⊠

2. 수학은 스토리텔링에도 깊은 관련이 있다.

동화는 어린이에게 이야기를 들려주거나 그럴듯한 사실을 전달하기 위하여 지어낸 이야기로서 **수학교육**에서 **문제 해결력**, **의사소통**, **추론**으로서 깊은 학문적 연관성을 갖고 있으며, 요즈음 유치원에서 많이 활용되고 있다. 수학적 잠재력을 키우기 위해 동화를 사용하는 것은 아이들의 흥미를 유발하는 좋은 방법이라고 알려져 있다.

특히 초 중등학교에서 **수학 동화** 또는 **스토리텔링** (story telling)는 매우 재미있는 연구대상 분야로서 각광을 받고 있는 추세이다.

수학자들은 자연과학, 인문사회과학, 공학, 예술 등 다양한 분야에 종사하는 연구자들과 함께 공통적인 이론적 언어를 발견하고 개발하여 새로운 공통언어를 만들어 새로운 공동연구를 모색하고 있다. 예를 들어 수학에서 약속한 공통언어(수학사전)는 **국제 언어**로서 세계 어디서나 통하고, 대화가 가능하다.

다음은 스토리텔링의 한 예시이다. 동화 구연자는 먼저 수학의 원리를 적용하기 위하여 세 가지 줄을 준비한다. 즉, 긴 줄, 중간 줄, 짧은 줄을 준비한다. 이 줄들을 활용하여 잘 알려진 동화 **<아기돼지 삼형제>**를 패러디한 창작동화를 구연하여보자.

주제: 치 삼형제 이야기
결론: "부모님이 주신 자신의 몸을 소중히 여기자"라는 내용이다.
세 가지 분류 - **긴 줄: 갈치**
- 중간 줄: 꽁치
- 짧은 줄: 멸치

서론: 옛날 옛적 갈치, 꽁치, 멸치 삼형제가 살고 있었어요. 하루는 숨바꼭질을 하는데, 긴 갈치는 자꾸만 술래만 되고 멸치는 너무 작아서 어디 숨었는지 잘 보이지도 않았습니다. 그러자 치 삼형세는 용왕님한테 가서 셋을 똑같게 만들어달라고 애걸복걸 빌었어요.
본론: 용왕님이 치 삼형제의 소원을 들어주었어요. 갈치, 꽁치, 멸치가 모두 이렇게 똑같이 변해버린 거지요. 그래서 삼형제는 신나게 놀다가 집으로 갔어요. 그런데 큰일 났어요! 모습이 똑같아진 갈치, 꽁치, 멸치 삼형제를 엄마, 아빠가 전혀 못 알아보는 거예요.

결론: 갈치, 꽁치, 멸치 삼형제는 용왕님께 다시 갔어요. "저희를 원래 모습으로 돌려주세요." 결국 용왕님은 다시 소원을 들어주셔서 치 삼형제는 사랑하는 엄마, 아빠에게 돌아갈 수 있었답니다. 갈치, 꽁치, 멸치 삼형제에게는 이 세 줄처럼 각자의 장점과 단점이 있을 수 있습니다.
우리 친구들 중에서도 자신에게 불만이 있을 수 있어요. 하지만 내 몸은 엄마, 아빠가 만들어주셨고, 엄마, 아빠는 그 모습 그대로를 가장 사랑하신다는 것을 알아야 한답니다.

스토리텔링 [예시 1.32]

Story Telling [그림 1.33]

다음은 스토리텔링의 또 다른 예시로서 자기소개를 하는 경우이다. 면접대상자는 위에서처럼, 수학의 원리를 적용하기 위하여 세 가지 줄을 준비한다.

즉, 긴 줄, 중간 줄, 짧은 줄을 준비한다. 이를 먼저 대학생 취업 특강 때 자주 사용하는 면접용 자기소개 멘트에서 활용하여보고, 다음은 실제 각종 취업현장에서 면접심사관 앞에서 활용하여 보자.

주제: 자기소개
결론: "회사에서 꼭 필요한 인재가 되겠습니다."라는 내용이다.
세 가지 분류 - **긴 줄: 리더십**
- **중간 줄: 친화력**
- **짧은 줄: 실무 경험**

서론: 저에게는 이 세 줄처럼 여러 가지 장점과 단점이 있습니다. 먼저, 이 긴 줄처럼 학창시절부터 친구들을 챙기고 선두에서 이끌어가는 리더십이 있다는 사실이 저의 첫 번째 장점입니다. 반면 이 짧은 줄처럼 아직 실무 경험이 부족하다는 사실은 저의 단점입니다. 그리고 지금 보여드리는 마술처럼 상대방과 쉽게 친해질 수 있는 친화력이 있다는 것이 또 다른 저의 장점입니다.

본론: 저에게는 이렇게 여러 가지 장점과 단점들이 있지만 회사에 입사하면 저의 장점인 리더십과 친화력을 바탕으로 부족한 실무 경험을 이렇게 빨리 보완할 자신이 있습니다. 그래서 리더십, 친화력, 실무 경험을 두루 갖춘 인재가 되겠습니다.

결론: 물론, 지금은 이 짧은 줄처럼 많이 부족하지만 저를 꼭 뽑아주신다면 회사와 더불어 두 팔을 높이 들어 이만~큼 성장하는 모습을 꼭 보어드리겠습니다.

스토리텔링 [예시 1.34]

3. 수학은 암호이론의 암호화 및 복호화 과정에 필수적이다.

최초의 **암호이론**은 고대(BC100~44) **시저** (Caeser)암호이고, 최초의 논문은 1977년에 정수이론을 토대로 개발된 **ARS-암호시스템**인데 이는 **암호화**와 **복호화**에 쓰인 **열쇠**(key)에 **소인수**(prime)를 사용하였다.

미국에서 설계된 암호체계 중 하나인 **DES-암호시스템**은 2진법을 이용하여 56 자리수를 열쇠로 사용하였다고 한다. 따라서 군사, 정보, 정치, 경제 및 상업에 널리 활용된다.

A	B	C	D	E	F	G	H	I	J	K	L	M	N
E	F	G	H	I	J	K	L	M	N	O	P	Q	R
O	P	Q	R	S	T	U	V	W	X	Y	Z	A	B
S	T	U	V	W	X	Y	Z	A	B	C	D	E	F

시저암호 [표 1.35]

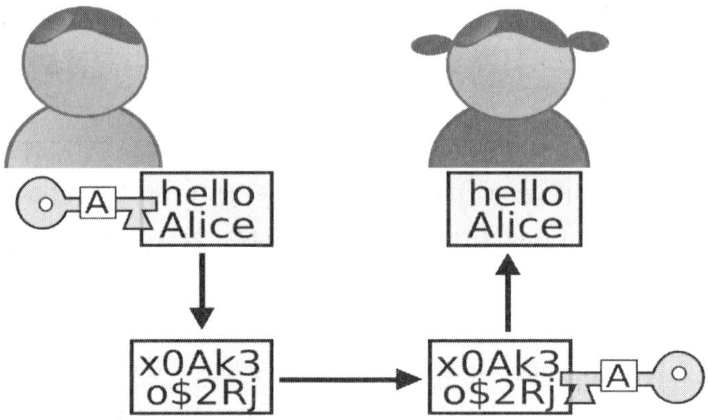

암호의 원리 [도표 1.36]

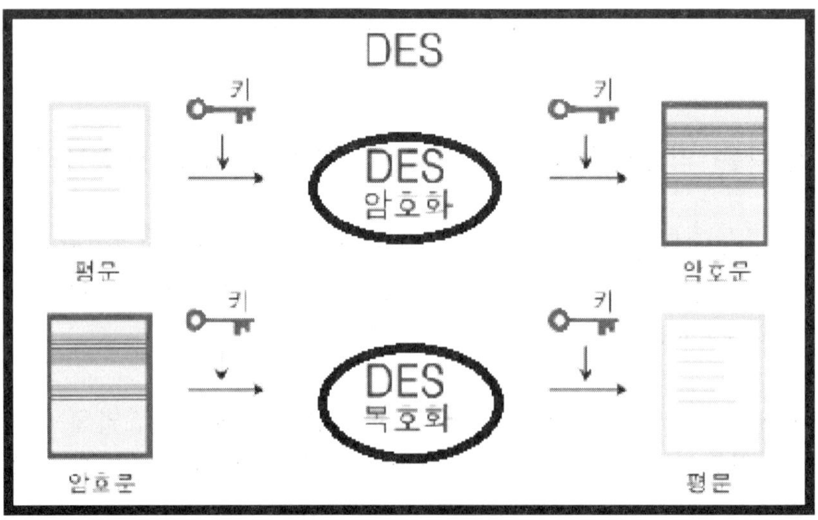

Des 암호시스템 [도표 1.37]

4. 수학은 게임이론과 밀접한 관계가 있다.

게임은 일정한 법칙과 정확한 원리에 의하여 진행되며 상대방이 눈치체지 못하도록 빠르고 수많은 반복 연습이 필요하다. 이에는 체계적인 수학적 원리가 가미되어 있다.

행렬을 활용한 숫자카드 게임은 3장 2절의 끝부분에서 소개한다.

다음은 **시계**와 **화살표**를 활용한 게임이론의 한 예시이다.

정팔각형의 종이에 그려져 있는 화살표를 생각한다. 잡는 꼭짓점에 따라 화살표의 방향이 변한다. 앞에는 여섯 시 뒤에는 세 시, 앞에는 아홉 시 뒤에는 열두 시가 되는 과학적인 응용이 가능한 게임이론이다.

1. 앞면은 열두 시 방향, 뒷면은 아홉 시 방향을 가리키는 팔각형 두꺼운 종이를 준비한다.
2. 끝을 이루는 꼭짓점의 어디를 잡느냐에 따라 화살표의 방향이 바뀐다.

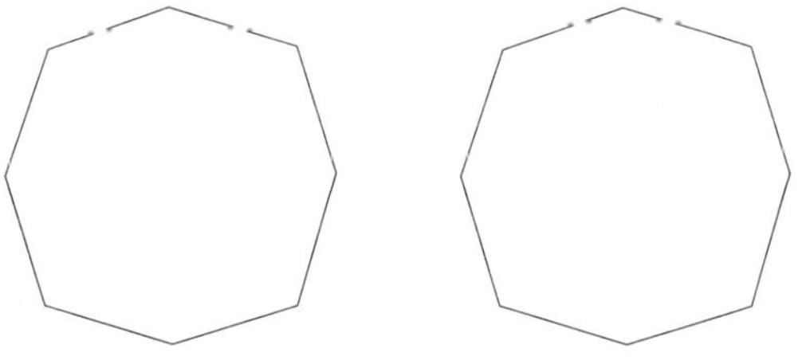

<앞면> <뒷면>

화살표 게임 [도표 1.38]

생활과 수리과학을 보다 많은 분야에 적용하기 위하여 집합론 분야인 명제와 집합, 함수를 공부한 후 응용도가 높은 대수학분야인 행렬연산, 치환과 행렬식, 연립1차방정식의 해법, 벡터공간에서의 벡터와 스칼라개념, 내적 및 외적 분야를 다룬다.

다음은 해석학의 주요개념인 함수의 연속, 도함수 및 미분개념, 적분개념을 취급하고, 끝으로 기하학적, 위상수학 분야를 공부한다면 많은 도움이 될 것이다.

우리 일상생활을 1년 단위로 보았을 때 아래와 같이 매년 계절이 바뀌고, 반복적인 생활이 계속해서 이어짐은 **뫼비우스 띠**와 유사함을 알 수 있다.

뫼비우스 띠 [그림 1.39]

연습문제 1.2

1. **덧셈연산**(+) 및 **곱셈연산**(·)이 잘 정의된 정수 집합($\mathbb{Z}$)에서 수학적 공리를 말하여라.

2. 덧셈연산(+) 및 곱셈연산(·)이 잘 정의된 실수 집합($\mathbb{R}$)에서 수학적 공리를 말하여라.

3. 아래는 피보나치수열이다. □에 들어갈 숫자는 얼마인가?

$$0,\ 1,\ 1,\ 2,\ 3,\ 5,\ 8,\ 13,\ 21,\ 34,\ 55,\ 89,\ 144,\ \square,\ \cdots$$

4. 사칙연산을 이용해서 예제 4와 다른 방법으로 1부터 9까지 순차적으로 나열해서 100이 되게 하시오.

5. 아래 파스칼의 삼각형의 □에 들어갈 숫자는 얼마인가?

```
                    1
                  1   1
                1   2   1
              1   3   3   1
            1   4   6   4   1
          1   5   10  10   5   1
        1   6   15   □   15   6   1
      1   7   21   35   35   21   7   1
    1   8   28   56   70   56   28   8   1
  1   9   36   84  126  126   84   36   9   1
```

6. I am a student in Silla University를 앞의 표 1.35을 이용하여 **시저 암호화**하여라.

명제와 함수

Chapter 2

2.1_명제와 집합

2.2_함수의 개념

2.1 section 명제와 집합

이 절에서는 **명제**와 **집합**의 기본개념을 익히고, 기본성질을 공부하여 수리과학에 필요한 지식을 습득하고, 일상생활에 적용함을 우리의 목표로 한다.

◈ 정의 **참** (true :T)인지 **거짓** (false :F)인지가 분명한 서술적 문장을 **명제** (statement)라 하고, 보통 p, q, r, $\cdots$로 표현한다.

예를 들어, "나는 현대대수학을 공부하고 있다"는 참인 명제이고, "나는 부자다"는 거짓명제이다. 한 개씩의 명제를 **단순명제**라고 한다.

주어진 명제 p, q에 대하여, p**가 아니다** (not p)는 $\sim p$로 나타내고, 합성명제 p **그리고** q (p and q)는 $p \wedge q$로 나타내고, p **또는** q (p or q)는 $p \vee q$로 표시한다.

조건문과 쌍 조건문을 다음과 같이 소개한다.:

두 명제 p, q에 대하여, p**이면,** q**이다** (p implies q 혹은 if p, then q)를 **조건문**이라고 하며, $p \rightarrow q$ 로 표시한다.

다음은 조건문 $p \rightarrow q$ 에 대한 보충설명이다:
p는 q이기 위한 **충분조건** (sufficient condition)이라고 한다. 또는 q는 p이기 위한 **필요조건** (necessary condition)이라고도 한다.

$p \rightarrow q$ 가 항상 참인 경우에 이 조건문을 $p \Rightarrow q$ 로 표시한다.

두 명제 p, q에 대하여 p이면 q이고 q이면 p일 때, 즉 $p \rightarrow q$ 인 동시에 $q \rightarrow p$ 일 때, 이를 **쌍 조건문**이라고 하며 $p \leftrightarrow q$ 로 표시한다.

다음은 쌍 조건문 $p \leftrightarrow q$ 에 대한 보충설명이다:
p는 q이기 위한 **필요충분조건** (necessary and sufficient condition) 혹은 q는 p이기 위한 **필요충분조건**, 혹은 p와 q는 서로 **필요충분조건**이라 한다.

$p \leftrightarrow q$ 가 항상 참인 경우에 이 쌍 조건문을 $p \Leftrightarrow q$ 로 표시하고, 이 때 p와 q

는 **동치** 혹은 **동등** (equivalent)이라고 한다.

직관적으로 어떤 사물들 (objects)의 모임을 **집합** (set)이라 하고, 이 집합을 이루는 사물을 집합의 **원소** (element)라 한다. 보통 집합은 대문자 $A, B, C, \cdots$ 등으로 표시하고 원소는 소문자 $a, b, c, \cdots$ 등으로 표시한다.

집합 A에 대하여 x가 A의 원소일 때, 이 사실을 $x \in A$로 표시하고, x가 A의 원소가 아닐 때 $x \notin A$로 표시한다.

어떤 집합 A의 원소 중에서 적당한 **성질** P를 만족하는 원소 전체의 집합을 다음과 같이 표시한다.

$$\{x \in A \mid P(x)\} \quad 또는 \quad \{x \mid x \in A,\ P(x)\}$$

이와 같은 표현을 **조건제시법**이라 하고, 이 집합의 원소를 나열하여 나타낼 경우에는 **원소나열법**이라고 부른다.

≪보기 1≫ $A = \{2,\ 4,\ 6,\ 8,\ .....\}$는 원소나열법으로 표현한 것이고,
$B = \{x \mid x는\ 짝수,\ x > 0\}$는 조건제시법으로 표현한 것이다.

◈ 정의 두 집합 A, B에 대하여, A의 모든 원소가 B의 원소가 될 때, 즉 $x \in A \Rightarrow x \in B$ 이면 A를 B의 **부분집합** (subset)이라 하고, 이 사실을 $A \subseteq B$로 표시한다. 또 $A \subseteq B$인 동시에 $B \subseteq A$일 때, 즉 $x \in A \Leftrightarrow x \in B$ 이면 A와 B는 **같다** (equal)라고 하고 $A = B$로 표시한다.

한편 $A \subseteq B$이고 $A \neq B$이면 A는 B의 **진부분집합** (proper subset)이라 하고, $A \subset B$로 표시한다. 원소를 하나도 갖지 않는 집합을 **공집합** (empty set)이라 하고 이를 $\varnothing$로 표시한다.

명제나 집합의 원소에 대하여, **한정기호** (quantifier)를 다음과 같이 사용한다. **모든** (all) 또는 **임의의** (arbitrary)에 대한 한정기호는 $\forall$이고, **존재한다** (exist) 혹은 **적당한** (some)에 대한 한정기호는 $\exists$이다.

또한 **그렇게 되는** (such that)은 기호 $s.t.$로 나타내고, **다시 말하면** (that is)또는 **즉** (namely)은 기호 $i.e.$로 표시한다.

◈ 정의 고정된 어떤 **전체집합** (universal set) U의 두 부분집합 A, B에 대하여

다음과 같이 자주 쓰이는 **집합의 연산**을 소개한다.

$$A\cup B=\{x \mid x\in A \text{ 또는 } x\in B\}$$
$$A\cap B=\{x \mid x\in A \text{ 그리고 } x\in B\}$$
$$A-B=\{x \mid x\in A \text{ 그러나 } x\notin B\}$$
$$A\times B=\{(a,b) \mid a\in A \text{ 그리고 } b\in B\}$$
$$U-A=\{x \mid x\notin A\}$$

위의 집합을 각각 A와 B의 **합집합** (union), **교집합** (intersection), **차집합** (difference) 혹은 A에 관한 B의 **여집합** (complement), **카티시언 곱집합** (cartesian product)이라 한다. 한편, $U-A$를 A^c라 표시하고, 이를 A의 **여집합** (complement)라 부른다. 여기서 $A\cap B=\phi$ 일 때 A와 B는 **서로소** (disjoint)라고 한다.

집합기호 $\mathbb{Z}$, $\mathbb{N}$, $\mathbb{Q}$, $\mathbb{R}$, $\mathbb{C}$는 다음과 같은 집합을 의미한다.

$$\mathbb{Z}=\{0,\pm1,\pm2,\pm3,\cdots\}=\{x \mid x\text{는 정수}\}$$
$$\mathbb{N}=\mathbb{Z}^+=\{1,2,3,\cdots\}=\{x \mid x\text{는 자연수}\}$$
$$\mathbb{Q}=\left\{\frac{a}{b} \mid a,b\in\mathbb{Z},\ b\neq 0\right\}=\{x \mid x\text{는 유리수}\}$$
$$\mathbb{R}=\{x \mid x\text{는 실수}\}$$
$$\mathbb{C}=\{a+bi \mid a,b\in R,\ i^2=-1\}=\{x \mid x\text{는 복소수}\}$$

이들을 각각 **정수의 집합**, **자연수의 집합**, **유리수의 집합**, **실수의 집합**, **복소수의 집합**이라고 한다.

≪보기 2≫ $A=\{2,4,6,8\}$와 $B=\{1,3,5,7\}$는 서로소 이다. 집합 $\mathbb{Z}$, $\mathbb{N}$, $\mathbb{Q}$, $\mathbb{R}$, $\mathbb{C}$에서 **서로소**인 부분집합들을 구성하여 보아라.

≪예제 3≫ 두개의 집합 $A=\{a,b,c\}$, $B=\{c,d,e\}$가 전체집합 $U=\{a,b,c,d,e,f\}$의 부분집합 일 때, A^c, $A\cup A^c=U$, $A\cap A^c=\varnothing$, $A\cup B$, $A\cap B=B\cap A$를 구하고, $A\times B$ 및 $A-B$를 조사하여라.

풀이 $A^c=U-A=\{d,e,f\}$, $A\cup A^c=\{a,b,c,d,e,f\}=U$, $A\cap A^c=\phi$, $A\cup B=\{a,b,c,d,e\}=B\cup A$, $A\cap B=\{c\}=B\cap A$, $A\times B=\{(a,c),(a,d),(a,e),(b,c),(b,d),(b,e),(c,c),(c,d),(c,e)\}$, $A-B=\{a,b\}$ ⊠

◈ <u>정리 2.1.1</u>　두 집합 A, B에 대하여, 다음이 성립함을 증명하여라.

(1) $A\cup B = B\cup A$

(2) $A\cap B = B\cap A$

증명　(1) $x\in A\cup B \Leftrightarrow x\in A$ or $x\in B$
$\Leftrightarrow x\in B$ or $x\in A$
$\Leftrightarrow x\in B\cup A$

(2) $x\in A\cap B \Leftrightarrow x\in A$ and $x\in B$
$\Leftrightarrow x\in B$ and $x\in A$
$\Leftrightarrow x\in B\cap A$

⊠

≪예제 4≫　두 개의 집합 $A=\{a,b,c\}$, $B=\{c,d,e\}$에 대하여

$$A\times B,\ A-B,\ B\times A,\ B-A$$

를 구하여라.

풀이　$A\times B=\{(a,c),(a,d),(a,e),(b,c),(b,d),(b,e),(c,c),(c,d),(c,e)\}$,
$A-B=\{a,b\}$, $B\times A=\{(c,a),(d,a),(e,a),(c,b),(d,b),(e,b),(c,c),(d,c),(e,c)\}$,
$B-A=\{d,e\}$ ⊠

◈ <u>정리 2.1.2</u>　두 집합 A, B가 전체집합 U의 부분집합 일 때 다음 사실이 성립한다.

(1) $(A\cup B)^c - A^c\cap B^c$

(2) $(A\cap B)^c = A^c\cup B^c$

증명　(1) $x\in (A\cup B)^c \Leftrightarrow x\not\in A\cup B$
$\Leftrightarrow x\not\in A$ and $x\not\in B$
$\Leftrightarrow x\in A^c$ and $x\in B^c$
$\Leftrightarrow x\in A^c\cap B^c$

(2) $x\in (A\cap B)^c \Leftrightarrow x\not\in A\cap B$
$\Leftrightarrow x\not\in A$ or $x\not\in B$
$\Leftrightarrow x\in A^c$ or $x\in B^c$
$\Leftrightarrow x\in A^c\cup B^c$

⊠

정리 1.1.2의 (1), (2)를 **드 모르강의 법칙** (De Morgan's Law)이라고 부른다.

◈ <u>정의</u>　집합 A의 모든 부분집합을 원소로 갖는 집합을 A의 **멱집합** (power set)이라 하며, 이를 $P(A)$로 나타낸다, 즉 $P(A)=\{X \mid X\subseteq A\}$이다.

≪예제 5≫ 집합 $A=\{a,b,c\}$에 대하여 $P(A)$를 구하여라.

풀이 $P(A)=\{\varnothing, \{a\}, \{b\}, \{c\}, \{a,b\}, \{a,c\}, \{b,c\}, A\}$ ⊠

◈ **정의** 집합 A에 대하여 $R\subseteq A\times A$를 만족하는 R을 A 위의 **관계** (relation on A)라고 한다. $(a,b)\in R$일 때, a는 b와 **관계가 있다** (a is related to b)라 하고 aRb 또는 $a\sim b$로 표시한다. 또한 $(a,b)\notin R$일 때, a는 b와 **관계가 없다** (a is not related to b)라 하고 $a\not R b$ 또는 $a\nsim b$로 표시한다.

R을 A 위의 관계라 하자. A의 각 원소 a에 대하여 aRa이면 R은 **반사적** (reflexive)이라 한다. aRb이면 bRa일 때, R은 **대칭적** (symmetric)이라 한다. aRb이고 bRc이면 aRc일 때, R은 **추이적** (transitive)이라 한다. 한편, R이 반사적, 대칭적, 추이적일 때 R을 A위의 **동치관계** (equivalence relation on A)라고 부른다.

반사 및 대칭관계 [그림 2.1]

≪보기 6≫ 집합 $A=\{a, b, c\}$에 대하여, A 위의 관계

$$R=\{(a,a),(b,b),(c,c),(a,b),(b,a),(b,c),(c,b),(a,c),(c,a)\}$$

는 동치관계이다.

집합 A 위의 동치관계 R에서 원소 $a\in A$와 동치관계가 있는 A의 원소 전체의 집합 $\bar{a}=\{x\in A \mid a\sim x\}$를 a의 **동치류** (equivalence class)라 한다. 각 $a\in A$에 대

하여, $a \in \bar{a}$임을 알 수 있다.

◈ **정의**　주어진 집합 A의 공집합이 아닌 부분집합의 모임$\{A_i | \ i \in I\}$ 가

(1) 임의의 $i, j \in I$ 에 대하여, $A_i \cap A_j = \phi$ 혹은 $A_i = A_j$

(2) $A = \bigcup_{i \in I} A_i$

를 만족할 때 우리는 $\{A_i | \ i \in I\}$ 를 A의 **분할** (partition)이라 한다.

연습문제 2.1

1\. 두 명제 p, q에 대하여, $\sim p$, $p \wedge q$, $p \vee q$, $p \Rightarrow q$, $p \Leftrightarrow q$의 **진리표**를 만들어 보아라.

2\. 두 집합 $A = \{2, 3, 4\}$와 $B = \{3, 4, 7, 8, 9\}$에 대하여 $A \cup B$, $A \cap B$, $B - A$, $A \times B$를 구하여라.

3\. 집합 A와 전체집합 U에 대하여, 다음이 성립함을 증명하라.

(1) $A \cup A = A$　(2) $A \cap A = A$　(3) $A \cup U = U$

(4) $A \cap U = A$　(5) $A \cup \varnothing = A$　(6) $A \cap \varnothing = \varnothing$

4\. 집합 A가 전체집합 U의 부분집합 일 때 다음을 밝혀라.

(1) $(A^c)^c = A$　(2) $A \cap A^c = \varnothing$　(3) $A \cup A^c = U$

5\. 집합 A, B, C 에 대하여, 다음이 성립함을 증명하라.

(1) $(A \cup B) \cup C = A \cup (B \cup C)$

(2) $(A \cap B) \cap C = A \cap (B \cap C)$

(3) $A \cup (B \cap C) = (A \cup B) \cap (A \cup C)$

(4) $A \cap (B \cup C) = (A \cap B) \cup (A \cap C)$

(5) $A \times (B \cup C) = (A \times B) \cup (A \times C)$

(6) $A \times (B \cap C) = (A \times B) \cap (A \times C)$

(7) $A - (B \cup C) = (A - B) \cap (A - C)$

(8) $A - (B \cap C) = (A - B) \cup (A - C)$

6. 집합 A의 원소의 개수가 n일 때, $P(A)$의 원소의 개수는 2^n임을 보여라.

7. 집합 $A=\{1,2,3,4\}$에 대하여 동치관계의 예를 보여라.

8. R을 집합 A 위의 동치관계라고 할 때, 다음 사실이 성립함을 조사하여라.

   (1) $aRb \Leftrightarrow \overline{a}=\overline{b}$ (2) $a\in\overline{b} \Leftrightarrow \overline{a}=\overline{b} \Leftrightarrow b\in\overline{a}$

   (3) $\forall\, a,b\in A$에 대하여, (i) $\overline{a}\cap\overline{b}=\phi$와 (ii) $\overline{a}=\overline{b}$중 하나가 성립한다.

2.2 section 함수의 개념

이 절에서는 1절에서 공부한 명제와 집합을 바탕으로 두 집합 사이의 관계, 특히 **함수의 개념**을 정의하고, **함수의 종류** 및 **성질**을 공부함을 학습목표로 한다.

우리는 일상생활에서 매일 함수와 함께 생활하고 있음을 깨달아야 한다. 예를 들면, 아침에 일어나면 시계를 본다. 시간을 보면서 어떤 일이나 행동을 시작한다. 이는 시계 속의 숫자와 일이나 행동의 대응관계, 생활과 수리과학 수강학생들의 성적배열순, 신체의 크기순, 몸무게 순서 등은 함수, 또는 사상관계이다.

시장에서 물건을 사고파는 과정, 남 여학생들의 미팅하는 과정 등도 함수관계이다. 따라서 우리는 함수들 공간에서 살아가고 있음을 알 수 있다.

◈ 1차적 정의 공집합이 아닌 두 집합 A와 B에 대하여, A의 각 원소 x에 대하여 f가 매개체로서, B의 원소 y가 오직 한 개만 대응되는 관계 f를 A로부터 B에로의 **함수** (function) 또는 **사상** (map)이라고 하고, $y=f(x)$, $\forall x \in A$, 또는 $f: A \to B$ 로 표시한다.

여기서, $y=f(x)$는 함수의 **원소표시법**이고, $f: A \to B$ 는 함수의 **집합표시법**이다.

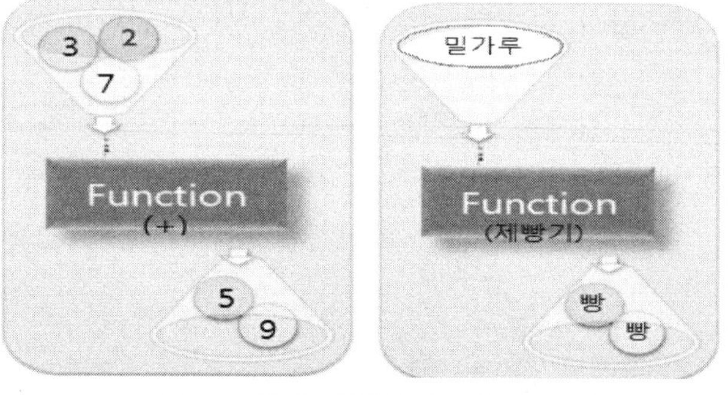

함수 [도표 2.2]

◈ <u>2차적 정의</u>　A와 B를 두 집합이라 하고 f를 $A\times B$의 부분집합이라 하자. f가 다음 두 조건 (1), (2)를 만족할 때, f를 A로부터 B로의 **사상** (mapping) 또는 **함수** (function)라 하고 $f: A \rightarrow B$, $x \mapsto f(x)$로 나타내고, 이를 간단히 $f: A \rightarrow B$ 또는 $y=f(x)$ $(x\in A)$로 표시하기도 한다.

(1) 각 원소 $x\in A$에 대하여 $y=f(x)$를 만족하는 원소 $y\in B$가 적어도 하나 존재한다.

(2) $y_1=f(x)$, $y_2=f(x)$ 이면 $y_1=y_2$이다.

다시 말하면, 두 집합 A와 B가 주어진 경우, A의 각 원소에 대하여 B의 원소가 꼭 하나씩 대응되는 관계를 A에서 B로의 **함수**라고 한다.

함수 $f: A\rightarrow B$ 에서 A를 f의 **정의역** (domain), B를 f의 **공역** (co-domain)이라 한다. 위에서 $y=f(x)$는 $(x,y)\in f$를 의미하고, 이때 y를 f에 의한 x의 **상** (image) 또는 **함숫값** (value of function)이라 한다. (1)은 A의 각 원소 x가 반드시 상을 갖는다는 의미이고, (2)는 상은 오직 하나만을 갖는다는 뜻이다.

f를 A로부터 B로의 사상이라 하고 $C\subseteq A$, $D\subseteq B$라 하자. 이 때 집합

$$f(C)=\{f(x)\in B \mid x\in C\}$$

를 f에 의한 C의 **상** (image)이라 한다. 그리고

$$f^{-1}(D)=\{x\in A \mid f(x)\in D\}$$

를 f에 의한 D의 **원상** (pre-image) 또는 **역상** (inverse image)이라 한다. 특히

$$f(A)=\{f(x)\in B \mid x\in A\}$$

를 f의 **상** (image) 또는 f의 **치역** (range) 이라 하고, $\mathrm{Im}f$로 표시한다.

한편 $f^{-1}(b)=\{a\in A \mid f(a)=b\}$를 b의 원상이라 한다.

≪예제 1≫　실수 위에서 정의된 함수 $f(x)=\sqrt{5^2-x^2}$ 의 정의역과 치역을 구하여라.

| 풀이 |　위 함수가 의미를 가지려면 $5^2-x^2\geq 0$ 이므로 $-(5^2-x^2)\leq 0$ 이다. 따라서 정의역은 $-5\leq x\leq 5$ 이고 치역은 $0\leq f(x)\leq 5$ 임을 알 수 있다. ▧

◈ <u>정의</u>　두 사상 $f,g: A\rightarrow B$에서 모든 $x\in A$에 대하여 $f(x)=g(x)$일 때, f와 g는 **같다** (equal)라고 하고, $f=g$로 표시한다.

사상 $f: A \to B$, $g: B \to C$ 에서 모든 $x \in A$에 대하여 $h(x) = g(f(x))$로 주어진 사상 $h: A \to C$를 f와 g의 **합성** (composition)이라 하고, $h = g \circ f$로 표시한다.

집합 A에서 모든 원소 $x \in A$에 대하여 $f(x) = x$ 인 사상 $f: A \to A$를 A 위에서 **항등사상** (identity mapping)이라 하고, 이를 1_A로 표시한다.

◈ **정리 2.2.1** 주어진 함수 $f: A \to B$, $g: B \to C$, $h: C \to D$에 대하여, 다음 등식이 성립한다.

(1) $h \circ (g \circ f) = (h \circ g) \circ f$

(2) $1_B \circ f = f$, $f \circ 1_A = f$

증명 (1) 모든 $x \in A$에 대하여

$$(h \circ (g \circ f))(x) = h\{(g \circ f)(x)\} = h\{g(f(x))\} = h(g(f(x)))$$

$$((h \circ g) \circ f)(x) = (h \circ g)(f(x)) = h\{g(f(x))\} = h(g(f(x)))$$

이다. 따라서 $h \circ (g \circ f) = (h \circ g) \circ f$ 임을 알 수 있다.

(2) 모든 $x \in A$에 대하여, 적당한 $y \in B$가 존재하여 $f(x) = y$라고 하면 $(1_B \circ f)(x) = 1_B(f(x)) = 1_B(y) = y = f(x)$ 이다. 따라서 $1_B \circ f = f$이다. 같은 방법으로 $f \circ 1_A = f$도 증명된다. ⊠

◈ **정의** 사상 $f: A \to B$가 주어졌다고 가정하자. $x_1, x_2 \in A$에 대하여 $f(x_1) = f(x_2)$일 때 $x_1 = x_2$가 성립하면 f는 **단사** (injective, 또는 one-to-one) **사상**이라 한다.

또, B의 각 원소 y에 대하여 $f(x) = y$를 만족하는 A의 원소 x가 적어도 하나 존재하면 f는 **전사** (surjective 또는 onto) **사상**이라고 한다.

끝으로, f가 단사사상인 동시에 전사사상일 때, f를 **전단사** (bijective 또는 one-to-one correspondence) **사상**이라 한다.

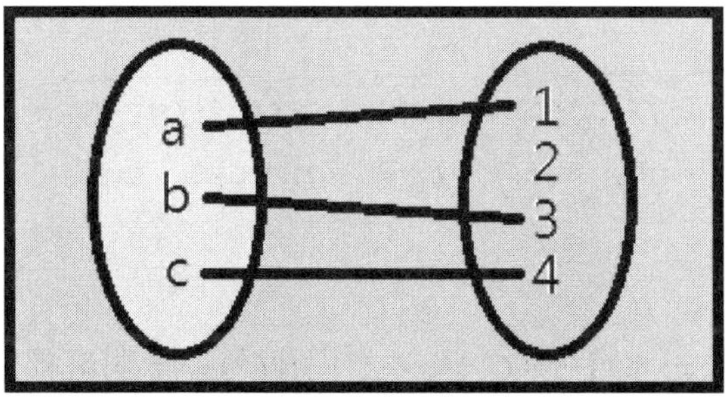

단사사상 [도표 2.3]

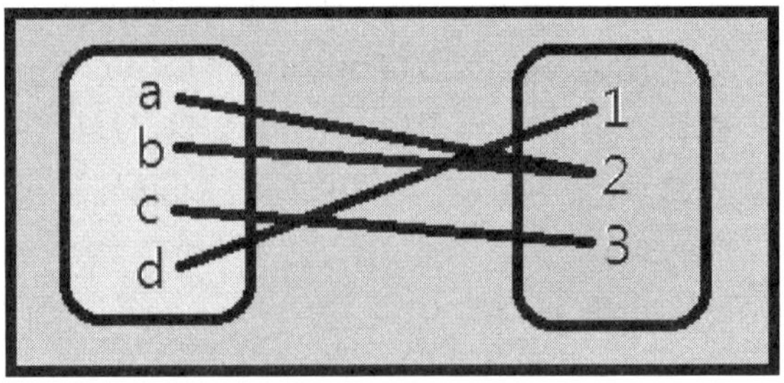

전사사상 [도표 2.4]

주어진 집합 A에 대하여 **항등함수** 1_A는 항상 전단사 사상임을 쉽게 알 수 있다.

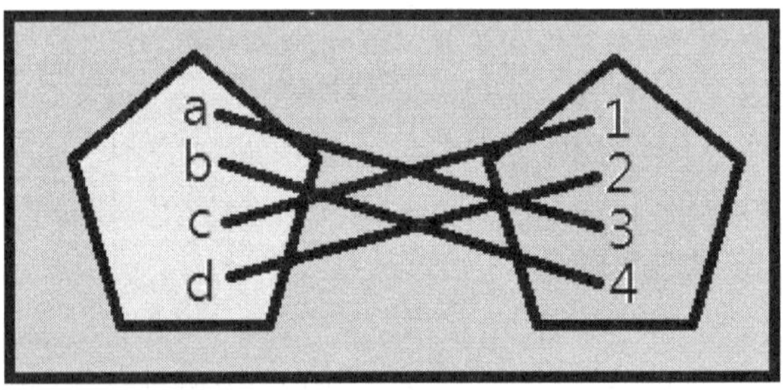

전단사 사상 [도표 2.5]

아래 나오는 정리들은 유용하므로 내용은 꼭 익히기 바란다. 이 책의 내용을 처음 대하는 경우에는 증명을 생략하여도 무방하다.

◈ 정리 2.2.2 사상 $f : A \to B$ 에 대하여 다음 성질들이 성립한다.

(1) 각 $C \subseteq A$ 에 대하여, $C \subseteq f^{-1}(f(C))$. 특히, f 가 단사사상이면 $C = f^{-1}(f(C))$.

(2) 각 $C \subseteq A$, $D \subseteq B$ 에 대하여, $f(f^{-1}(D) \cap C) = D \cap f(C)$. 따라서 $f(f^{-1}(D)) = D \cap \mathrm{Im} f$ 이고 $f(f^{-1}(D)) \subseteq D$ 이다. 특히, f가 전사사상이면 $f(f^{-1}(D)) = D$ 이다.

증명 (1) $x \in C \Rightarrow f(x) \in f(C) \Rightarrow x \in f^{-1}(f(C))$. 따라서 $C \subseteq f^{-1}(f(C))$ 임을 알 수 있다.

다음으로 f가 단사사상이라 가정하자. $x \in f^{-1}(f(C)) \Rightarrow f(x) \in f(C)$. 따라서 적당한 $c \in C$가 존재하여 $f(x) = f(c)$가 된다. 한편, f가 단사사상이므로 $x = c$ 이고, 따라서, $x \in C$이다. 즉, $f^{-1}(f(C)) \subseteq C$이다. 앞서 $C \subseteq f^{-1}(f(C))$ 임은 이미 보였으므로 $C = f^{-1}(f(C))$ 임을 알 수 있다.

(2) $y \in f(f^{-1}(D) \cap C)$ $\Leftrightarrow$ 적당한 $x \in f^{-1}(D) \cap C$가 존재하여 $y = f(x)$
$\Leftrightarrow$ 적당한 $x \in C$ 가 존재하여 $y = f(x) \in D$
$\Leftrightarrow$ $y \in D \cap f(C)$이다.

따라서 $f(f^{-1}(D) \cap C) = D \cap f(C)$임을 알 수 있다. 다음으로, $C = A$ 라고 두면 $f(f^{-1}(D)) = D \cap \mathrm{Im} f$ 와 $f(f^{-1}(D)) \subseteq D$는 쉽게 증명된다.

특히, f가 전사사상이라면 $\mathrm{Im} f = B$ 이므로 $f(f^{-1}(D)) = D$이다. ⊠

◈ **정리 2.2.3** 두 사상 $f : A \to B$, $g : B \to C$ 에 대하여 다음 성질들이 성립한다.

(1) f와 g가 단사사상이면 $g \circ f$도 단사사상이다.
(2) f와 g가 전사사상이면 $g \circ f$도 전사사상이다.
(3) f와 g가 전단사사상이면 $g \circ f$도 전단사사상이다.
(4) $g \circ f$가 단사사상이면 f는 단사사상이다.
(5) $g \circ f$가 전사사상이면 g는 전사사상이다.
(6) $g \circ f$가 전단사사상이면 f는 단사사상이고 g는 전사사상이다.

증명 (1), (2), (3)은 쉽게 증명된다.

(4) $g \circ f$가 단사사상이라 가정하자. A 의 두 원소 x_1, x_2에 대하여 $f(x_1) = f(x_2)$라 하면 $g \circ f(x_1) = g(f(x_1)) = g(f(x_2)) = g \circ f(x_2)$ 이다. 이 경우, $g \circ f$가 단사사상이므로, $x_1 = x_2$이다. 따라서 f는 단사사상이다.

(5) $g \circ f$가 전사사상이라 가정하자. g가 전사사상임을 증명하기 위하여 C의 임의의 원소 z에 대하여, $g \circ f$가 전사사상이므로 적당한 A의 원소 a가 존재하여 $g \circ f(a) = z$가 성립한다. 한편 $f(a) \in B$이므로 $f(a) = b \in B$라 두면 $g(b) = g(f(a)) = g \circ f(a) = z$가 되어, g는 전사사상이 된다.

(6)은 (4)와 (5)에 의하여 쉽게 증명된다. ⊠

◈ **정리 2.2.4** 사상 $f : A \to B$ 에 대하여 다음 사실들이 성립한다.

(1) f는 단사사상이다. $\Leftrightarrow$ $g \circ f = 1_A$를 만족하는 사상 $g : B \to A$ 가 존재한다.
(2) f는 전사사상이다. $\Leftrightarrow$ $f \circ g = 1_B$를 만족하는 사상 $g : B \to A$ 가 존재한다.

증명 항등사상 1_A, 1_B는 전단사사상이므로 (1)과 (2)의 역은 정리 2.2.3에 의하여 명백히 성립한다.

(1) $f : A \to B$가 단사사상이라 하자. $f(A)$의 임의의 원소 y에 대하여 $f(x) = y$를 만족하는 $x \in A$가 오직 하나 있음을 알 수 있다. 따라서 고정된 원소 $t \in A$에 대하여 $g(y) = \begin{cases} x, & y \in f(A) \\ t, & y \notin f(A) \end{cases}$를 만족하는 사상 $g : B \to A$가 존재한다. 여기서 $y = f(x)$ $(x \in A)$이다. 따라서 임의의 $x \in A$에 대하여

$$(g \circ f)(x) = g(f(x)) = g(y) = x = 1_A(x)$$

이다. 즉, $g \circ f = 1_A$이다.

(2) $f : A \to B$가 전사사상이라 하자. 그러면 $f(A) = B$이다. 임의의 $y \in B$에 대하여 $f(x) = y$인 $x \in A$가 존재하므로 $\{x \in A \mid f(x) = y\}$는 공집합이 아니다. 이 집합의 특수한 원소 하나를 선택하여 t라 하자 (집합론의 '선택공리'적용). 그리고 $g(y) = t$를 만족하는 사상 $g : B \to A$을 정의할 수 있고,

$$(f \circ g)(y) = f(g(y)) = f(t) = y = 1_B(y)$$

임을 알 수 있다. 그러므로 $f \circ g = 1_B$이다. ⊠

◈ **정리 2.2.5** 사상 $f : A \to B$가 전단사사상일 필요충분조건은 $g \circ f = 1_A$와 $f \circ g = 1_B$를 만족하는 사상 $g : B \to A$가 유일하게 하나 존재하는 것이다.

증명 먼저, 필요조건을 증명해 보자. f가 전단사사상이라 하자. 정리 1.2.4를 이용하면, $g \circ f = 1_A$, $f \circ h = 1_B$를 만족하는 사상 $g, h : B \to A$가 존재한다. 그리고 임의의 $y \in B$에 대하여 $f(x) = y$인 $x \in A$가 오직 하나 존재한다.

합성함수의 정의에 의하여

$$g(y) = g(f(x)) = g \circ f(x) = 1_A(x) = x$$

이고,

$$f(h(y)) = f \circ h(y) = 1_B(y) = y$$

이다.

또한, f가 단사사상이므로 $f(h(y)) = f(x)$에서 $h(y) = x$이다. 따라서 $g = h$임을 알 수 있다. 이제 유일성을 증명해 보자. $g' \circ f = 1_A$, $f \circ g' = 1_B$를 만족하는 사상 $g' : B \to A$가 존재한다고 가정하면, 모든 $y \in B$에 대하여

$$g'(y) = (1_A \circ g')(y) = [(g \circ f) \circ g'](y) = [g \circ (f \circ g')](y) = (g \circ 1_B)(y) = g(y)$$

이다. 따라서 $g = g'$이다.

다음으로 충분조건은 정리 1.2.4에 의하여 증명된다. ⊠

$f: A \to B$가 전단사사상이라 하면 정리 2.2.5에 의하여 $g \circ f = 1_A$, $f \circ g = 1_B$를 만족하는 사상 $g: B \to A$가 유일하게 존재한다. 이 유일한 사상 g를 f의 **역사상** (inverse mapping) 또는 f의 **역함수** (inverse function)이라 하고 f^{-1}로 표시한다. 따라서 $f^{-1} \circ f = 1_A$, $f \circ f^{-1} = 1_B$ 이고, 정리 2.2.5의 증명과정에서

$$f(x) = y \;\Leftrightarrow\; f^{-1}(y) = x\,,\;\; (f^{-1})^{-1} = f$$

임을 알 수 있다.

≪예제 2≫ $f(x) = 5x - 2$ 의 역함수를 구하여라.

풀이 $y = f(x) = 5x - 2$ 를 x에 관하여 풀면, $x = \dfrac{y+2}{5}$이다. 이 등식에서 변수 x와 y를 교환하면 $y = \dfrac{x+2}{5}$이다. 따라서 $f(x)$ 의 역함수는 $f^{-1}(x) = \dfrac{y+2}{5}$이다. 이는 원래 함수 $f(x) = 5x - 2$ 이 $y = x$에 관하여 대칭임을 알 수 있다. ⊠

연습문제 2.2

1. 실수 위에서 정의된 아래 함수 의 정의역과 치역을 구하여라.

(1) $y = \sqrt{10^2 - x^2}$ (2) $y = \begin{cases} 2, & x \ge 0 \\ -2, & x < 0 \end{cases}$

2. 다음 함수 (사상)의 예를 보여라.

(1) 단사사상 (2) 전사사상
(3) 전단사사상 (4) 단사가 아닌 전사사상
(5) 전사가 아닌 단사사상 (6) 전단사가 아닌 사상

3. 다음 함수의 역함수를 구하여라.

(1) $y = 2x^2 + 3 \;\; (x \ge 0)$ (2) $y = 5x + 7$
(3) $y = x^3 - 2$ (4) $y = \sqrt{x - 4}$

4. $f: A \to B$ 와 $g: B \to C$ 가 전단사사상이라면 $g \circ f$의 역사상은 $f^{-1} \circ g^{-1}$임을 밝혀라.

5. 사상 $f: A \to B$ 가 주어졌을 때, A_1, $A_2 \subseteq A$, B_1, $B_2 \subseteq B$에 대하여 다음을 증명하여라.

(1) $f(A_1 \cap A_2) \subseteq f(A_1) \cap f(A_2)$

(2) $f^{-1}(B_1 \cap B_2) = f^{-1}(B_1) \cap f^{-1}(B_2)$

(3) $f^{-1}(B_1 \cup B_2) = f^{-1}(B_1) \cup f^{-1}(B_2)$

6. 함수 $f: A \to B$가 주어졌을 때, 지금까지는 $a \mapsto f(a)$라는 **함수의 왼쪽표기법** (left hand side function)을 사용해 왔다. 마찬가지로 $a \mapsto af$ 처럼 **함수의 오른쪽 표기법** (right hand side function)으로 나타낼 수 있다.

두 함수 $f: A \to B$, $g: B \to C$가 함수의 오른쪽표기법으로 주어졌다면 모든 $a \in A$에 대하여 $ah = a(fg) = (af)g$ 로 정의하면 h는 A로부터 C로의 함수가 되는데, 이 함수 $h = fg$를 f와 g의 **곱 함수** (product function)라 한다.

이 때, 두 함수 $f: A \to B$와 $g: B \to C$에 대하여, 함수의 왼쪽표기법의 합성함수 $g \circ f$는 함수의 오른쪽표기법의 곱 함수 fg와 같음을 보여라.

7. 정리 1.2.3의 (1), (2), (3), (6)을 증명하여라.

행렬

Chapter 3

3.1_행렬과 행렬연산

3.2_기본연산과 기본행렬

3.1 section 행렬과 행렬연산

이 절에서는 행렬에 관한 기본개념, **행렬의 연산** 및 성질을 공부한 후, 중요한 행렬인 **전치행렬**과 **가역행렬**을 소개하고 가역행렬에 관한 성질을 다룬다.

일상생활에서 행렬을 자연스럽게 정의하기 위하여 어떤 회사에서의 **제품 생산량**을 나타내는 다음 두 개의 표를 살펴보자.

A 회사

제품 \ 년도	가	나	다
2004	70	110	150
2014	65	125	200

B 회사

제품 \ 년도	가	나	다
2004	95	123	122
2014	110	136	123

행렬 [표 3.1]

표 3.1을 통해 A와 B 두 회사에서 2004년도와 2014년도에 가, 나, 다 제품을 각기 얼마나 만들었는가 하는 것을 알 수 있다. 그런데 두 표는 숫자를 빼고는 똑같은 형식을 갖추고 있다. 즉 표 3.1에서 중요한 것은 생산량을 나타내는 숫자들이고 그 숫자들만 나열하는 것으로 이해할 수 있다.

표 3.1은 다음과 같이 나타낼 수 있다.

$$A=\begin{bmatrix}70 & 110 & 150\\65 & 125 & 200\end{bmatrix} \qquad B=\begin{bmatrix}95 & 123 & 122\\110 & 136 & 123\end{bmatrix}$$

위와 같은 A와 B의 형태를 **행렬** (matrix)이라고 하는데 A와 B의 첫 번째 열은 '가' 제품 생산량이며 첫 번째 행은 각 제품의 2004년도 생산량을 나타내고 있다.

이와 같이 **행렬**은 숫자를 행과 열로 규칙적으로 나열한 것이다. 즉, 숫자를 직사각형 모양으로 배열한다는 뜻이다. 행렬은 실생활에 매우 유용하며, **현대대수학**에서는 중요한 대수적 성질을 갖는다는 것을 공부하게 될 것이다.

위 두 행렬은 행의 개수가 2개이고 열의 개수가 3개인 2×2행렬들이다. 한편

$$\begin{bmatrix}1 & 2 & -5 & 4\\3 & 2 & 6 & 5\\2 & 1 & 3 & 7\end{bmatrix}$$

는 행은 3개이고 열은 4개인 행렬이다. 이렇게 행렬은 행의 개수와 열의 개수에 따라 그 모양이 달라진다. 즉 행의 개수와 열의 개수로 행렬을 분류할 수 있고 이것을 **행렬의 크기**라 한다. 일반적으로 행의 개수가 m개, 열의 개수가 n개인 행렬을 $m\times n$행렬이라고 한다. 여기서 숫자는 사칙연산을 할 수 있는 집합인 $\mathbb{Q}$, $\mathbb{R}$, $\mathbb{C}$에 속한다.

지금부터 사칙연산을 할 수 있는 $\mathbb{Q}$, $\mathbb{R}$, $\mathbb{C}$와 같은 집합을 다루며, 보다 일반적인 집합 **체** (field) (부록 참조) F 상에서 행렬을 정의하고 그의 연산을 공부하기로 한다.

◈ 정의 집합 F를 체라 하자. (여기서 체란 실수의 집합 $\mathbb{R}(=F)$로 생각해도 무방하다.) F 위의 $m\times n$**행렬** ($m\times n$-matrix over F)이란 F의 원소 mn개를 가로줄이 m개, 세로줄이 n개가 되도록 만든 **사각형** (rectangular)**모양의 배열**을 의미하며, 우리는 이를 대문자 A, B, C, ⋯등으로 표시한다. 즉, F 위의 $m\times n$**행렬**은

$$A=\begin{bmatrix}a_{11} & a_{12} & \cdots & a_{1n}\\a_{21} & a_{22} & \cdots & a_{2n}\\\vdots & \vdots & & \vdots\\a_{m1} & a_{m2} & \cdots & a_{mn}\end{bmatrix}$$

꼴이다. 여기서, $a_{ij}\in F$ $(i=1,2,\cdots,m,\ j=1,2,\cdots,n)$이다.

각 가로줄 $i\,(1\le i\le m)$에 대하여

$$A_i=(a_{i1},\ a_{i2},\ \cdots,\ a_{in}) \quad (\text{또는 } R_i=(a_{i1},a_{i2},\cdots,a_{in}))$$

을 A의 i**행** (i-th row)이라 하고, 또 각 세로줄 $j\,(1\le j\le n)$에 대하여

$$A^{j}=\begin{pmatrix}a_{1j}\\a_{2j}\\\vdots\\a_{mj}\end{pmatrix}\quad(\text{또는 } C_j=\begin{pmatrix}a_{1j}\\a_{2j}\\\vdots\\a_{mj}\end{pmatrix})$$

를 A의 j열 (j-th column)이라고 한다. 행과 열의 개수의 곱인 $m\times n$을 **행렬의 크기** (size)라고 한다.

각 i, j $(1\le i\le m,\ 1\le j\le n)$에 대하여 a_{ij}는 A의 (i,j)**성분** ((i,j)-entry 또는 (i,j)-component)이라고 부른다. 위의 행렬 A는 m개의 행과 n개의 열로 구성되어 있으므로, i행과 j열이 겹치는 수 a_{ij}를 대표로 하여 간단히 $A=[a_{ij}]_{m\times n}$ 또는 $A=[a_{ij}]$로 표시하기도 한다. 여기서 $a_{ij}\in F$이다.

◈ 정의 $A=[a_{ij}]_{m\times n}$에서 A의 모든 원소 a_{ij}가 0으로 이루어진 행렬을 **영행렬** (zero-matrix)이라 부르고 O로 나타낸다. 특히 $m=n$일 때 A를 $n\times n$**행렬** ($n\times n$-matrix), n-**정방행렬** (n-square matrix) 또는 n**차 정방행렬** (square matrix of degree n)이라고 하며, 간단히 $A=[a_{ij}]_{n\times n}$ 또는 $A=[a_{ij}]_n$로 나타내기로 한다. n-정방행렬이면서 $a_{ij}=1\ (i=j)$, $a_{ij}=0\ (i\ne j)$인 행렬을 n **차 단위행렬** (unit matrix of degree n) 또는 **항등행렬** (identity matrix)이라 하고 I_n 또는 I로 나타낸다. 곧,

$$O=\begin{bmatrix}0&0&\cdots&0\\0&0&\cdots&0\\\vdots&\vdots&&\vdots\\0&0&\cdots&0\end{bmatrix},\quad I_n=\begin{bmatrix}1&0&\cdots&0\\0&1&\cdots&0\\\vdots&\vdots&&\vdots\\0&0&\cdots&1\end{bmatrix}$$

한편, 특수한 기호

$$\delta_{ij}=\begin{cases}1\ (i=j)\\0\ (i\ne j)\end{cases}$$

로 정의되는 함수 $\delta:\mathbb{N}\times\mathbb{N}\to\{0,1\}$를 **크로네커 델타 함수** (kronecker delta function)라고 부른다. 이것을 이용하면 $I_n=[\delta_{ij}]_n$와 같이 나타낼 수 있다.

$A=[a_{ij}]$를 n-정방행렬이라 할 때 A의 성분 a_{11}, a_{22}, $\cdots$, a_{nn}을 A의 **주 대각성분** (main diagonal)이라 하고, 주 대각성분을 제외한 모든 성분이 0인 F 위의 n-정방행렬을 F 위의 n**차 대각행렬** (diagonal matrix of degree n) 또는 간단히 **대각행렬** (diagonal matrix)이라고 한다. 이를 $\mathrm{diag}\{a_{11},a_{22},\cdots,a_{nn}\}$로 표시한다.

정방행렬 $A=[a_{ij}]$에 대하여 만약 $a_{ij}=0\ (i>j)$일 때 A를 **상 삼각행렬**

(upper triangular matrix)이라 하고

$$A=\begin{bmatrix} a_{11} & a_{12} & \cdots & a_{1n} \\ 0 & a_{22} & \cdots & a_{2n} \\ \vdots & \vdots & & \vdots \\ 0 & 0 & \cdots & a_{mn} \end{bmatrix} \text{(상 삼각행렬)}$$

$a_{ij}=0(i \geq j)$일 때 A를 **강한 상 삼각행렬** (strictly upper triangular matrix)이라 한다.

$$A=\begin{bmatrix} 0 & a_{12} & \cdots & a_{1n} \\ 0 & 0 & \cdots & a_{2n} \\ \vdots & \vdots & & \vdots \\ 0 & 0 & \cdots & 0 \end{bmatrix} \text{(강한 상 삼각행련)}$$

마찬가지 방법으로 만약 $a_{ij}=0\,(i<j)$일 때 A를 **하 삼각행렬** (lower triangular matrix)이라 하고

$$A=\begin{bmatrix} a_{11} & 0 & \cdots & 0 \\ a_{21} & a_{22} & \cdots & 0 \\ \vdots & \vdots & & \vdots \\ a_{m1} & a_{m2} & \cdots & a_{mn} \end{bmatrix} \text{(하 삼각행렬)}$$

$a_{ij}=0(i \leq j)$일 때 A를 **강한 하 삼각행렬** (strictly lower triangular matrix)을 정의할 수 있다.

$$A=\begin{bmatrix} 0 & 0 & \cdots & 0 \\ a_{21} & 0 & \cdots & 0 \\ \vdots & \vdots & & \vdots \\ a_{m1} & a_{m2} & \cdots & 0 \end{bmatrix} \text{(강한 하 삼각행렬)}$$

특히, 주 대각성분이 다 같은 수 a이고 나머지 성분들은 모두 0인 대각행렬을 **스칼라행렬** (scalar matrix)이라 한다.

$$A=\begin{bmatrix} a & 0 & \cdots & 0 \\ 0 & a & \cdots & 0 \\ \vdots & \vdots & & \vdots \\ 0 & 0 & \cdots & a \end{bmatrix} \text{(스칼라행렬)}$$

체 F 위의 $m \times n$행렬 전체의 집합을 $Mat_{m \times n}(F)$ 또는 $M_{m \times n}(F)$로 나타내고, n-정방행렬 전체의 집합을 $Mat_n(F)$ 또는 $M_n(F)$로서 나타낸다.

≪보기 1≫ 다음 행렬의 **주 대각성분**을 말하고 하 삼각행렬과 강한 상 삼각행렬을 찾아라.

(1) $A=\begin{bmatrix}0 & -2 & -7\\ 0 & 0 & 6\\ 0 & 0 & 0\end{bmatrix}$, $B=\begin{bmatrix}2 & 3 & 1 & -1\\ 2 & 3 & 4 & 5\\ 0 & 0 & 3 & 2\\ 0 & 0 & 0 & 9\end{bmatrix}$

(2) $A=\begin{bmatrix}1 & -2 & -3\\ 0 & 5 & 6\\ 0 & 0 & 9\end{bmatrix}$, $B=\begin{bmatrix}2 & 0 & 0 & 0\\ 2 & 3 & 0 & 0\\ 1 & -7 & 3 & 0\\ 0 & -5 & 0 & 9\end{bmatrix}$

풀이 (1) A의 주 대각성분: 0, 0, 0, B의 주 대각성분: 2, 3, 3, 9
(2) A의 주 대각성분: 1, 5, 9, B의 주 대각성분: 2, 3, 3, 9

하 삼각행렬: (2) B
강한 상 삼각행렬: (1) A ⊠

◈정의 두 행렬 $A=[a_{ij}]$, $B=[b_{ij}]$를 $M_{m\times n}(F)$의 요소라 하고 k를 스칼라라 하자.

(1) $A=B \Leftrightarrow a_{ij}=b_{ij}$, $\forall_{i,j}$ (∵ A와 B의 **상등** (equal))

(2) $A+B=[a_{ij}+b_{ij}]\in M_{m\times n}(F)$, $\forall_{i,j}$ (∵ A와 B의 **합** (sum))

(3) $kA=[ka_{ij}]\in M_{m\times n}(F)$, $\forall_{i,j}$ (∵ A의 k **스칼라 곱** (scalar multiple by k))

특히, $(-1)A=-A$, $A+(-B)=A-B$로 나타낸다.

위의 정의에서 $M_{m\times n}(F)$에서 **행렬의 덧셈연산** (matrix addition)과 **스칼라 곱셈연산** (scalar multiplication)이 정의되어진다. $M_{m\times n}(F)$는 자연스럽게 벡터공간이 된다. (6장에 소개)

≪예제 2≫ $\mathbb{C}$위의 행렬 $A=\begin{bmatrix}1-i & 2+i\\ -1+i & -1-i\end{bmatrix}$, $B=\begin{bmatrix}3-3i & 3+4i\\ 5+6i & 7-8i\end{bmatrix}$와 스칼라 $3i$에 대하여 $A+B$, $A-B$, $-A$, $3iB$를 구하여라.

풀이 $A+B=\begin{bmatrix}4-4i & 5+5i\\ 4+7i & 6-9i\end{bmatrix}$, $A-B=\begin{bmatrix}-2+2i & -1-3i\\ -6-5i & -8+7i\end{bmatrix}$,
$-A=\begin{bmatrix}-1+i & -2-i\\ 1-i & 1+i\end{bmatrix}$, $3iB=\begin{bmatrix}9+9i & -12+9i\\ -18+15i & 24+21i\end{bmatrix}$ ⊠

◈정리 3.1.1 행렬 $A,\ B,\ C \in M_{m\times n}(F)$와 $k,\ k_1,\ k_2 \in F$에 대하여 다음 사실이 성립한다.

(1) $(A+B)+C=A+(B+C)$

(2) $\exists\ O \in M_{m\times n}(F)$ s.t. $A+O=A=O+A$

(3) $\exists -A \in M_{m\times n}(F)$ s.t. $A+(-A)=O=(-A)+A$

(4) $A+B=B+A$

(5) $k(A+B)=kA+kB$

(6) $(k_1+k_2)A=k_1A+k_2A$

(7) $(k_1k_2)A=k_1(k_2A)$

(8) $1A=A\ \ (1\in F)$

따라서 (1), (2), (3), (4)에 의해서 $M_{m\times n}(F)$는 덧셈연산에 관하여 **가환군** (commutative group)이 된다. (부록 참조)

증명 $A=[a_{ij}]$, $B=[b_{ij}]$, $C=[c_{ij}]$라고 하자.

(1) 행렬의 덧셈연산에 의하여 $(A+B)+C$와 $A+(B+C)$는 $M_{m\times n}(F)$의 원소이다.

$$(A+B)+C=([a_{ij}]+[b_{ij}])+[c_{ij}]=[a_{ij}+b_{ij}]+[c_{ij}]$$
$$=[(a_{ij}+b_{ij})+c_{ij}]=[a_{ij}+(b_{ij}+c_{ij})]$$
$$=[a_{ij}]+[b_{ij}+c_{ij}]=A+(B+C)$$

(2) $A+O=[a_{ij}]+[0_{ij}]=[a_{ij}+0_{ij}]=[a_{ij}]=A$

(단, 여기서 모든 i, j에 대하여 $0_{ij}=0$이다.)

(3) $A+(-A)=[a_{ij}]+(-1)[a_{ij}]=[a_{ij}]+[-a_{ij}]=[a_{ij}-a_{ij}]=[0_{ij}]=O$

(단, 여기서 모든 i, j에 대하여 $0_{ij}=0$이다.)

(6) $(k_1+k_2)A=(k_1+k_2)[a_{ij}]=[(k_1+k_2)a_{ij}]=[k_1a_{ij}+k_2a_{ij}]$

$$=[k_1a_{ij}]+[k_2a_{ij}]=k_1[a_{ij}]+k_2[a_{ij}]=k_1A+k_2A$$

나머지 (4), (5), (7), (8)도 같은 방법으로 증명할 수 있다. ⊠

◈ 정의 두 행렬, $A=[a_{ij}]\in M_{m\times n}(F)$, $B=[b_{ij}]\in M_{n\times r}(F)$에 대하여, A와 B의 **곱** (product of A and B) AB를 $C=[c_{ij}]$라 하면

$$c_{ij}=\sum_{k=1}^{n} a_{ik}b_{kj}=a_{i\,1}b_{1\,j}+a_{i\,2}b_{2\,j}+\cdots+a_{i\,n}b_{n\,j}$$

로 정의한다. 따라서 $AB = C = [c_{ij}] \in M_{m \times r}(F)$이다.

≪예제 3≫ 다음 행렬의 곱을 구하고 그들의 크기를 비교하여라.

(1) $\begin{bmatrix} 1 & -2 & 3 \\ -1 & 0 & 6 \end{bmatrix} \begin{bmatrix} 1 & 0 \\ 0 & 3 \\ -1 & 5 \end{bmatrix}$

(2) $\begin{bmatrix} 1 & -1 \\ -2 & 0 \\ 3 & 6 \end{bmatrix} \begin{bmatrix} 1 & 0 & -1 \\ 0 & 3 & 5 \end{bmatrix}$

(3) $\begin{bmatrix} 1 & -1 & 1 \\ 2 & 0 & 3 \\ -3 & 4 & 0 \end{bmatrix} \begin{bmatrix} 0 & 2 & 1 \\ 2 & -3 & 0 \\ 0 & 5 & 2 \end{bmatrix}$

(4) $\begin{bmatrix} 1 & -1 \\ 2 & 3 \\ 0 & 6 \end{bmatrix} \begin{bmatrix} 2 & -3 \\ 2 & 5 \end{bmatrix}$

풀이 (1) $\begin{bmatrix} -2 & 9 \\ -7 & 30 \end{bmatrix}$, (2) $\begin{bmatrix} 1 & -3 & -6 \\ -2 & 0 & 2 \\ 3 & 18 & 27 \end{bmatrix}$,

(3) $\begin{bmatrix} -2 & 10 & 3 \\ 0 & 19 & 8 \\ 8 & -18 & -3 \end{bmatrix}$, (4) $\begin{bmatrix} 0 & -8 \\ 10 & 9 \\ 12 & 30 \end{bmatrix}$. ⊠

≪보기 4≫ (1) $A = \begin{bmatrix} 1 & 1 \\ 0 & 0 \end{bmatrix}$, $B = \begin{bmatrix} 1 & 0 \\ 1 & 0 \end{bmatrix}$ 일 때 $AB = \begin{bmatrix} 1 & 1 \\ 0 & 0 \end{bmatrix} \begin{bmatrix} 1 & 0 \\ 1 & 0 \end{bmatrix} = \begin{bmatrix} 2 & 0 \\ 0 & 0 \end{bmatrix}$, $BA = \begin{bmatrix} 1 & 0 \\ 1 & 0 \end{bmatrix} \begin{bmatrix} 1 & 1 \\ 0 & 0 \end{bmatrix} = \begin{bmatrix} 1 & 1 \\ 1 & 1 \end{bmatrix}$ 이다. 따라서 $AB \neq BA$이다.

(2) $A = \begin{bmatrix} 1 & -1 \\ -2 & 2 \end{bmatrix}$, $B = \begin{bmatrix} 3 & 4 \\ 3 & 4 \end{bmatrix}$ 일 때 $AB = \begin{bmatrix} 1 & -1 \\ -2 & 2 \end{bmatrix} \begin{bmatrix} 3 & 4 \\ 3 & 4 \end{bmatrix} = \begin{bmatrix} 0 & 0 \\ 0 & 0 \end{bmatrix} = O$ 이다. 따라서 $A \neq O$, $B \neq O$이지만 $AB = O$ 임을 알 수 있다.

(3) $A = \begin{bmatrix} 1 & -1 \\ -3 & 5 \end{bmatrix}$와 $B = \begin{bmatrix} 1 & -5 \\ 0 & 6 \\ 2 & 9 \end{bmatrix}$의 곱은 가능한가?

예제 3와 보기 4에 의하여, 행렬 A의 열 개수와 행렬 B의 행 개수가 같을 때만, 그들의 곱 AB가 계산 가능하다는 것을 알아보았다. 따라서 체 F 위의 n-정방행렬 전체의 집합 $M_n(F)$는 **행렬의 곱셈연산** (matrix multiplication)에 관하여 **닫혀있다** (closed). 일반적으로 두 행렬 A와 B의 곱 AB는 가능하지만 B와 A의 곱 BA는 불가능한 경우도 있다(보기 4의 (3)).

≪예제 5≫ 어느 민속촌 X와 동물원 Y사이에 다음과 같은 관광코스 a, b, c, d, e, f, g, h가 있다.

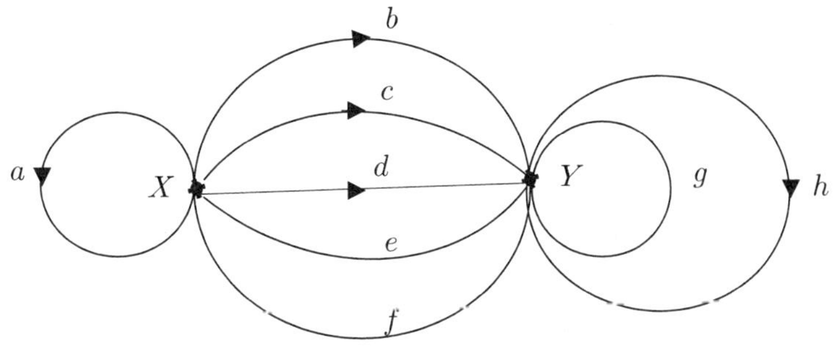

관광코스와 행렬 [도표 3.2]

이 관광코스의 수를 나타내는 행렬을 표현하여라.
Y지점을 출발하여 두 코스를 이어서 관광하고, 다시 Y지점에 도착하는 방법은 모두 몇 가지인가?

풀이 X에서 X로의 관광코스는 1가지, X에서 Y로의 관광코스는 2가지, Y에서 X로의 관광코스는 3가지이고 Y에서 Y로의 관광코스는 2가지이므로, 관광코스의 수를 나타내는 행렬은 $A=\begin{bmatrix}1 & 2\\3 & 2\end{bmatrix}$으로 표현할 수 있다.
Y지점을 출발하여 두 코스를 이어서 관광하고, 다시 Y지점에 도착하는 방법은 $A^2=AA=\begin{bmatrix}7 & 6\\9 & 10\end{bmatrix}$의 $(2,2)$성분으로 10가지임을 알 수 있다. ▨

유제 1. X지점을 출발하여 두 코스를 이어서 관광하고, 다시 Y지점에 도착하는 방법은 모두 몇 가지인가? [연습문제 12 참조]

아래 나오는 정리들은 유용하므로 예제나 문제를 풀기위하여 내용은 꼭 익히기 바란다. 이 책의 내용을 처음 대하는 사람은 증명은 참고로 하고, 생략 할 수 있다.

◈ **정리 3.1.2** F를 체라 하자. 그러면 $\forall \alpha \in F$와 $\forall A, B, C \in M_n(F)$에 대하여 다음 사실이 성립한다.

(1) $(AB)C=A(BC)$

(2) $A(B+C)=AB+AC$
(3) $(A+B)C=AC+BC$
(4) $\alpha(AB)=(\alpha A)B=A(\alpha B)$
(5) $\exists\ I\in M_n(F)$ s.t. $IA=A=AI$
(6) $\exists\ O\in M_n(F)$ s.t. $OA=O=AO$

증명 (1) $A=[a_{ij}]\in M_{m\times n}(F)$, $B=[b_{ij}]\in M_{n\times r}(F)$, $C=[c_{ij}]\in M_{r\times s}(F)$라 하자. 이 경우 $AB\in M_{m\times r}(F)$이고 $BC\in M_{n\times s}(F)$이므로 $(AB)C\in M_{m\times s}(F)$이고 $A(BC)\in M_{m\times s}(F)$임을 알 수 있다.

행렬 AB의 (i,h)성분은 $\sum_{k=1}^{n}a_{ik}b_{kh}$이고 행렬 BC의 (k,j)성분은 $\sum_{h=1}^{r}b_{kh}c_{hj}$이라고 한다면,

$$\begin{aligned}(AB)C\text{의 }(i,j)\text{성분} &= \sum_{h=1}^{r}\left(\sum_{k=1}^{n}a_{ik}b_{kh}\right)c_{hj} \\ &= \sum_{h=1}^{r}\sum_{k=1}^{n}(a_{ik}b_{kh})c_{hj} \\ &= \sum_{k=1}^{n}\sum_{h=1}^{r}(a_{ik}b_{kh})c_{hj} \\ &= \sum_{k=1}^{n}\sum_{h=1}^{r}a_{ik}(b_{kh}c_{hj}) \\ &= \sum_{k=1}^{n}a_{ik}\left(\sum_{h=1}^{r}b_{kh}c_{hj}\right) \\ &= A(BC)\text{의 }(i,j)\text{성분}\end{aligned}$$

이므로 $(AB)C=A(BC)$이다.

(2) $A=[a_{ij}]\in M_{m\times n}(F)$, $B=[b_{ij}]$, $C=[c_{ij}]\in M_{n\times r}(F)$라 하자. $B+C=[b_{ij}+c_{ij}]\in M_{n\times r}(F)$이므로 $A(B+C)$, AB, AC 및 $AB+AC$는 모두 $M_{m\times r}(F)$의 요소이다.

행렬 $B+C$의 (k,j)성분이 $b_{kj}+c_{kj}$이고 행렬 AB와 AC의 (i,j)성분이 각자 $\sum_{k=1}^{n}a_{ik}b_{kj}$와 $\sum_{k=1}^{n}a_{ik}c_{kj}$이라고 한다면,

$$A(B+C)\text{의 }(i,j)\text{성분} = \sum_{k=1}^{n}a_{ik}(b_{kj}+c_{kj})$$

$$= \sum_{k=1}^{n}(a_{ik}b_{kj} + a_{ik}c_{kj})$$

$$= \sum_{k=1}^{n} a_{ik}b_{kj} + \sum_{k=1}^{n} a_{ik}c_{kj}$$

$$= AB + AC \text{의 } (i,j) \text{성분}$$

이므로 $A(B+C) = AB + AC$이다.

(4) $A = [a_{ij}] \in M_{m\times n}(F)$, $B = [b_{ij}] \in M_{n\times r}(F)$라 하자.

AB의 (i,j)성분을 $\sum_{k=1}^{n} a_{ik}b_{kj}$라 하면,

$$\alpha(AB) \text{의 } (i,j) \text{성분} = \alpha \sum_{k=1}^{n} a_{ik}b_{kj}$$

$$= \sum_{k=1}^{n}(\alpha a_{ik})b_{kj} \quad (=(\alpha A)B \text{의 } (i,j) \text{성분})$$

$$= \sum_{k=1}^{n} a_{ik}(\alpha b_{kj}) \quad (= A(\alpha B) \text{의 } (i,j) \text{성분})$$

이므로 $\alpha(AB)$, $(\alpha A)B$ 및 $A(\alpha B)$의 각 (i,j)성분이 같다. 따라서

$$\alpha(AB) = (\alpha A)B = A(\alpha B)$$

가 성립한다.

(3), (5), (6)도 위와 같은 방법으로 쉽게 증명된다. ⊠

◈ 정의 $A = [a_{ij}]$를 체 F 위의 $m \times n$행렬이라 하자. A의 (i,j)성분 a_{ij}를 (j,i) 성분으로 갖는 F 위의 $n \times m$행렬 $[b_{ij}]$를 A의 **전치행렬** (transpose matrix)이라 하고 A^t로 나타낸다.

다시 말하면, $A = [a_{ij}] \in M_{m\times n}(F)$에 대하여, $A^t = [a_{ij}^t] \in M_{n\times m}(F)$이다. 여기서 $a_{ij}^t = a_{ji}$이다. 따라서 $A^t = [a_{ij}^t] = [a_{ji}]$, 즉

$$A = \begin{bmatrix} a_{11} & a_{12} & \cdots & a_{1n} \\ a_{21} & a_{22} & \cdots & a_{2n} \\ \vdots & \vdots & & \vdots \\ a_{m1} & a_{m2} & \cdots & a_{mn} \end{bmatrix}$$

일 때,

$$A^t = \begin{bmatrix} a_{11} & a_{21} & \cdots & a_{m1} \\ a_{12} & a_{22} & \cdots & a_{m2} \\ \vdots & \vdots & & \vdots \\ a_{1n} & a_{2n} & \cdots & a_{mn} \end{bmatrix}$$

≪보기 7≫ $A=\begin{bmatrix}1 & -2 & 3\\ 0 & 4 & -5\end{bmatrix}$ 일 때 $A^t=\begin{bmatrix}1 & 0\\ -2 & 4\\ 3 & 5\end{bmatrix}$ 이고, $(A^t)^t=A$ 이다.

또한, $B=\begin{bmatrix}1 & 2\\ -1 & \frac{1}{2}\\ 0 & -1\end{bmatrix}$ 에 대하여 $B^t=\begin{bmatrix}1 & -1 & 0\\ 2 & \frac{1}{2} & -1\end{bmatrix}$ 이다.

이때,

$$(AB)^t=\begin{bmatrix}3 & -2\\ -4 & 7\end{bmatrix}^t=\begin{bmatrix}3 & -4\\ -2 & 7\end{bmatrix}=\begin{bmatrix}1 & -1 & 0\\ 2 & \frac{1}{2} & -1\end{bmatrix}\begin{bmatrix}1 & 0\\ -2 & 4\\ 3 & -5\end{bmatrix}=B^tA^t$$

임을 알 수 있다.

보기 7의 성질은 아래 정리와 같이 일반화 된다.

◈ 정리 3.1.3 F를 체라 하고 $\alpha\in F$라고 하자.

(1) A, $B\in M_{m\times n}(F)$ 이면

(a) $(A^t)^t=A$

(b) $(A+B)^t=A^t+B^t$

(c) $(\alpha A)^t=\alpha A^t$

(2) $A\in M_{m\times n}(F)$, $B\in M_{n\times r}(F)$이면 $(AB)^t=B^tA^t$ 이다.

증명 (1) $A=[a_{ij}]$, $B=[b_{ij}]$라 하자.

(a) 분명히 $(A^t)^t$는 $m\times n$행렬이다. 한편 A^t의 (i,j)성분은 A의 (j,i)성분이고, $(A^t)^t$의 (i,j)성분은 A^t의 (j,i)성분 이므로

$(A^t)^t$의 (i,j)성분 $=$ A^t의 (j,i)성분 $=$ A의 (i,j)성분이다.

따라서 $(A^t)^t=A$이다.

(b), (c)도 위와 같은 방법으로 증명된다.

(2) $A=[a_{ij}]\in M_{m\times n}(F)$, $B=[b_{ij}]\in M_{n\times r}(F)$라 하자.

$$AB\in M_{m\times r}(F),\ B^t\in M_{r\times n}(F),\ A^t\in M_{n\times m}(F)$$

이므로

$$(AB)^t\in M_{r\times m}(F),\ B^tA^t\in M_{r\times m}(F)$$

이다. 다음은 $(AB)^t=B^tA^t$ 임을 보인다.

$$(AB)^t\text{의 } (i,j)\text{성분} = AB\text{의 } (j,i)\text{성분} = \sum_{k=1}^{n} a_{jk}b_{ki} = \sum_{k=1}^{n} b_{ki}a_{jk} = \sum_{k=1}^{n} b_{ik}^t a_{kj}^t$$
$$= B^t A^t \text{의 } (i,j)\text{성분}$$

이다. 여기서 B^t의 (i,k)성분이 b_{ki}이고 A^t의 (k,j)성분이 a_{jk}이므로 B^tA^t의 (i,j) 성분 $\sum_{k=1}^{n} b_{ik}^t a_{kj}^t$는 $\sum_{k=1}^{n} b_{ki}a_{jk}$과 같다. 따라서 $(AB)^t = B^tA^t$임을 알 수 있다. ⊠

◈ 따름정리 3.1.4 체 F위의 n-정방행렬 전체의 집합 $M_n(F)$에 관하여 다음의 대수적 구조가 성립한다.

(1) $\forall A, B \in M_n(F)$에 대하여, $A+B \in M_n(F)$이다.

(a) $\forall A,\ B,\ C \in M_n(F), (A+B)+C = A+(B+C)$

(b) $\exists\, O \in M_n(F)$ s.t. $A+O = A = O+A,\ \forall A \in M_n(F)$

(c) $\forall A \in M_n(F),\ \exists -A \in M_n(F)$ s.t. $A+(-A) = O = (-A)+A$,

(d) $\forall A,\ B \in M_n(F), A+B = B+A$

(2) $\forall A, B \in M_n(F)$에 대하여, $AB \in M_n(F)$ 이다.

(a) $(AB)C = A(BC),\ \forall A, B, C \in M_n(F)$

(b) $(A+B)C = AC+BC,\ \forall A, B, C \in M_n(F)$

(c) $A(B+C) = AB+AC,\ \forall A, B, C \in M_n(F)$

(d) $\exists\, I \in M_n(F)$ s.t. $AI = A = IA,\ \forall A \in M_n(F)$

(e) $\exists\, O \in M_n(F)$ s.t. $OA = O = AO,\ \forall A \in M_n(F)$

증명 정리 3.1.1와 3.1.2에 의하여 분명하다. ⊠

◈ 정의 A를 $n\times n$ 행렬이라 하고 I를 n차 항등행렬이라 하자. 만약 $n\times n$ 행렬 B가 존재하여 $AB = I = BA$이라면 A를 **가역행렬** (invertible matrix) 혹은 **정칙행렬** (non-singular matrix)이라 부르고, B를 A의 **역행렬** (inverse matrix)이라고 한다. 반면에, A가 가역이 아닐 때 A를 **비가역행렬** (non-invertible matrix) 또는 **비정칙행렬** (singular matrix)이라 한다.

A를 O이 아닌 $n\times n$ 행렬이라 하자. 만약 O이 아닌 $n\times n$ 행렬 B가 존재하여 $AB = O$ 또는 $BA = O$를 만족하면 A를 **영인자** (zero-divisor)라고 부른다. 여기서 $AB = O$를 만족할 때 A를 **좌 영인자** (left zero-divisor)라 하고, $BA = O$를 만족할 때 A를 **우 영인자** (right zero-divisor)라고 한다.

보기 4의 (2)에서 $A=\begin{bmatrix}1 & -1\\ -2 & 2\end{bmatrix}$는 좌 영인자이고 $B=\begin{bmatrix}3 & 4\\ 3 & 4\end{bmatrix}$는 우 영인자임을 알 수 있다.

◈ 정리 3.1.5 정방행렬 A가 가역행렬이라고 한다면, A의 역행렬은 오직 하나만 존재한다.

증명 B와 C가 동시에 A의 역행렬이고 가정하자. 그러면 $AB=I=BA$이고 $AC=I=CA$이다. 따라서 $B=BI=B(AC)=(BA)C=IC=C$이다. ⊠

정리 3.1.5에 의해서 A가 가역행렬이라면 A의 역행렬은 유일하며, A^{-1}로 나타내기로 한다. 따라서 $AA^{-1}=I=A^{-1}A$이다.

≪보기 8≫ 다음 두 행렬

$$A=\begin{bmatrix}1 & 1\\ 1 & 0\end{bmatrix},\quad B=\begin{bmatrix}0 & 1\\ 1 & 0\end{bmatrix}$$

는 가역행렬이고 그들의 역행렬은 다음과 같다.

$$\begin{bmatrix}1 & 1\\ 1 & 0\end{bmatrix}\begin{bmatrix}0 & 1\\ 1 & -1\end{bmatrix}=I=\begin{bmatrix}0 & 1\\ 1 & -1\end{bmatrix}\begin{bmatrix}1 & 1\\ 1 & 0\end{bmatrix}$$

$$\begin{bmatrix}0 & 1\\ 1 & 0\end{bmatrix}\begin{bmatrix}0 & 1\\ 1 & 0\end{bmatrix}=I=\begin{bmatrix}0 & 1\\ 1 & 0\end{bmatrix}\begin{bmatrix}0 & 1\\ 1 & 0\end{bmatrix}$$

이므로, A와 B는 가역행렬이고,

$$A^{-1}=\begin{bmatrix}0 & 1\\ 1 & -1\end{bmatrix},\quad B^{-1}=B$$

임을 알 수 있다.

역행렬을 계산하는 방법은 다음 절과 행렬식을 다룬 후에 공부하기로 한다.

≪보충 9≫ 행렬 $A=\begin{bmatrix}3 & 0\\ 0 & 0\end{bmatrix}$는 비가역행렬임을 알 수 있다. 왜냐하면, 임의의 2-정방행렬 $B=\begin{bmatrix}b_{11} & b_{12}\\ b_{21} & b_{22}\end{bmatrix}$에 대하여, $AB=\begin{bmatrix}3b_{11} & 3b_{12}\\ 0 & 0\end{bmatrix}$이고 $BA=\begin{bmatrix}3b_{11} & 0\\ 3b_{21} & 0\end{bmatrix}$이므로, $AB\neq I\neq BA$이다.

◈ 정리 3.1.6 A와 B를 $n\times n$ 행렬이라고 할 때, 다음 사실이 성립한다.

(1) A가 가역행렬이면, A^{-1}도 가역이고 $(A^{-1})^{-1}=A$이다.

(2) A와 B가 가역행렬이면, AB도 가역이고 $(AB)^{-1} = B^{-1}A^{-1}$이다.

(3) A가 가역행렬이면, 임의의 영이 아닌 스칼라 α에 대하여 αA는 가역이고 $(\alpha A)^{-1} = \dfrac{1}{\alpha}A^{-1}$이다.

(4) A가 가역행렬이면, A^t도 가역행렬이고, 이 때 $(A^t)^{-1} = (A^{-1})^t$이다.

증명 (1) A가 가역이면 A^{-1}가 존재하여

$$AA^{-1} = I = A^{-1}A$$

이고, 한편

$$(A^{-1})^{-1}A^{-1} = I = (A^{-1})(A^{-1})^{-1}$$

이므로 A^{-1}의 역행렬은 A와 $(A^{-1})^{-1}$이다. 따라서 정리 3.1.5에 의해서 $(A^{-1})^{-1} = A$이다.

(2) A와 B가 가역이므로 A^{-1}와 B^{-1}가 존재하여

$$AA^{-1} = I = A^{-1}A, \quad BB^{-1} = I = B^{-1}B$$

이다. 한편

$$(AB)(B^{-1}A^{-1}) = A(BB^{-1})A^{-1} = (AI)A^{-1} = AA^{-1} = I$$
$$(B^{-1}A^{-1})(AB) = B^{-1}(A^{-1}A)B = B^{-1}(IB) = B^{-1}B = I$$

이므로 따라서 AB는 가역이고 $(AB)^{-1} = B^{-1}A^{-1}$이다.

(3) A가 가역이면 A^{-1}가 존재하여

$$AA^{-1} = I = A^{-1}A$$

이고, 스칼라 $\alpha \neq 0$에 대하여, 정리 3.1.2의 (4)에 의하여

$$(\alpha A)\left(\frac{1}{\alpha}A^{-1}\right) = \left(\alpha\frac{1}{\alpha}\right)(AA^{-1}) = 1I = I$$
$$\left(\frac{1}{\alpha}A^{-1}\right)(\alpha A) = \left(\frac{1}{\alpha}\alpha\right)(A^{-1}A) = 1I = I$$

이므로 αA는 가역이고, $(\alpha A)^{-1} = \dfrac{1}{\alpha}A^{-1}$이다.

(4) A가 가역이면 A^{-1}가 존재하여 $AA^{-1} = I = A^{-1}A$이다. 정리 3.1.3의 (2)에 의하여 $A^t(A^{-1})^t = (A^{-1}A)^t = I^t = I$, $(A^{-1})^tA^t = (AA^{-1})^t = I^t = I$이므로 A^t는 가역이고, $(A^t)^{-1} = (A^{-1})^t$이다. ⊠

정리 3.1.6의 (2)에 의하여, 크기가 같은 가역행렬의 유한개의 곱은 항상 가역이고, 그의 역행렬은 각 행렬의 역행렬을 거꾸로 곱한 것과 같다.

A를 정방행렬이라 할 때 A의 음수가 아닌 정수멱승을 다음과 같이 약속한다.

$$A^0 = I, \ A^n = AA\cdots A \quad (n\text{개의 곱}) \ (n>0)$$

더구나 A가 가역행렬일 때 음의 정수멱승을

$$A^{-n} = (A^{-1})^n = (A^{-1})(A^{-1})\cdots(A^{-1}) \quad (n\text{개의 곱}) \ (n>0)$$

으로 약속한다. 이때 r, s가 정수이면, 다음은 A의 멱승에 관한 **지수법칙**이다.

$$A^r A^s = A^{r+s}, \ (A^r)^s = A^{rs}.$$

연습문제 3.1

1. $A=\begin{bmatrix}1 & 1\\ 3 & -4\end{bmatrix}$, $B=\begin{bmatrix}3 & 0\\ 1 & 6\end{bmatrix}$, $C=\begin{bmatrix}-1 & 1\\ 7 & 8\end{bmatrix}$, $\alpha=5$, $\beta=-8$이라고 할 때 다음 식이 성립함을 보여라.

(1) $(A+B)+C=A+(B+C)$

(2) $(AB)C=A(BC)$

(3) $(\alpha+\beta)C=\alpha C+\beta C$

(4) $\alpha(B+C)=\alpha B+\alpha C$

(5) $\alpha(BC)=(\alpha B)C=B(\alpha C)$

(6) $A(B-C)=AB-AC$

2. $A=\begin{bmatrix}1 & 1\\ -1 & 2\end{bmatrix}$, $B=\begin{bmatrix}2 & 3\\ -4 & 5\end{bmatrix}$에 대하여 $(A+B)^2=A^2+AB+BA+B^2$이 성립하는 것을 확인하여라.

3. 2차 정방행렬 $A=\begin{bmatrix}a & b\\ c & d\end{bmatrix}$가 가역이기 위한 필요충분조건은 $ad-bc\neq 0$임을 시도하여라.

4. 다음 행렬의 역행렬을 구하여라.

$$B=\begin{bmatrix}5 & 4\\ -5 & -3\end{bmatrix} \qquad A=\begin{bmatrix}\cos x & \sin x\\ -\sin x & \cos x\end{bmatrix}$$

5. 크기가 같은 두 정방행렬 A, B에 대하여

$$(A+B)^2=A^2+2AB+B^2$$

이기 위한 필요충분조건은 $AB=BA$임을 밝혀라.

6. A가 n-정방행렬이고 B, C를 $n \times m$행렬이라 하자. 만약 A가 가역이라면 다음 사실이 성립함을 보여라.

(1) $AB = AC$이면 $B = C$이다.

(2) $AB = O$ 이면 $B = O$ 이다.

7. $A = \begin{bmatrix} 1 & 2 & 3 \\ -1 & 2 & 4 \end{bmatrix}$, $B = \begin{bmatrix} 0 & 1 & 2 \\ 0 & -1 & 3 \\ -2 & 3 & 5 \end{bmatrix}$일 때

(1) A^t, $(A^t)^t$, B^t, $(AB)^t$, $B^t A^t$를 각각 구하여라.

(2) $(A^t)^t = A$, $(AB)^t = B^t A^t$임을 확인하여라.

8. 2차 정방행렬 A에 대하여, $3A = \begin{bmatrix} 1 & 2 \\ 3 & 4 \end{bmatrix}$인 A를 찾아라.

9. $\mathbb{C}$위의 행렬 $A = \begin{bmatrix} 5-3i & 2+i \\ -1+i & -3-4i \end{bmatrix}$, $B = \begin{bmatrix} 1-3i & -3+4i \\ 3+6i & 11-2i \end{bmatrix}$와 스칼라 $1-2i$에 대하여 $A+B$, $A-B$, $-A$, $(1-2i)B$ 및 AB를 구하여라.

10. A는 가역행렬이고, 그 역행렬이 $A^{-1} = \begin{bmatrix} 2 & 3 \\ 1 & 4 \end{bmatrix}$일 때 A를 구하여라.

11. 어느 두 지점 X와 Y사이에 다음과 같은 관광코스 a, b, c, d, e, f, g, h가 있다.

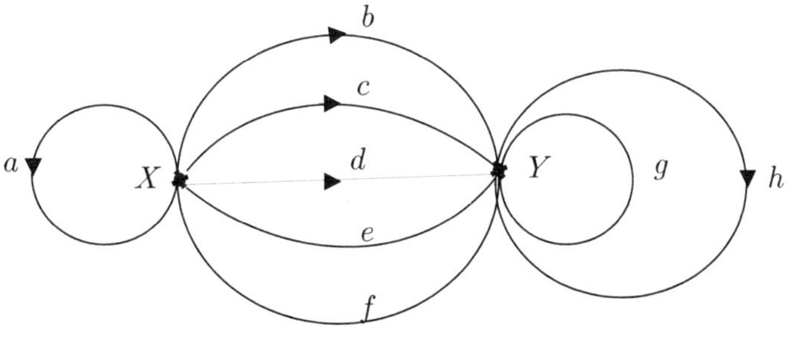

이 관광코스의 수를 나타내는 행렬을 표현하여라.

X지점을 출발하여 두 코스를 이어서 관광하고, 다시 Y지점에 도착하는 방법은 모두 몇 가지인가?

3.2 section 기본연산과 기본행렬

이 절에서는 $m \times n$행렬 A의 행 및 열에 대한 세 가지 형태의 **기본연산**을 시행하여 우리가 다루기 좋은 새로운 $m \times n$행렬 B로 바꾸는 방법을 소개하고, 이를 바탕으로 **기본행렬**, 행 사다리꼴행렬 (혹은 행 계단행렬)과 기약 행 사다리꼴행렬을 정의한 다음 가역행렬의 성질 및 역행렬을 구하는 방법을 공부한다.

◈ 정의 행렬 A의 행에 대한 다음 세 가지 형태의 연산을 A의 **기본 행 연산** (elementary row operation)이라 한다.

(Ⅰ) i행과 j행을 교환 한다. : $[A_i \leftrightarrow A_j]$

(Ⅱ) i행에 0이 아닌 스칼라 α배 한다. : $[A_i \to \alpha A_i]$

(Ⅲ) i행을 스칼라 α배하여 j행에 더한다. : $[A_j \to \alpha A_i + A_j]$

이들 연산을 e, e_1, e_2, e_3, $\cdots$ 등으로 나타내기로 한다.

위의 (Ⅰ), (Ⅱ), (Ⅲ)에서 행 (row)을 열 (column)로 바꾸면 행렬 A의 열에 대한 세 가지 형태의 연산으로 바뀌는데 이를 A의 **기본 열 연산** (elementary column operation)이라 한다. 행렬 A에 대한 기본 행 연산과 기본 열 연산을 일컬어 행렬 A의 **기본연산** (elementary operation)이라 한다. 행렬 A의 기본 열 연산은 전치행렬 A^t의 기본 행 연산으로 나타나므로 기본 행 연산을 위주로 다룬다.

지금부터 행렬 A의 i행을 R_i, j열을 C_j로 나타내기로 하며, 위 정의의 (Ⅰ), (Ⅱ), (Ⅲ)의 연산에 의해서 나타나는 행렬을 각각 $(R_i \leftrightarrow R_j)A$, $(R_i \to \alpha R_i)A$, $(R_j \to \alpha R_i + R_j)A$로 표시하기로 한다. 같은 방법으로 기본 열 연산에 대해서도 생각할 수 있다.

≪예제 1≫ 행렬 A가 다음과 같이 주어졌을 때

$$A = \begin{bmatrix} 1 & 1 & 2 & 7 \\ 2 & 4 & -3 & 1 \\ 3 & 6 & -5 & 0 \end{bmatrix}$$

다음 (1), (2), (3)의 기본 행 연산을 구하여라.

(1) $(R_2 \leftrightarrow R_3)A$ (2) $(R_1 \rightarrow (-2)R_1)A$

(3) $(R_2 \rightarrow (-2)R_1 + R_2)A$

풀이 (1) $(R_2 \leftrightarrow R_3)A = \begin{bmatrix} 1 & 1 & 2 & 7 \\ 3 & 6 & -5 & 0 \\ 2 & 4 & -3 & 1 \end{bmatrix}$

(2) $(R_1 \rightarrow (-2)R_1)A = \begin{bmatrix} -2 & -2 & -4 & -14 \\ 2 & 4 & -3 & 1 \\ 3 & 6 & -5 & 0 \end{bmatrix}$

(3) $(R_2 \rightarrow (-2)R_1 + R_2)A = \begin{bmatrix} 1 & 1 & 2 & 7 \\ 0 & 2 & -7 & -13 \\ 3 & 6 & -5 & 0 \end{bmatrix}$

⊠

◈ **정의** 행렬 A가 주어졌을 때, A에 유한 번의 기본 행 (열)연산을 시행하여 행렬 B가 얻어졌다면, 행렬 B는 행렬 A에 **행 동등** (row equivalent) [**열 동등** (column equivalent)]하다고 하고, $B \underset{r}{\sim} A$ 또는 $B \sim A$ $[B \underset{c}{\sim} A]$로 나타낸다.

≪보기 2≫ 다음 행렬 B가 A에 행 동등함을 알 수 있다.

$$A = \begin{bmatrix} 2 & 2 & 0 \\ 1 & 1 & 2 \\ -1 & 1 & 3 \end{bmatrix},\quad B = \begin{bmatrix} 1 & 1 & 2 \\ 0 & 1 & \frac{5}{2} \\ 0 & 0 & 1 \end{bmatrix}$$

풀이 $A = \begin{bmatrix} 2 & 2 & 0 \\ 1 & 1 & 2 \\ -1 & 1 & 3 \end{bmatrix} \xrightarrow[R_1 \leftrightarrow R_2]{} \begin{bmatrix} 1 & 1 & 2 \\ 2 & 2 & 0 \\ -1 & 1 & 3 \end{bmatrix}$

$$\xrightarrow[R_2 \rightarrow (-2)R_1 + R_2]{} \begin{bmatrix} 1 & 1 & 2 \\ 0 & 0 & -4 \\ -1 & 1 & 3 \end{bmatrix}$$

$$\xrightarrow[R_3 \rightarrow R_1 + R_3]{} \begin{bmatrix} 1 & 1 & 2 \\ 0 & 0 & -4 \\ 0 & 2 & 5 \end{bmatrix}$$

$$\xrightarrow[R_2 \leftrightarrow R_3]{} \begin{bmatrix} 1 & 1 & 2 \\ 0 & 2 & 5 \\ 0 & 0 & -4 \end{bmatrix}$$

$$\xrightarrow{R_2 \to \frac{1}{2}R_2} \begin{bmatrix} 1 & 1 & 2 \\ 0 & 1 & \frac{5}{2} \\ 0 & 0 & -4 \end{bmatrix}$$

$$\xrightarrow{R_3 \to \left(-\frac{1}{4}\right)R_3} \begin{bmatrix} 1 & 1 & 2 \\ 0 & 1 & \frac{5}{2} \\ 0 & 0 & 1 \end{bmatrix} = B$$

따라서 A에 기본 행 연산을 6번 시행하여 B가 얻어졌다. 즉 $B \underset{r}{\sim} A$이다. ⊠

◈ 정의 n차 단위행렬 $I = I_n$에 기본 행(열) 연산 (Ⅰ), (Ⅱ), (Ⅲ) 중 어느 하나를 한 번 시행하여 얻어진 행렬을 n차 **기본행렬** (elementary matrix of degree n)이라 하고,

$$(R_i \leftrightarrow R_j)I,\ \ (R_i \to \alpha R_i)I\ (\alpha \neq 0),\ \ (R_j \to \alpha R_i + R_j)I$$

$$[(C_i \leftrightarrow C_j)I,\ \ (C_i \to \alpha C_i)I\ (\alpha \neq 0),\ \ (C_j \to \alpha C_i + C_j)I]$$

와 같이 표시한다. 이들 기본행렬을 E, E_1, E_2, E_3, $\cdots$등으로 나타내기로 한다.

≪보기 3≫ 다음 행렬들은 항등행렬 I_3의 기본행렬이다.

(1) $\begin{bmatrix} 1 & 0 & 0 \\ 0 & 0 & 1 \\ 0 & 1 & 0 \end{bmatrix} = (R_2 \leftrightarrow R_3)I$

(2) $\begin{bmatrix} 1 & 0 & 0 \\ 0 & 2 & 0 \\ 0 & 0 & 1 \end{bmatrix} = (R_2 \to 2R_2)I$

(3) $\begin{bmatrix} 1 & 0 & 0 \\ 3 & 1 & 0 \\ 0 & 0 & 1 \end{bmatrix} = (R_2 \to 3R_1 + R_2)I$

≪보기 4≫ 두 2×2 행렬 $A = \begin{bmatrix} a_{11} & a_{12} \\ a_{21} & a_{22} \end{bmatrix}$, $B = \begin{bmatrix} b_{11} & b_{12} \\ b_{21} & b_{22} \end{bmatrix}$에 대하여 기본 행 연산 $e = (R_1 \leftrightarrow R_2)$와 기본 열 연산 $e' = (C_1 \leftrightarrow C_2)$를 생각하자. 그러면 다음이 성립함을 쉽게 조사할 수 있다.

$$AB = \begin{bmatrix} a_{11}b_{11} + a_{12}b_{21} & a_{11}b_{12} + a_{12}b_{22} \\ a_{21}b_{11} + a_{22}b_{22} & a_{21}b_{12} + a_{22}b_{22} \end{bmatrix}$$

$$e(AB) = \begin{bmatrix} a_{21}b_{11}+a_{22}b_{21} & a_{21}b_{12}+a_{22}b_{22} \\ a_{11}b_{11}+a_{12}b_{21} & a_{11}b_{12}+a_{12}b_{22} \end{bmatrix}$$

$$= \begin{bmatrix} a_{21} & a_{22} \\ a_{11} & a_{12} \end{bmatrix} \begin{bmatrix} b_{11} & b_{12} \\ b_{21} & b_{22} \end{bmatrix} = e(A)B.$$

$$e'(AB) = \begin{bmatrix} a_{11}b_{21}+a_{12}b_{22} & a_{11}b_{11}+a_{12}b_{21} \\ a_{21}b_{12}+a_{22}b_{22} & a_{21}b_{11}+a_{22}b_{21} \end{bmatrix}$$

$$- \begin{bmatrix} a_{11} & a_{12} \\ a_{21} & a_{22} \end{bmatrix} \begin{bmatrix} b_{12} & b_{11} \\ b_{22} & b_{21} \end{bmatrix} - A\,e'(B).$$

보기 4의 계산법과 유사한 방법으로 행렬의 기본 행 연산과 기본 열 연산에 대한 명제가 아래 정리 3.2.1와 같이 일반화된다.

이 절의 내용을 처음 대할 때에는 다음 정리들은 공식으로서 기억하고 증명을 생략하여도 좋다.

◈ 정리 3.2.1 $A=[a_{ij}]$를 $m\times n$행렬이고 $B=[a_{jk}]$ 를 $n\times l$행렬이라 하자.

(1) e를 행렬의 기본 행 연산이라 하면, $e(AB)=e(A)B$ 이다.

(2) e'를 행렬의 기본 열 연산이라 하면, $e'(AB)=A\,e'(B)$ 이다.

◈ 정리 3.2.2 $A=[a_{ij}]$를 $m\times n$행렬이라 하자.

(1) e를 기본 행 연산이라하고, $e(A)$를 A에 대한 기본 행 연산을 시행하여 얻어진 행렬, $e(I_m)=E$ 는 I_m에 대한 기본 행 연산을 취하여 얻어진 기본행렬이라 할 때 $e(A)=EA$가 성립한다.

(2) e를 기본 열 연산이라하고, $e(A)$를 A에 대한 기본 열 연산을 시행하여 얻어진 행렬, $e(I_n)=E$는 I_n에 대한 기본 열 연산을 취하여 얻어진 기본행렬이라 할 때 $e(A)=AE$가 성립한다.

힌트 (1) (i) 기본 행 연산 $e=R_i\leftrightarrow R_j$ 에 대하여, $e(A)=(R_i\leftrightarrow R_j)A$ 이고 $e(I_m)=(R_i\leftrightarrow R_j)I_m=E$이므로 정리 3.2.1에 의하여

$$(R_i\leftrightarrow R_j)A=(R_i\leftrightarrow R_j)I_mA=EA$$

이 성립한다.

(ii) 기본 행 연산 $e=[R_i\rightarrow \alpha R_i]$ $(\alpha\neq 0)$에 대하여, $e(A)=(R_i\rightarrow \alpha R_i)A$

이고 $e(I_m) = (R_i \to \alpha R_i)I_m = E$ 이므로 정리 3.2.1에 의하여

$$A(R_i \to \alpha R_i) = I_m(R_i \to \alpha R_i)A = EA$$

이 된다.

(iii) 기본 행 연산 $e = [R_i \to R_i + \alpha R_j]$ 에 대하여, $e(A) = (R_i \to R_i + \alpha R_j)A$ 이고 $e(I_m) = I_m(R_i \to R_i + \alpha R_j)I_m = E$ 이므로 정리 3.2.1에 의하여

$$(R_i \to R_i + \alpha R_j)A = (R_i \to R_i + \alpha R_j)I_m A = EA$$

이 된다.

(2) (1)의 (i), (ii), (iii)과 같은 방법으로 증명할 수 있다. ▨

≪예제 5≫ 항등행렬 I_3의 기본 행 연산 (I), (II), (III)에 대하여,

$$e_1(I_3) = E_1 = \begin{bmatrix} 1 & 0 & 0 \\ 0 & 0 & 1 \\ 0 & 1 & 0 \end{bmatrix},\ e_2(I_3) = E_2 = \begin{bmatrix} 1 & 0 & 0 \\ 0 & \alpha & 0 \\ 0 & 0 & 1 \end{bmatrix},\ (\alpha \neq 0),\ e_3(I_3) = E_3 = \begin{bmatrix} 1 & 0 & 0 \\ 0 & 1 & \alpha \\ 0 & 0 & 1 \end{bmatrix}$$

이라 할 때 $e_i(A) = E_i A$임을 보여라.

풀이

$$e_1(A) = (R_2 \leftrightarrow R_3)A = \begin{bmatrix} a_{11} & a_{12} & a_{13} \\ a_{31} & a_{32} & a_{33} \\ a_{21} & a_{22} & a_{23} \end{bmatrix}$$

$$e_2(A) = (R_2 \leftrightarrow \alpha R_2)A = \begin{bmatrix} a_{11} & a_{12} & a_{13} \\ \alpha a_{21} & \alpha a_{22} & \alpha a_{23} \\ a_{31} & a_{32} & a_{33} \end{bmatrix}$$

$$e_3(A) = A(R_2 \leftrightarrow R_2 + \alpha R_3) = \begin{bmatrix} a_{11} & a_{12} & a_{13} \\ a_{21} + \alpha a_{31} & a_{22} + \alpha a_{32} & a_{23} + \alpha a_{33} \\ a_{31} & a_{32} & a_{33} \end{bmatrix}$$

따라서

$$E_1 A = \begin{bmatrix} 1 & 0 & 0 \\ 0 & 0 & 1 \\ 0 & 1 & 0 \end{bmatrix} \begin{bmatrix} a_{11} & a_{12} & a_{13} \\ a_{21} & a_{22} & a_{23} \\ a_{31} & a_{32} & a_{33} \end{bmatrix} = \begin{bmatrix} a_{11} & a_{12} & a_{13} \\ a_{31} & a_{32} & a_{33} \\ a_{21} & a_{22} & a_{23} \end{bmatrix} = e_1(A)$$

$$E_2 A = \begin{bmatrix} 1 & 0 & 0 \\ 0 & \alpha & 1 \\ 0 & 0 & 1 \end{bmatrix} \begin{bmatrix} a_{11} & a_{12} & a_{13} \\ a_{21} & a_{22} & a_{23} \\ a_{31} & a_{32} & a_{33} \end{bmatrix} = \begin{bmatrix} a_{11} & a_{12} & a_{13} \\ \alpha a_{21} & \alpha a_{22} & \alpha a_{23} \\ a_{31} & a_{32} & a_{33} \end{bmatrix} = e_2(A)$$

$$E_3 A = \begin{bmatrix} 1 & 0 & 0 \\ 0 & 1 & \alpha \\ 0 & 0 & 1 \end{bmatrix} \begin{bmatrix} a_{11} & a_{12} & a_{13} \\ a_{21} & a_{22} & a_{23} \\ a_{31} & a_{32} & a_{33} \end{bmatrix} = \begin{bmatrix} a_{11} & a_{12} & a_{13} \\ a_{21} + \alpha a_{31} & a_{22} + \alpha a_{32} & a_{23} + \alpha a_{33} \\ a_{31} & a_{32} & a_{33} \end{bmatrix} = e_3(A)$$

이다. ▨

정리 3.2.2는 5장에 나오는 연립1차방정식에 행렬 이론을 적용하는데 있어서 유용하게 사용되고, 어떤 행렬에 대한 "기본 행 연산을 취한다."라는 동작은 "좌측에서 기본행렬을 곱한다."는 동작으로 대치할 수 있다.

단위행렬 I에 기본 행 연산을 실시하여 기본행렬 E가 얻어졌다고 하면 역으로 E를 I로 환원시키는 기본 행 연산이 존재함을 곧 알 수 있다. 예컨대 E가 I의 제i행을 영이 아닌 상수 $\alpha \neq 0$배해서 얻어졌다고 하면 E의 제i행을 $\frac{1}{\alpha}$배하면 I가 얻어진다. 표 3.2는 이런 뜻에서 기본 행 연산의 **역연산**에 대하여 요약한 것이다.

I에서 E를 만드는 행 연산	E에서 I로 되돌리는 행 연산
제i행과 제j행을 교환한다.	제i행과 제j행을 교환한다.
제i행을 $\alpha \neq 0$배한다.	제i행을 $\frac{1}{\alpha}$배한다.
제i행을 α배해서 제j행에 더한다.	제i행을 $-\alpha$배해서 제j행에 더한다.

역연산 [표 3.3]

표 3.3의 우측 연산을 각각 좌측 대응 연산의 **역연산** (inverse operation)이라 부르기도 한다. 즉

$$[(R_i \leftrightarrow R_j)]^{-1} = (R_i \leftrightarrow R_j)$$

$$[(R_i \to \alpha R_i)]^{-1} = (R_i \to \frac{1}{\alpha} R_i),\ \alpha \neq 0$$

$$[(R_j \to \alpha R_i + R_j)]^{-1} = (R_j \to (-\alpha) R_i + R_j)$$

이다. 따라서 역연산법의 개념에 의해서 다음의 정리가 성립함을 알 수 있다.

◈ 정리 3.2.3　A를 체 F 위의 $m \times n$행렬이라 하자. 기본 행 연산 (Ⅰ), (Ⅱ), (Ⅲ) 중의 하나를 e라 할 때, $e^{-1}(e(A)) = A = e(e^{-1}(A))$를 만족시키는 기본 행 연산 e^{-1}가 존재한다.

◈ 정리 3.2.4　모든 기본행렬은 가역이고, 이 때 그 역행렬도 또한 기본행렬이다.

증명　E를 주어진 기본행렬이라 하자. 그러면 E는 I에 어떤 기본 행 연산 e

를 취하여 얻어졌을 것이다. 즉 $E=e(I)$이다. 이제 e의 역연산 e^{-1}도 기본 행 연산이기 때문에 $e^{-1}(I)$도 기본행렬이다. 만약 $E'=e^{-1}(I)$라고 두면 정리 3.2.2와 3.2.3에 의하여,

$$EE'=e(I)e^{-1}(I)=e\left(e^{-1}(I)\right)=I$$

$$E'E=e^{-1}(I)e(I)=e^{-1}(e(I))=I$$

이므로 E는 가역행렬이고, $E'=e^{-1}(I)$는 기본행렬이다. ⊠

기본 행 연산과 그 역연산을 사용하여 다음의 정리를 얻는다.

아래 나오는 정리들은 유용하므로 내용은 꼭 익히기 바란다. 이 책의 내용을 처음 대하는 사람은 증명은 참고로 하고, 생략 할 수 있다.

◈ **정리 3.2.5** A, B, C를 체 F 위의 $m\times n$행렬이라 하자. 그러면 다음 사실이 성립한다.

(1) $A\sim A$

(2) $A\sim B \Rightarrow B\sim A$

(3) $A\sim B,\ B\sim C \Rightarrow A\sim C$

즉, $\sim$는 동치관계이다.

◈ **정리 3.2.6** A와 B를 체 F 위의 $m\times n$행렬이라 하자. 그러면 B가 A에 행동등 (또는 A가 B에 행 동등)하기 위한 필요충분조건은 $B=E_t\cdots E_2E_1A$ 를 만족하는 체 F 위의 m차 기본행렬 E_1, E_2, $\cdots$, E_t가 존재하는 것이다.

증명 $B\sim A$이라고 가정하자. 그러면 행렬 A에 기본 행 연산을 유한 번 시행하여 행렬 B를 얻을 수 있다. 이에 정리 3.2.1을 적용하면 다음을 얻는다.

$$B=e_t\left(\cdots\left(e_2(e_1A)\right)\cdots\right)=e_t\left(\cdots\left(e_2(E_1A)\right)\cdots\right)=E_t\cdots E_2E_1A$$

여기서 E_1, E_2, $\cdots$, E_t는 m차 기본행렬이다.

역으로, m차 기본행렬 E_1, E_2, $\cdots$, E_t가 존재하여 $E_t\cdots E_2E_1A=B$이면 $B=e_t(I_m)\cdots e_2(I_m)e_1(I_m)A=e_t\left(\cdots\left(e_2(e_1A)\right)\cdots\right)$이므로 $B\sim A$이 성립된다. ⊠

◈ **따름정리 3.2.7** 행렬 A에 대하여 $A\sim I$을 만족하는 필요충분조건은 $DA=I$인 행렬 $D=E_t\cdots E_2E_1$ 이 존재하는 것이다.

증명 정리 3.2.6에 의하여 쉽게 증명된다. ⊠

[주의] 행렬 A의 기본 열 연산에 대해서도 기본 행 연산과 유사한 정리가 성립한다. **기본 열 연산**에 관한 **기본행렬** (elementary column matrix)의 역행렬은 다음과 같다.

$$[(C_i \leftrightarrow C_j)I]^{-1} = (C_j \leftrightarrow C_i)I$$

$$[(C_i \to \alpha C_i)I]^{-1} = (C_i \to \frac{1}{\alpha} C_i)I,\ \alpha \neq 0$$

$$[(C_i \to \alpha C_j + C_i)I]^{-1} = (C_i \to (-\alpha)C_j + C_i)I$$

≪보기 6≫ 3차 항등행렬 I_3에서 기본 행 연산 및 기본 열 연산에 관한 기본행렬을 비교하여라.

풀이

$$\begin{bmatrix}1&0&0\\0&1&0\\0&0&1\end{bmatrix}\overleftrightarrow{C_1 \leftrightarrow C_2}\begin{bmatrix}0&1&0\\1&0&0\\0&0&1\end{bmatrix},\quad \begin{bmatrix}1&0&0\\0&1&0\\0&0&1\end{bmatrix}\overleftrightarrow{R_1 \leftrightarrow R_2}\begin{bmatrix}0&1&0\\1&0&0\\0&0&1\end{bmatrix}$$

$$\begin{bmatrix}1&0&0\\0&1&0\\0&0&1\end{bmatrix}\xrightarrow{\alpha C_2}\begin{bmatrix}1&0&0\\0&\alpha&0\\0&0&1\end{bmatrix},\quad \begin{bmatrix}1&0&0\\0&1&0\\0&0&1\end{bmatrix}\xrightarrow{\alpha R_2}\begin{bmatrix}1&0&0\\0&\alpha&0\\0&0&1\end{bmatrix}$$

$$\begin{bmatrix}1&0&0\\0&1&0\\0&0&1\end{bmatrix}\xrightarrow{C_1 + \alpha C_2}\begin{bmatrix}1&0&0\\1&\alpha&0\\0&0&1\end{bmatrix},\quad \begin{bmatrix}1&0&0\\0&1&0\\0&0&1\end{bmatrix}\xrightarrow{\alpha R_1 + R_2}\begin{bmatrix}1&0&0\\\alpha&1&0\\0&0&1\end{bmatrix}$$

⊠

앞에서 기본 행 연산이나 기본 열 연산을 **기본연산** (elementary operation)이라 하였는데, 행렬 A에 유한 번의 기본연산을 시행하여 새로운 행렬 B가 얻어졌다면 B를 A와 **동등** (equivalent)이라 하고 $B \sim A$ 로 나타낸다.

◈ 정의 다음과 같은 조건을 만족하는 행렬을 **기약 행 사다리꼴행렬** (reduced row echelon matrix) 또는 **기약 행 계단행렬**이라 한다.

(1) **영행** (zero row) (: 행의 모든 성분이 0인 행)이 존재하면 그렇지 않은 행보다 아래에 위치한다.

(2) 각 행에서 처음으로 0이 아닌 성분 (: **선두성분** (leading entry))은 1이다.

(3) 영행이 아닌 두 행에 대하여, 아래 행의 선두성분은 위행의 선두성분보다 오른쪽에 위치한다.

(4) 선두성분 1을 포함하는 열의 나머지 성분은 모두 0이다.

위의 성질 (1), (2), (3)을 만족하는 행렬을 **행 사다리꼴행렬** (row echelon matrix) 또는 **행 계단행렬**이라 한다. 모든 기약 행 사다리꼴 행렬은 행 사다리꼴 행렬이다.

≪보기 7≫ (1) $\begin{bmatrix} 1 & 0 & 0 & 5 \\ 0 & 1 & 0 & -2 \\ 0 & 0 & 1 & 3 \end{bmatrix}$, $\begin{bmatrix} 0 & 1 & 0 & 0 & 0 \\ 0 & 0 & 1 & 2 & 0 \\ 0 & 0 & 0 & 0 & 1 \\ 0 & 0 & 0 & 0 & 0 \end{bmatrix}$, $\begin{bmatrix} 0 & 1 & -2 & 0 & 6 \\ 0 & 0 & 0 & 1 & -2 \\ 0 & 0 & 0 & 0 & 0 \end{bmatrix}$, $\begin{bmatrix} 1 & 0 & 0 \\ 0 & 1 & 0 \\ 0 & 0 & 1 \end{bmatrix}$는 모두 기약 행 사다리꼴행렬들이다.

(2) $\begin{bmatrix} 1 & 0 & 0 & 5 \\ 0 & 1 & -3 & 2 \\ 0 & 0 & 1 & 0 \end{bmatrix}$, $\begin{bmatrix} 0 & 1 & 2 & 3 \\ 0 & 0 & 1 & 2 \\ 0 & 0 & 0 & 1 \end{bmatrix}$, $\begin{bmatrix} 1 & 1 & 1 & 2 \\ 0 & 0 & 1 & 3 \\ 0 & 0 & 0 & 0 \end{bmatrix}$는 행 계단행렬이나 기약 행 계단행렬은 아니다.

◈ 정리 3.2.8 모든 행렬 A는 유한 번의 기본 행 연산 (또는 기본 열 연산)을 시행하여 기약 행 계단행렬 B로 변형된다. 이 때 항등행렬 I의 기본 행 연산에 대한 유한개의 기본행렬 E_1, E_2, $\cdots$, E_t가 존재하여, $D = E_t \cdots E_2 E_1$ 은 가역이고 $B = DA$ 로 나타난다.

≪예제 8≫ 다음 행렬을 기약 행 계단행렬로 변형하여라.

$$A = \begin{bmatrix} 3 & -1 & 2 & 1 & 0 & 0 \\ 2 & 1 & 1 & 0 & 1 & 0 \\ 1 & -3 & 0 & 0 & 0 & 1 \end{bmatrix}$$

풀이

$$A = \begin{bmatrix} 3 & -1 & 2 & 1 & 0 & 0 \\ 2 & 1 & 1 & 0 & 1 & 0 \\ 1 & -3 & 0 & 0 & 0 & 1 \end{bmatrix} \xrightarrow[R_1 \leftrightarrow R_3]{} \begin{bmatrix} 1 & -3 & 0 & 0 & 0 & 1 \\ 2 & 1 & 1 & 0 & 1 & 0 \\ 3 & -1 & 2 & 1 & 0 & 0 \end{bmatrix}$$

$$\xrightarrow[R_3 - 3R_1]{R_2 - 2R_1} \begin{bmatrix} 1 & -3 & 0 & 0 & 0 & 1 \\ 0 & 7 & 1 & 0 & 1 & -2 \\ 0 & 8 & 2 & 1 & 0 & -3 \end{bmatrix}$$

$$\xrightarrow[\substack{\frac{1}{7}R_2 \\ 3R_2 + R_1}]{-\frac{8}{7}R_2 + R_3} \begin{bmatrix} 1 & 0 & 0 & -\frac{1}{2} & 1 & \frac{1}{2} \\ 0 & 1 & 0 & -\frac{1}{6} & \frac{1}{3} & -\frac{1}{6} \\ 0 & 0 & 1 & \frac{7}{6} & -\frac{4}{3} & -\frac{5}{6} \end{bmatrix}$$

따라서 다음 행렬

$$\begin{bmatrix} 1 & 0 & 0 & -\frac{1}{2} & 1 & \frac{1}{2} \\ 0 & 1 & 0 & -\frac{1}{6} & \frac{1}{3} & -\frac{1}{6} \\ 0 & 0 & 1 & \frac{7}{6} & -\frac{4}{3} & -\frac{5}{6} \end{bmatrix}$$

은 주어진 행렬 A로부터 유도된 기약 행 계단행렬이다. ⊠

◈ **정리 3.2.9** B는 체 F 위의 $m \times n$기약 행 계단행렬이라 하자. B의 영행이 아닌 행의 개수를 r이라 하면, $r \leq m$, $r \leq n$ 이다.

특히, B가 n차 정방 기약 행 계단행렬이고 B의 모든 행이 영행이 아니면 $B = I\,(= I_n)$ 이다.

증명 기약 행 계단행렬의 조건 (1)에 의하여 B의 모든 영행은 그렇지 않은 행보다 아래에 위치하므로 $r \leq m$ 이고, 제1행에서 제r행까지 모두 영행이 아니다.

한편 B의 제i행의 선두성분 1을 포함하는 열을 k_i열이라고 하면, 기약 행 계단행렬의 조건 (3)에 의하여 $k_1 < k_2 < \cdots < k_r$ 이다. 여기서 $i = 1, 2, \cdots, r$ 이다. 한편 $k_1, k_2, \cdots, k_r$ 는 B의 서로 다른 열을 나타내므로 B의 모든 열의 개수 n을 넘을 수 없다. 따라서 $r \leq n$ 이다.

다음은 B를 n차 정방 기약 행 계단행렬이라 하자. 그러면 제1행에서 제n행까지 모두 영행이 아니고 위와 같은 방법으로 $k_1 < k_2 < \cdots < k_n$ 이다. 그런데 B의 열의 개수는 n이므로 $k_1 = 1, k_2 = 2, \cdots, k_n = n$ 이어야 한다. 따라서 B의 제i행의 선두성분 1은 제i열에 위치하며 또한 기약 행 계단행렬의 조건 (4)에 의해서 제i열의 나머지 성분은 모두 영이다. 다시 말하면, B의 주 대각성분은 모두 1이고 그 밖의 나머지 성분은 모두 영이다. 따라서 $B = I$이다. ⊠

◈ **정리 3.2.10** A는 체 F 위의 n차 정방행렬이라 하자. 그러면 다음 세 명제는 동치이다.

(1) A는 가역행렬이다.

(2) A의 기약 행 계단행렬은 항등행렬 I이다 ($\because A$는 I와 행 동등하다).

(3) A는 유한개의 기본행렬의 곱으로 나타난다.

증명 (1) $\Rightarrow$ (2) A는 가역행렬이라 하자. 그러면 정리 3.2.8에 의하여 기본행렬 E_1, E_2, $\cdots$, E_t가 존재하여 $B = E_t \cdots E_2 E_1 A$ 는 기약 행 계단행렬이다.

한편 A, E_1, $\cdots$, E_t가 가역행렬이므로 정리 3.1.6의 (2)에 의하여 B는 가역행렬이고, 3장 1절 문제 13에 의하여 B의 모든 행은 영행이 아니다. 따라서 정리 3.2.9에 의해서 $B=I$이다.

(2) $\Rightarrow$ (3) A의 기약 행 계단행렬이 I이라고 하자. 그러면 정리 3.2.8에 의하여

$$I=E_t \cdots E_2E_1A$$

이다. 여기서 E_1, E_2, $\cdots$, E_t는 n차 기본행렬이다. 이 때 정리 3.2.4에 의해 E_1, E_2, $\cdots$, E_t는 가역행렬이므로 $E_t \cdots E_2E_1$ 역시 가역이고

$$A=(E_t \cdots E_2E_1)^{-1}I=E_1^{-1}E_2^{-1}\cdots E_t^{-1}$$

가 된다. 여기서 $E_1^{-1}, E_2^{-1}, \cdots, E_t^{-1}$ 역시 기본행렬이다.

(3) $\Rightarrow$ (1) $A=E_1E_2\cdots E_k$ 이라 하자. 여기서 E_1, E_2, $\cdots$, E_k는 기본행렬이다. 그러면 정리 3.2.4에 의하여 E_1, E_2, $\cdots$, E_k는 가역이므로 A는 가역이다. ⊠

◈ **정리 3.2.11** A는 체 F 위의 n차 정방행렬이라 하자. 그러면 A가 비가역행렬이기 위한 필요충분조건은 A가 영행을 포함하는 F 위의 n차 정방행렬 B가 존재하여 $A \underset{r}{\sim} B$이다.

증명 A는 비가역행렬이라 하고, 정리 3.2.8에 의해 n차 정방 기약 행 계단행렬 B가 존재하여 $A\underset{r}{\sim} B$이다. 정리 3.2.10에 의하여 A가 비가역이므로 $B \neq I$이고 정리 3.2.9에 의하여 B는 반드시 영행을 포함하여야 한다. 따라서 A는 영행을 포함하는 n차 정방행렬 B와 행 동등이다.

역으로 영행을 포함하는 n차 정방행렬 B가 존재하여 $A\underset{r}{\sim}B$이라 하자. 그러면 3장 1절 문제 13에 의하여 B는 비가역행렬이다.

한편 $B\underset{r}{\sim}A$이므로 n차 기본행렬 E_1, E_2, $\cdots$, E_t가 존재하여 $B=E_t\cdots E_2E_1A$이다. 여기서 만약 A가 가역행렬이면 B도 역시 가역행렬이 되어 모순이 된다. 따라서 A는 비가역행렬이다. ⊠

◈ **정리 3.2.12** A는 체 F 위의 n차 정방행렬이라고 하자. 그러면 다음의 두

명제가 성립한다.

(1) n차 정방행렬 B가 존재하여 $AB=I$이면 A는 가역이고 $A^{-1}=B$이다.

(2) n차 정방행렬 B가 존재하여 $BA=I$이면 A는 가역이고 $A^{-1}=B$이다.

증명 (1) n차 정방행렬 B가 존재하여 $AB=I$이라 가정하자. 모순을 유도하기 위하여, A를 비가역이라고 가정한다. 그러면 정리 3.2.11에 의하여 영행을 포함하는 n차 정방행렬 B'가 존재하여 $A \underset{r}{\sim} B'$이다. 따라서 정리 3.2.6에 의하여 n차 기본행렬 E_1, E_2, $\cdots$, E_t가 존재하여

$$A=E_t \cdots E_2 E_1 B'$$

이고

$$I=AB=E_t \cdots E_2 E_1 B'B$$

이므로 다시 정리 3.2.6에 의하여 $I \underset{r}{\sim} B'B$이다. 여기서 B'는 영행을 포함하므로 $B'B$도 영행을 포함한다. 따라서 정리 3.2.11에 의하여 I는 비가역행렬이 된다. 이 사실은 모순이다. 그러므로 A는 가역이고 A^{-1}가 존재하여

$$A^{-1}=A^{-1}I=A^{-1}(AB)=(AA^{-1})B=IB=B$$

가 된다.

(2) n차 정방행렬 B가 존재하여 $BA=I$이라 가정하자. 그러면 (1)에 의하여 B는 가역행렬이고 $B^{-1}=A$이다. 한편 역행렬의 성질 (정리 3.1.6 (1))에 의하여 B^{-1}도 가역행렬이고 $(B^{-1})^{-1}=B$이다. 따라서 A는 가역행렬이고
$A^{-1}=(B^{-1})^{-1}=B$이다. ⊠

≪예제 9≫ $A=\begin{bmatrix} 1 & 6 & 4 \\ 2 & 4 & -1 \\ -1 & 2 & 5 \end{bmatrix}$가 비가역행렬임을 보여라.

풀이

$$\left[\begin{array}{ccc|ccc} 1 & 6 & 4 & 1 & 0 & 0 \\ 2 & 4 & -1 & 0 & 1 & 0 \\ -1 & 2 & 5 & 0 & 0 & 1 \end{array}\right] \xrightarrow[R_3 \to R_3 + R_1]{R_2 \to R_2 + (-2)R_1} \left[\begin{array}{ccc|ccc} 1 & 6 & 4 & 1 & 0 & 0 \\ 0 & -8 & -9 & -2 & 1 & 0 \\ 0 & 8 & 9 & 1 & 0 & 1 \end{array}\right]$$

$$\xrightarrow[R_3 \to R_3 + R_2]{} \left[\begin{array}{ccc|ccc} 1 & 6 & 4 & 1 & 0 & 0 \\ 0 & -8 & -9 & -2 & 1 & 0 \\ 0 & 8 & 9 & -1 & 1 & 1 \end{array}\right]$$

이므로 영행을 포함하는 행렬 $\begin{bmatrix}1 & 6 & 4\\0 & -8 & -9\\0 & 0 & 0\end{bmatrix}$가 존재하여 $A\underset{r}{\sim}\begin{bmatrix}1 & 6 & 4\\0 & -8 & -9\\0 & 0 & 0\end{bmatrix}$가 성립하므로 정리 3.2.11에 의하여 A는 비가역행렬이다. ⊠

≪예제 10≫ 다음 행렬의 기약 행 사다리꼴로 고치고, 영행이 아닌 행의 개수는 행의 개수 및 열의 개수보다 크지 않음을 확인하여라.

(1) $A=\begin{bmatrix}1 & 3 & 0\\2 & 2 & 0\\1 & 0 & 0\\0 & 1 & 0\end{bmatrix}$ (2) $B=\begin{bmatrix}1 & 0 & 0 & 2\\-1 & 0 & 1 & -1\\0 & 1 & -2 & 0\end{bmatrix}$

풀이 (1) $A\underset{r}{\sim}\begin{bmatrix}1 & 3 & 0\\0 & -1 & 0\\0 & -3 & 0\\0 & 1 & 0\end{bmatrix}\underset{r}{\sim}\begin{bmatrix}1 & 0 & 0\\0 & -1 & 0\\0 & 0 & 0\\0 & 0 & 0\end{bmatrix}\underset{r}{\sim}\begin{bmatrix}1 & 0 & 0\\0 & 1 & 0\\0 & 0 & 0\\0 & 0 & 0\end{bmatrix}$

(2) $B\underset{r}{\sim}\begin{bmatrix}1 & 0 & 0 & 2\\0 & 0 & 1 & 1\\0 & 1 & -2 & 0\end{bmatrix}\underset{r}{\sim}\begin{bmatrix}1 & 0 & 0 & 2\\0 & 1 & -2 & 0\\0 & 0 & 1 & 1\end{bmatrix}\underset{r}{\sim}\begin{bmatrix}1 & 0 & 0 & 2\\0 & 1 & 0 & 2\\0 & 0 & 1 & 1\end{bmatrix}$

⊠

◈ **정리 3.2.13** 행렬 $[A \,:\, I]\underset{r}{\sim}[B \,:\, D]$이면 $DA=B$이고, 특히 $[A \,:\, I]\underset{r}{\sim}[I \,:\, D]$이면 $DA=I$이고 $D=A^{-1}$이다.

증명 먼저 $[A \,:\, I]\underset{r}{\sim}[B \,:\, D]$이라고 가정하자. 그러면 정리 3.2.6에 의하여, 유한개의 기본행렬 E_1, E_2, $\cdots$, E_t가 존재하여

$$E_t\cdots E_2E_1[A \,:\, I]=[B \,:\, D]$$

즉

$$[E_t\cdots E_2E_1A \,:\, E_t\cdots E_2E_1I]=[B \,:\, D]$$

이다. 따라서 $DA=B$가 된다. 특히 $B=I$이면 $DA=I$가 되고 정리 3.2.12의 (2)에 의하여 $D=A^{-1}$이다. ⊠

위의 정리 3.2.13은 가역행렬인 경우에 그의 역행렬을 구하는 방법을 제공하는

공식이다.

≪예제 11≫ 정리 3.2.13를 이용하여 다음 행렬이 가역행렬임을 보이고 그의 역행렬을 구하여라.

$$A=\begin{bmatrix}2 & -1 & 3\\ 2 & 1 & 1\\ 1 & -3 & 0\end{bmatrix}$$

풀이 $[A\ \vdots\ I]=\left[\begin{array}{ccc|ccc}2 & -1 & 3 & 1 & 0 & 0\\ 2 & 1 & 1 & 0 & 1 & 0\\ 1 & -3 & 0 & 0 & 0 & 1\end{array}\right]\xrightarrow[R_1\leftrightarrow R_3]{}\left[\begin{array}{ccc|ccc}1 & -3 & 0 & 0 & 0 & 1\\ 2 & 1 & 1 & 0 & 1 & 0\\ 2 & -1 & 3 & 1 & 0 & 0\end{array}\right]$

$$\xrightarrow[R_3\to(-2)R_1+R_3]{R_2\to(-2)R_1+R_2}\left[\begin{array}{ccc|ccc}1 & -3 & 0 & 0 & 0 & 1\\ 0 & 7 & 1 & 0 & 1 & -2\\ 0 & 5 & 3 & 1 & 0 & -2\end{array}\right]$$

$$\xrightarrow[R_2\to(-1)R_3+R_2]{}\left[\begin{array}{ccc|ccc}1 & -3 & 0 & 0 & 0 & 1\\ 0 & 2 & -2 & -1 & 1 & 0\\ 0 & 5 & 3 & 1 & 0 & -2\end{array}\right]$$

$$\xrightarrow[R_2\to\left(\frac{1}{2}\right)R_2]{}\left[\begin{array}{ccc|ccc}1 & -3 & 0 & 0 & 0 & 1\\ 0 & 1 & -1 & -\frac{1}{2} & \frac{1}{2} & 0\\ 0 & 5 & 3 & 1 & 0 & -2\end{array}\right]$$

$$\xrightarrow[R_3\to(-5)R_2+R_3]{R_1\to 8R_2+R_1}\left[\begin{array}{ccc|ccc}1 & 0 & -3 & -\frac{3}{2} & \frac{3}{2} & 1\\ 0 & 1 & -1 & -\frac{1}{2} & \frac{1}{2} & 0\\ 0 & 0 & 8 & \frac{7}{2} & -\frac{5}{2} & -2\end{array}\right]$$

$$\xrightarrow[R_3\to\frac{1}{8}R_3]{}\left[\begin{array}{ccc|ccc}1 & 0 & -3 & -\frac{3}{2} & \frac{3}{2} & 1\\ 0 & 1 & -1 & -\frac{1}{2} & \frac{1}{2} & 0\\ 0 & 0 & 1 & \frac{7}{16} & -\frac{5}{16} & -\frac{1}{4}\end{array}\right]$$

$$\xrightarrow[R_2\to R_3+R_2]{R_1\to 3R_3+R_1}\left[\begin{array}{ccc|ccc}1 & 0 & 0 & -\frac{3}{16} & \frac{9}{16} & \frac{4}{16}\\ 0 & 1 & 0 & -\frac{1}{16} & \frac{3}{16} & -\frac{4}{16}\\ 0 & 0 & 1 & \frac{7}{16} & -\frac{5}{16} & -\frac{4}{16}\end{array}\right]$$

따라서 $A^{-1}=\frac{1}{16}\begin{bmatrix}-3 & 9 & 4\\ -1 & 3 & -4\\ 7 & -5 & -4\end{bmatrix}$이다. ⊠

행렬의 한 응용으로서, **마방진**이란 가로, 세로, 대각선으로 더해도 각각의 합이 같은 숫자의 배열을 말한다. 3×3, 4×4, 5×5, $\cdots$ 등 다양한 형태로 만들 수 있다. 다음은 합이 15인 3×3형태의 한 예시이다.

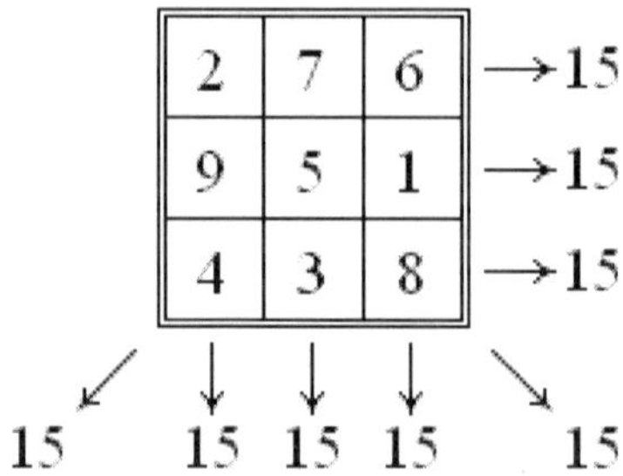

마방진 [도표 3.4]

유제 1. 다음 행렬이 가역행렬임을 보이고 그의 역행렬을 구하여라.

$$\begin{bmatrix} 2 & 3 \\ 3 & 5 \end{bmatrix}$$

끝으로 행렬의 응용으로서 숫자카드 게임을 한 가지 소개한다. 학생들로 하여금 0부터 15까지의 숫자 중 하나를 마음속으로 선택하게 한다.

다음은 아래 다섯 개의 숫자판을 보여준다. 선택한 숫자가 들어 있는 판을 고르라고 한 뒤 그 판을 보고 선택한 숫자를 맞춘다. 학생들에게 행렬에 대한 호기심을 불러 일으켜 수학교육에 아주 유용하다고 생각된다.

1. 한 학생에게 0부터 15까지 숫자 중 하나만 생각하게 한다.
2. 다섯 장의 숫자판을 한 장씩 보여주면서 학생이 생각한 숫자가 있는지, 없는지 물어본다.
3. 학생이 생각한 숫자가 있는 숫자판을 따로 모은다.
4. 따로 모은 숫자판의 중심에 있는 숫자의 합을 구한다. 그 합이 바로 학생이 생각한 숫자가 된다.
5. 학생이 생각한 숫자가 다섯 개의 숫자판에 모두 있을 때는 0이 학생이 생각한 숫자가 된다.

7	9	0
12	1	3
11	8	14

3	0	7
8	2	12
13	9	14

7	10	12
15	4	0
11	7	10

12	14	5
13	5	15
8	0	14

9	0	11
10	6	14
13	10	15

숫자판 [그림 3.5]

아래 숫자 카드 게임 판을 만드는 법을 소개한다. 0부터 15까지 숫자 중 상대방이 선택한 숫자를 맞힐 수 있는 숫자 카드를 만들어보자.

1. 먼저 다섯 개 숫자판의 중심에 1, 2, 4, 5, 6이라고 적는다.

	1	

	2	

	4	

	5	

	6	

2. 3이라는 숫자는 1+2이므로 1과 2가 쓰여 있는 숫자판의 어떤 곳이나 적으면 된다

		3
	1	

	2	
	3	

	4	

	5	

	6	

3. 4, 5, 6은 있으니 7을 생각하여보자. 7은 1+6 또는 2+5 또는 1+2+4이므로 셋 중 아무 결합이나 하나를 선택해서 그 판에 7을 적으면 된다. (예를 들어 결합 1+2+4를 선택했다면 1, 2, 4가 있는 숫자판에 7을 적는다.)

		3
7	1	

		7
	2	
	3	

	4	
7		

	5	

	6	

4. 나머지 빈칸도 8부터 15까지 차례대로 적어서 완성해 나간다. 빈칸은 어떻게 하는 게 좋을지 생각해보자. 여러 가지 경우의 방법으로 적을 수 있다.

연습문제 3.2

1. $A=\begin{bmatrix}1&1&2\\2&3&4\end{bmatrix}$의 기본 행 연산 $e_1=(R_1 \leftrightarrow R_2)$, $e_2=(R_2 \rightarrow 3R_2)$, $e_3=(R_2 \rightarrow 5R_1+R_2)$에 대하여 $e_1A=\begin{bmatrix}0&1\\1&0\end{bmatrix}A$, $e_2A=\begin{bmatrix}1&0\\0&3\end{bmatrix}A$, $e_3A=\begin{bmatrix}1&0\\5&1\end{bmatrix}A$임을 보여라.

2. 다음 기본행렬을 단위행렬로 되돌리는 기본 행 연산을 구하여라.

(1) $\begin{bmatrix}1&0\\4&1\end{bmatrix}$ (2) $\begin{bmatrix}0&1&0\\1&0&0\\0&0&1\end{bmatrix}$ (3) $\begin{bmatrix}1&0&0&0\\0&7&0&0\\0&0&1&0\\0&0&0&1\end{bmatrix}$

3. 다음 행렬 $A=\begin{bmatrix}7&8&9\\4&5&6\\1&2&3\end{bmatrix}$, $B=\begin{bmatrix}1&2&3\\4&5&6\\9&12&15\end{bmatrix}$, $C=\begin{bmatrix}1&2&3\\4&5&6\\7&8&9\end{bmatrix}$에 대하여

(1) $D_1A=C$　　(2) $D_2C=A$　　(3) $D_3C=B$

를 만족하는 D_1, D_2, D_3를 구하여라.

4. 문제 3에서 EA를 조사하여라. 여기서 E는 기본행렬이고 이에 대응되는 기본 행연산은 $e=(R_2 \to 3R_1+R_2)$이다.

5. 다음 행렬들을 행 동등인 기약 행 사다리꼴로 변형하여라.

(1) $\begin{bmatrix}0&1&2\\-1&3&-1\\1&-2&1\end{bmatrix}$　　(2) $\begin{bmatrix}0&0&1&2&-3\\0&1&2&6&0\\0&2&3&8&2\\0&1&1&2&3\end{bmatrix}$

6. 다음 행렬들이 가역인지 아닌지를 조사하고 가역이면 그의 역행렬을 구하여라.

(1) $\begin{bmatrix}1&2\\3&5\end{bmatrix}$, $\begin{bmatrix}2&-3\\-3&5\end{bmatrix}$, $\begin{bmatrix}3&-4\\-6&8\end{bmatrix}$

(2) $\begin{bmatrix}1&2&3\\2&5&3\\1&0&8\end{bmatrix}$, $\begin{bmatrix}1&0&1\\0&1&1\\1&1&0\end{bmatrix}$, $\begin{bmatrix}3&1&5\\2&4&1\\-4&2&-9\end{bmatrix}$

7. 정방행렬 A가 $A^t=A$를 만족하면 A를 **대칭행렬** (symmetric matrix)이라 하고 $A^t=-A$를 만족하면 A를 **교대행렬** (alternating matrix)이라 한다.
B가 임의의 정방행렬일 때 다음을 밝혀라.

(1) BB^t와 $B+B^t$는 대칭행렬이다.

(2) $B-B^t$는 교대행렬이다.

(3) B는 대칭행렬과 교대행렬의 합으로 유일하게 나타난다.

8. 정방행렬 $\begin{bmatrix}-2&0&1\\-1&1&0\\0&-1&1\end{bmatrix}$을 대칭행렬과 교대행렬의 합으로 나타내어라.

9. 다음 행렬 A의 기약 행 사다리꼴 행렬 B를 구하고 $B=DA$인 가역행렬 D를 구하여라.

(1) $A=\begin{bmatrix}0&3&0\\0&1&2\\1&1&0\end{bmatrix}$ (2) $A=\begin{bmatrix}2&-1\\6&3\\1&3\end{bmatrix}$

10. 행렬 $A=[a_{ij}]\in M_n(F)$의 주 대각성분 a_{11}, a_{22}, $\cdots$, a_{nn}의 합

$$a_{11}+a_{22}+\cdots+a_{nn}$$

을 A의 **추적** (trace)이라 하고 기호로 $\mathrm{tr}(A)$로 나타낸다. 행렬 A, $B\in M_n(F)$와 스칼라 α에 대하여 다음 사실을 밝혀라.

(1) $\mathrm{tr}(A^t)=\mathrm{tr}(A)$ (2) $\mathrm{tr}(A+B)=\mathrm{tr}(A)+\mathrm{tr}(B)$

(3) $\mathrm{tr}(\alpha A)=\alpha\mathrm{tr}(A)$ (4) $\mathrm{tr}(AB)=\mathrm{tr}(BA)$

11. 다음 행렬을 유한개의 기본행렬의 곱으로 나타내어라.

(1) $\begin{bmatrix}0&5\\7&12\end{bmatrix}$ (2) $\begin{bmatrix}1&3\\4&8\end{bmatrix}$ (3) $\begin{bmatrix}2&4&6\\0&1&1\\3&7&9\end{bmatrix}$

12. 1부터 31까지의 숫자판을 만들어보아라.

행렬식

Chapter 4

4.1_행렬식

4.2_행렬식의 성질

4.3_행렬식의 전개와 수반행렬

4.1 section 행렬식

행렬식에 관한 여러 가지 결과는 연립1차방정식의 해법, 1차 독립 및 1차 종속, **고유치**와 **고유벡터**를 구하는데 응용되고, 또한 3절에 나오는 역행렬의 새로운 계산공식을 만드는데도 응용된다. 행렬식을 정의하기 위하여 치환을 소개하고 이에 관한 여러 가지 사실을 살펴본다.

◈ 정의 집합 $X=\{1,\ 2,\ \cdots,\ n\}$ $(n \geq 1)$에 대하여, 전단사함수 $\sigma: X \to X$, $a \mapsto \sigma(a)$를 X상의 **치환** (permutation) 또는 **순열**이라고 한다. 이는 X의 각 원소를 순서 있게 배열하는 한 방법이다.

집합 $\{1, 2, \cdots, n\}$ 상의 치환을 **크기가** n**인 치환** 혹은 **길이가** n**인 치환** 이라고 한다. 집합 $\{1, 2, \cdots, n\}$ 상의 치환 전체의 집합을 S_n으로 나타내며, S_n의 원소의 개수는 $n!$이다.

치환 $\sigma: \{1, 2, \cdots, n\} \to \{1, 2, \cdots, n\}$ 을 함수의 정의역과 치역을 사용하여 구체적으로 표현하면

$$\sigma = \begin{pmatrix} 1 & 2 & \cdots & n \\ \sigma(1) & \sigma(2) & \cdots & \sigma(n) \end{pmatrix}$$

으로 나타낸다. 여기서 $\sigma(1)$, $\sigma(2)$, $\cdots$, $\sigma(n)$는 1, 2, $\cdots$, n의 재배열로서

$$\sigma = (\sigma(1), \sigma(2), \cdots, \sigma(n)) = (j_1, j_2, \cdots, j_n)$$

으로 나타내기도 한다. 여기서 $\sigma(i) = j_i$, $j = 1, 2, \cdots, n$ 이다.

한편, σ의 역치환 σ^{-1}는 다음과 같은 치환으로 나타낼 수 있다.

$$\sigma^{-1} = \begin{pmatrix} \sigma(1) & \sigma(2) & \cdots & \sigma(n) \\ 1 & 2 & \cdots & n \end{pmatrix} = \begin{pmatrix} j_1 & j_2 & \cdots & j_n \\ 1 & 2 & \cdots & n \end{pmatrix} = \begin{pmatrix} 1 & 2 & \cdots & n \\ k_1 & k_2 & \cdots & k_n \end{pmatrix}$$

즉, $\sigma^{-1} = (k_1, k_2, \cdots, k_n)$ 으로 나타난다.

≪보기 1≫ 집합 $\{1, 2, 3\}$ 위에는 모두 6종류의 서로 다른 치환이 존재함을 알 수 있다.

$$(1, 2, 3),\ (2, 1, 3),\ (3, 1, 2),\ (1, 3, 2),\ (2, 3, 1),\ (3, 2, 1)$$

다음 남녀의 일대일 미팅관계는 일종의 **크기가** 5**인 치환**으로 볼 수 있다.

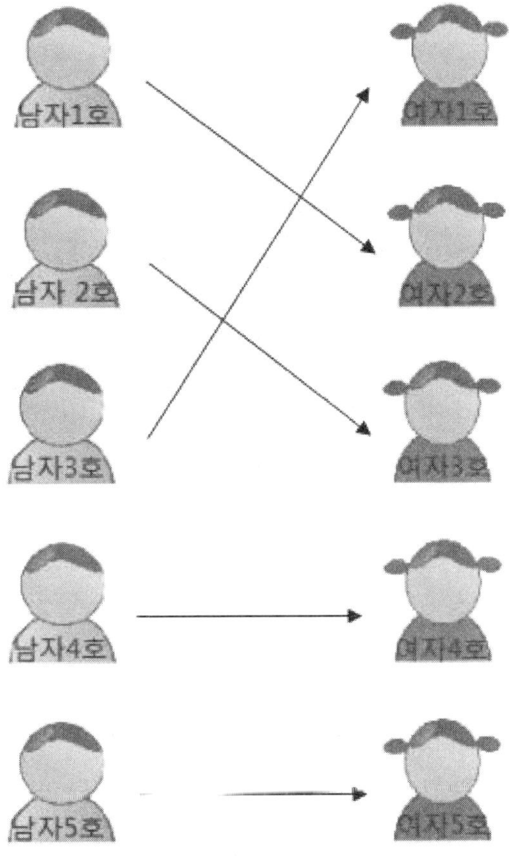

남녀의 미팅관계 [도표 4.1]

◈ 정의 크기가 n인 치환 $\sigma = (j_1, j_2, \cdots, j_n)$에서 어떤 큰 자연수가 작은 자연수보다 먼저 나타날 때 즉, 어떤 두 자연수 $s < t$에 대하여 $j_s > j_t$일 때 σ에는 $(j_s,\ j_t)$에서 **전도** (inversion) 또는 **추월**이 일어났다고 한다. 이때 전도가 일어난 개수를 σ의 **전도수** (numbers of inversion) 또는 **추월수**라 부르고 $\mu(\sigma)$로 나타낸다.

치환 $\sigma = (j_1, j_2, \cdots, j_n)$에서 **전도수**를 계산하는 과정을 다음과 같이 설명한다.

(1) 먼저 σ에서 j_1보다 작은 자연수의 개수를 구한다.

(2) 다음에 $j_2,\ \cdots,\ j_n$중에서 j_2보다 작은 자연수의 개수를 구한다.

(3) (2)의 방법을 계속하여 j_{n-2}, j_{n-1}까지 되풀이 한다.

(4) 이상에서 구한 각 개수의 합이 σ의 전도수 $\mu(\sigma)$가 된다.

◈ **정의** 치환 $\sigma \in S_n$이 주어졌다고 하자. 만약 $\mu(\sigma)$가 짝수이면 σ를 **우치환** (even permutation)이라 하고 $\mu(\sigma)$가 홀수이면 σ를 **기치환** (odd permutation)이라고 한다. 그리고 다음과 같이 σ의 **부호** (sign)가 결정된다:

$$\mathrm{sgn}(\sigma) = \begin{cases} 1 & (\sigma \text{ is even}) \\ -1 & (\sigma \text{ is odd}) \end{cases}$$

전도가 한 번도 일어나지 않은 치환을 **항등치환** (identity permutation)이라 하고 이를 1로 표시한다.

≪예제 2≫ 다음 치환의 전도수를 구하고 기치환인지 우치환인지를 분류하여라.

(1) $(4,1,3,5,2)$ (2) $(6,2,3,4,5,1)$ (3) $(2,3,1)$

(4) $(1,2,3,4,5)$ (5) $(5,3,2,6,7,1,4)$

풀이 (1) 전도수는 $3+0+1+1=5$, 기치환

(2) 전도수는 $5+1+1+1+1=9$, 기치환

(3) 전도수는 $1+1=2$, 우치환

(4) 전도는 없다. 즉 전도수는 0이다. 따라서 우치환

(5) 전도수는 $4+2+1+2+2+0=11$, 기치환 ⊠

≪보기 3≫ (1) 집합 $\{1,2\}$ 위의 모든 치환은 다음과 같이 분류된다.

치환 : σ	$\mu(\sigma)$	$\mathrm{sgn}(\sigma)$	분 류
$(1,2)$	0	1	우치환
$(2,1)$	1	−1	기치환

크기가 2인 치환 [표 4.2]

(2) 집합 $\{1,2,3\}$ 위의 모든 치환은 다음과 같이 분류된다.

치환 : σ	$\mu(\sigma)$	$\mathrm{sgn}(\sigma)$	분 류
$(1, 2, 3)$	0	1	우치환
$(2, 3, 1)$	2	1	우치환
$(3, 1, 2)$	2	1	우치환
$(1, 3, 2)$	1	-1	기치환
$(3, 2, 1)$	3	-1	기치환
$(2, 1, 3)$	1	-1	기치환

크기가 3인 치환 [표 4.3]

◈ 정리 4.1.1 치환 $\sigma \in S_n$에 대하여, 부호에 관한 다음 등식 $\mathrm{sgn}(\sigma) = \mathrm{sgn}(\sigma^{-1})$이 성립한다. 여기서 σ^{-1}는 σ의 **역치환**이다.

증명 $\sigma = \begin{pmatrix} 1 & 2 & \cdots & n \\ j_1 & j_2 & \cdots & j_n \end{pmatrix} = (j_1, j_2, \cdots, j_n) \in S_n$ 이라 하자. 그러면

$$\sigma^{-1} = \begin{pmatrix} j_1 & j_2 & \cdots & j_n \\ 1 & 2 & \cdots & n \end{pmatrix}$$

가 된다. 이 때 σ^{-1}의 정의역을 순서대로 재배열하여

$$\sigma^{-1} = \begin{pmatrix} 1 & 2 & \cdots & n \\ k_1 & k_2 & \cdots & k_n \end{pmatrix} = (k_1,\ k_2,\ \cdots,\ k_n)$$

이라고 둘 수 있다.

$1 \leq s < t \leq n$ 인 임의의 자연수 s, t를 생각하자. $\sigma(s) = j_s$를 자연수 u라 두고, $\sigma(t) = j_t$를 자연수 v라 두면, σ는 전단사함수이므로 정리 2.2.5에 의해서 $\sigma^{-1} \circ \sigma$ 또는 $\sigma\sigma^{-1}$가 항등치환임을 이용하여, $s = k_u$, $t = k_v$임을 알 수 있다. 따라서 다음 사실이 성립한다.

(j_s, j_t)에서 전도가 일어난다.

$\Leftrightarrow s < t$에 대하여 $j_s > j_t$

$\Leftrightarrow s < t$에 대하여 $u > v$

$\Leftrightarrow v < u$에 대하여 $t > s$

$\Leftrightarrow v < u$에 대하여 $k_v > k_u$

$\Leftrightarrow (k_v,\ k_u)$ 에서 전도가 일어난다.

따라서 $\mu(\sigma) = \mu(\sigma^{-1})$이고, $\mathrm{sgn}(\sigma) = \mathrm{sgn}(\sigma^{-1})$ 이다. ⊠

≪예제 4≫ 다음 크기가 5인 치환 $\sigma=(4,1,3,5,2)$ 의 부호를 찾은 다음 σ의 역 치환 및 전도수를 구하고 $\operatorname{sgn}(\sigma)=\operatorname{sgn}(\sigma^{-1})$ 임을 확인 하여라.

풀이 $\mu(\sigma)=5$ 이기 때문에 $\operatorname{sgn}(\sigma)=-1$ 이고,

$$\sigma^{-1}=\begin{pmatrix}4&1&3&5&2\\1&2&3&4&5\end{pmatrix}=\begin{pmatrix}1&2&3&4&5\\2&5&3&1&4\end{pmatrix}=(2,\ 5,\ 3,\ 1,\ 4)$$

이므로 $\mu(\sigma^{-1})=5$이고 $\operatorname{sgn}(\sigma^{-1})=-1$ 이다. 따라서 $\operatorname{sgn}(\sigma)=\operatorname{sgn}(\sigma^{-1})$이다.
⊠

◈ **정리 4.1.2** 집합 $\{1,2,\cdots,n\}$ 위의 치환 $\sigma\in S_n$ 이 다음과 같이 주어졌다고 하자.

$$\sigma=(j_1,\ \cdots,\ j_s,\ \cdots,\ j_t,\ \cdots,\ j_n)\quad(1\leq s<t\leq n)$$

만약 σ의 성분 j_s 와 j_t 를 서로 바꾸어 만들어진 치환을 σ'라 하면 즉,

$$\sigma'=(j_1,\ \cdots,\ j_t,\ \cdots,\ j_s,\ \cdots,\ j_n)$$

이라 하면 $\operatorname{sgn}(\sigma)=-\operatorname{sgn}(\sigma')$ 이다.

증명 하나의 치환에서 이웃하는 두 숫자를 서로 바꾸는 경우에 원래의 치환에 대한 전도가 한 개씩 생긴다. 이와 같은 원리를 이용하여, σ로부터 σ'를 얻으려면 숫자의 배열이 아래 표시와 같이 되어야 한다.

$$j_1,\ j_2,\ \cdots,\ j_{s-1},\ j_t,\ j_{s+1},\ \cdots,\ j_{t-1},\ j_s,\ j_{t+1},\ \cdots,\ j_n$$

먼저 j_s 을 그 오른쪽에 이웃하는 항과 차례로 서로 바꾸어 놓는 일을 $(t-s)$번 반복하여 j_s를 j_t와 j_{t+1} 사이에 둔다. 그러면 j_t는 $(t-1)$번째 수가된다. 다음 j_t를 그 왼쪽에 이웃하는 항과 차례로 서로 바꾸어 놓는 일을 $\{(t-1)-s\}$번 반복하여 j_t를 j_{s-1}과 j_{s+1} 사이에 놓으면 된다. 결국, σ에서 서로 이웃하는 두 항을 서로 바꾸어 놓는 일을 $\{2(t-s)-1\}$번 반복함으로써 σ'을 얻게 되므로, $\mu(\sigma)$와 $\mu(\sigma')$의 부호는 서로 반대이다. 즉,

$$\operatorname{sgn}(\sigma)=-\operatorname{sgn}(\sigma')$$

이다. ⊠

위의 정리 4.1.2를 아래 예제를 통하여 쉽게 이해할 수 있다.

≪예제 5≫ 크기가 6인 치환 $\sigma=(1,\ 2,\ 4,\ 3,\ 5,\ 6)$ 에서 2와 5를 서로 교환한 치환을 $\sigma'=(1,\ 5,\ 4,\ 3,\ 2,\ 6)$ 라고 할 때 $\operatorname{sgn}(\sigma)=-\operatorname{sgn}(\sigma')$ 임을 조사하여

라.

풀이 $\operatorname{sgn}(\sigma) = -1$ 임을 쉽게 알 수 있다. σ의 두 번째 수 2를 다섯 번째 수가 되려면 $5-2=3$ 번 오른쪽으로 이동해야하고 이때 5는 네 번째 수가된다. 다시 5가 두 번째 수가 되려면 왼쪽으로 $4-2=(5-1)-2=2$ 번 이동해야한다. 결국, σ에서 서로 이웃하는 두 항을 서로 바꾸어 놓는 일을 $3+2=5$ 번 반복함으로써 σ'을 얻게 되므로, $\mu(\sigma)$와 $\mu(\sigma')$의 부호는 서로 반대이다. 즉, $\operatorname{sgn}(\sigma) = -\operatorname{sgn}(\sigma')$ 이다. ⊠

◈ **정의** 체 F 위의 n차 정방행렬

$$A = \begin{bmatrix} a_{11} & a_{12} \cdots & a_{1n} \\ a_{21} & a_{22} \cdots & a_{2n} \\ \vdots & \vdots & \vdots \\ a_{n1} & a_{n2} \cdots & a_{nn} \end{bmatrix} \in M_n(F)$$

에 대하여, n개의 서로 다른 행과 서로 다른 열에서 선택한 n개의 원소를 곱한

$$a_{1j_1} a_{2j_2} \cdots a_{nj_n}$$

을 A의 **기본적** (elementary product)이라 한다. 이 때 $(j_1, j_2, \cdots, j_n)$ 은 $\{1, 2, \cdots, n\}$ 위의 한 치환이며, $\{1, 2, \cdots, n\}$ 위의 모든 치환의 개수는 $n!$이므로 A의 기본적의 개수는 모두 $n!$개 존재한다.

≪예제 6≫ 다음 행렬의 기본적을 모두 구하여라.

(1) $\begin{bmatrix} a_{11} & a_{12} \\ a_{21} & a_{22} \end{bmatrix}$　　(2) $\begin{bmatrix} a_{11} & a_{12} & a_{13} \\ a_{21} & a_{22} & a_{23} \\ a_{31} & a_{32} & a_{33} \end{bmatrix}$

풀이 기본적의 정의에 의하여, 다음을 얻는다.

(1) $a_{11}a_{22},\ a_{12}a_{21}$

(2) $a_{11}a_{22}a_{33},\ a_{12}a_{23}a_{31},\ a_{13}a_{21}a_{32}$

$a_{11}a_{23}a_{32},\ a_{12}a_{21}a_{33},\ a_{13}a_{22}a_{31}$ ⊠

◈ **정의** 체 F 위의 n차 정방행렬

$$\begin{bmatrix} a_{11} & a_{12} \cdots & a_{1n} \\ a_{21} & a_{22} \cdots & a_{2n} \\ \vdots & \vdots & \vdots \\ a_{n1} & a_{n2} \cdots & a_{nn} \end{bmatrix} \in M_n(F)$$

에 대하여, A의 기본적 $a_{1j_1}a_{2j_2}\cdots a_{nj_n}$에 $\mathrm{sgn}(\sigma)$을 취한

$$\mathrm{sgn}(\sigma)a_{1j_1}a_{2j_2}\cdots a_{nj_n}$$

을 A의 **부호부 기본적** (signed elementary product)이라 한다. 여기서 $\sigma=(j_1, j_2, \cdots, j_n)$는 $\{1, 2, \cdots, n\}$ 위의 치환이다. $\{1, 2, \cdots, n\}$ 위의 모든 치환의 개수는 $n!$이므로 A의 부호부 기본적의 개수는 모두 $n!$개 존재한다.

≪예제 7≫ 예제 6의 행렬에서 부호부 기본적을 모두 구하여라.

풀이 보기 2에 의하여 (1), (2)의 부호부 기본적을 다음과 같이 구할 수 있다.

(1) $a_{11}a_{22}$, $-a_{12}a_{21}$

(2) $a_{11}a_{22}a_{33}$, $a_{12}a_{23}a_{31}$, $a_{13}a_{21}a_{32}$

$-a_{11}a_{23}a_{32}$, $-a_{12}a_{21}a_{33}$, $-a_{13}a_{22}a_{31}$ ⊠

◈ **정의** $A=[a_{ij}]_n$를 체 F 위의 n차 정방행렬이라 하자. 그러면 A의 부호부 기본적의 모든 합 (sum)

$$\sum_{\sigma\in S_n}\mathrm{sgn}(\sigma)a_{1j_1}a_{2j_2}\cdots a_{nj_n}$$

을 A의 **행렬식** (determinant)이라 하며 $\det(A)$ 또는 $|A|$ 로 나타낸다.

σ는 자연수 1, 2, $\cdots$, n의 치환 $(j_1, j_2, \cdots, j_n)$을 나타내며 $\sum$는 이러한 $n!$개의 치환 σ에 대한 합을 나타낸다.

편의상 $n\times n$행렬의 행렬식을 $n\times n$행렬식 ($n\times n$-determinant) 또는 **n차 행렬식** (determinant of degree n)이라고 한다. 특히 1×1행렬 $[a]$의 행렬식은 a이다.

≪보기 8≫ 예제 3의 결과에 의하여 다음 2차와 3차 행렬식이 성립한다.

(1) $\det\begin{bmatrix} a_{11} & a_{12} \\ a_{21} & a_{22}\end{bmatrix}=a_{11}a_{22}-a_{12}a_{21}$

(2) $$\det\begin{bmatrix} a_{11} & a_{12} & a_{13} \\ a_{21} & a_{22} & a_{23} \\ a_{31} & a_{32} & a_{33}\end{bmatrix}= a_{11}a_{22}a_{33}+a_{12}a_{23}a_{31}+a_{13}a_{21}a_{32} -a_{13}a_{22}a_{31}-a_{12}a_{21}a_{33}-a_{11}a_{23}a_{32}$$

보기 8의 (1), (2)는 유용하게 사용되므로 잘 기억할 필요가 있다. 그러나 이것

을 기억하기란 쉽지 않다. 따라서 Sarrus에 의해 발견된 법칙을 소개한다.

표4.4 (a)는 우측대각선 성분의 곱에서 좌측대각선 성분의 곱을 뺀 값을 의미한다. 보기 8의 (2)식은 표 4.4 (b)에서 첫째 열과 둘째 열을 셋째 열 다음에 차례로 쓰고 우측대각선 성분의 곱을 각각 합친 것에서 좌측대각선 성분의 곱의 합을 뺀 결과이다. 이와 같이 행렬식을 계산하는 법칙을 **Sarrus의 법칙**이라고 한다.

(a) $\begin{vmatrix} a_{11} & a_{12} \\ a_{21} & a_{22} \end{vmatrix}$ (b) $\begin{vmatrix} a_{11} & a_{12} & a_{13} \\ a_{21} & a_{22} & a_{23} \\ a_{31} & a_{23} & a_{33} \end{vmatrix}\begin{vmatrix} a_{11} & a_{12} & a_{13} \\ a_{21} & a_{22} & a_{23} \\ a_{31} & a_{32} & a_{33} \end{vmatrix}$

Sarrus의 법칙 [도표 4.4]

≪예제 9≫ 다음 행렬의 행렬식을 계산하여라.

$$A = \begin{bmatrix} 3 & 1 \\ 4 & -2 \end{bmatrix}, \quad B = \begin{bmatrix} -1 & 2 & 3 \\ -4 & 5 & 6 \\ 7 & -8 & 9 \end{bmatrix}$$

풀이 Sarrus의 법칙을 사용하여 계산하면

$$\det(A) = (3)(-2) - (1)(4) = -2$$

$$\det(B) = (-45) + (84) + (96) - (105) - (48) - (-72) = 54$$

이다. ⊠

[주의] 위에서 설명한 Sarrus의 법칙은 4×4행렬의 행렬식 또는 그 이상의 크기 행렬의 행렬식에 대해서는 사용될 수 없다. 왜냐하면 Sarrus의 법칙에 의하면 4차 행렬식에서는 $4 \times 2 = 8$개의 치환만 계산 가능하나 실제로는 $4! = 24$개의 치환이 존재하기 때문이다.

연습문제 4.1

1. S_4에서의 두 개의 치환 σ, τ가 다음과 같이 주어져 있다.

$$\sigma = \begin{pmatrix} 1\,2\,3\,4 \\ 2\,3\,4\,1 \end{pmatrix} = (2,\ 3,\ 4,\ 1), \quad \tau = \begin{pmatrix} 1\,2\,3\,4 \\ 4\,3\,2\,1 \end{pmatrix} = (4,\ 3,\ 2,\ 1)$$

(1) σ와 τ의 역치환을 각각 구하여라.

(2) $\sigma\tau$, $\tau\sigma$, $\sigma \circ \tau$, $\tau \circ \sigma$를 각각 구하고 비교하여라.

(3) $(\sigma\tau)^{-1} = \tau^{-1}\sigma^{-1}$, $(\sigma \circ \tau)^{-1} = \tau^{-1} \circ \sigma^{-1}$ 임을 보여라.

2. 문제 1의 σ, τ와 $\rho = (3, 1, 4, 2)$에 대하여

(1) $(\sigma\tau)\rho = \sigma(\tau\rho)$

(2) $\mathrm{sgn}(\sigma\tau) = \mathrm{sgn}(\sigma)\mathrm{sgn}(\tau)$

(3) $\mathrm{sgn}(\sigma) = \mathrm{sgn}(\sigma^{-1})$

임을 밝혀라.

3. 다음 행렬식의 값을 구하여라.

(1) $\begin{vmatrix} x & y & z \\ z & x & y \\ y & z & x \end{vmatrix}$ (2) $\begin{vmatrix} x+3 & -1 & 1 \\ 5 & x-3 & 1 \\ 6 & -6 & x+4 \end{vmatrix}$ (3) $\begin{vmatrix} 1 & 1 & -3 \\ 1 & 5 & 4 \\ 3 & -9 & 6 \end{vmatrix}$

4. 집합 $\{1, 2, 3, 4\}$ 위의 모든 치환을 구하고 우치환 및 기치환으로 분류하여라.

5. 다음의 행렬의 행렬식의 값을 구하여라.

$$A = \begin{bmatrix} 3 & -1 \\ 4 & -2 \end{bmatrix},\ B = \begin{bmatrix} 1 & 2 & 3 \\ -1 & 5 & 6 \\ 0 & -2 & 0 \end{bmatrix},\ C = \begin{bmatrix} -1 & 2 & 3 \\ -4 & 5 & 6 \\ 7 & 8 & 9 \end{bmatrix}$$

6. 문제 4의 결과를 사용하여, 다음의 4×4행렬의 행렬식을 구하여라.

$$A = \begin{bmatrix} 0 & 1 & 0 & 3 \\ 3 & 0 & 5 & 1 \\ 1 & 2 & 2 & 1 \\ 0 & 0 & 3 & 2 \end{bmatrix}$$

7. 다음 행렬의 행렬식의 값이 0이 되게 하는 λ의 값을 구하여라.

(1) $\begin{bmatrix} \lambda-1 & -2 \\ 1 & \lambda-5 \end{bmatrix}$ (2) $\begin{bmatrix} \lambda-3 & 0 & 0 \\ 0 & \lambda & 1 \\ 0 & 4 & \lambda-6 \end{bmatrix}$

(3) $\begin{bmatrix} \lambda+1 & 3 \\ 0 & \lambda-5 \end{bmatrix}$ (4) $\begin{bmatrix} \lambda-2 & 0 & 7 \\ 0 & \lambda-1 & 0 \\ -3 & 0 & \lambda-4 \end{bmatrix}$

8. $A = \begin{bmatrix} 1 & 3 & 5 \\ 0 & 0 & 0 \\ 7 & 9 & 11 \end{bmatrix}$일 때 A의 행렬식 $\det(A) = 0$임을 조사하라.

9. $A=\begin{bmatrix} a_{11} & a_{12} & a_{13} \\ 0 & a_{22} & a_{23} \\ 0 & 0 & a_{33} \end{bmatrix}$의 행렬식의 값은 $a_{11}a_{22}a_{33}$임을 확인하라.

10. $\det\begin{bmatrix} 1 & 2 & 3 \\ 2+1 & 1-2 & 0+4 \\ 5 & 0 & 7 \end{bmatrix}=\det\begin{bmatrix} 1 & 2 & 3 \\ 2 & 1 & 0 \\ 5 & 0 & 7 \end{bmatrix}+\det\begin{bmatrix} 1 & 2 & 3 \\ 1 & -2 & 4 \\ 5 & 0 & 7 \end{bmatrix}$임을 확인하라.

11. $A=\begin{bmatrix} 1 & 2 & -2 \\ 1 & 3 & 1 \\ 2 & 5 & 1 \end{bmatrix}$이고 B는 A의 적당한 한 행에 3배하여 얻어졌다면, $\det(B)=3\det(A)$임을 보여라.

12. 크기가 6인 치환 $\sigma=(3,\ 2,\ 4,\ 1,\ 6,\ 5)$에서 2와 5를 서로 교환한 치환을 $\sigma'=(3,\ 5,\ 4,\ 1,\ 6,\ 2)$라고 할 때 $\mathrm{sgn}(\sigma)=\mathrm{sgn}(\sigma')$임을 조사하여라.

4.2 section 행렬식의 성질

지금부터 행렬식의 성질을 공부한다. 행렬이 기본연산 (기본 행 연산 및 기본 열 연산)에 의하여 사다리꼴행렬로 변형됨을 이용해서 주어진 행렬의 행렬식의 값을 계산할 수 있음을 설명한다. 이 계산방법을 사용함으로써 행렬식의 정의를 직접 적용했을 때 따르는 복잡한 계산을 피할 수 있다.

먼저 행렬식의 값을 매우 간단히 구할 수 있는 종류의 특수한 형태의 행렬에 대해 생각하고, 다음으로 일반적인 행렬의 행렬식을 구할 때 이를 활용한다.

이 절의 내용을 처음 대할 때에는 행렬식의 값을 구하기 위하여 다음 정리들은 공식으로서 기억하고 증명을 생략하여도 좋다.

◈ **정리 4.2.1** 정방행렬 A가 영행 (또는 영열)을 가지면 $\det(A)=0$이다.

증명 $A=[a_{ij}]$가 n차 정방행렬이라 하고, 편의상 첫 행이 영행이라 하자. 행렬식의 정의에 의하면

$$\det(A)=\sum_{\sigma\in S_n}\operatorname{sgn}(\sigma)a_{1\sigma(1)}a_{2\sigma(2)}\cdots a_{n\sigma(n)}$$

이고

$$(\sigma(1),\sigma(2),\cdots,\sigma(n))=\sigma\in S_n$$

이므로 $a_{1\sigma(1)}a_{2\sigma(2)}\cdots a_{n\sigma(n)}$중에서, 원소 $a_{1\sigma(1)}$은 반드시 0이다. 따라서 A에서 만들어진 각각의 치환 σ에 대하여, 기본적 $a_{1\sigma(1)}a_{2\sigma(2)}\cdots a_{n\sigma(n)}=0$이므로 $\det(A)=0$이다. ⊠

◈ **정리 4.2.2** 상 삼각행렬 (또는 하 삼각행렬)의 행렬식의 값은 주 대각성분의 곱이다.

증명 $A = \begin{bmatrix} a_{11} & a_{12} & \cdots & a_{1n} \\ 0 & a_{22} & \cdots & a_{2n} \\ \vdots & \vdots & & \vdots \\ 0 & 0 & \cdots & a_{nn} \end{bmatrix}$을 상 삼각행렬이라고 하자. A의 행렬식을

$$\det(A) = \sum_{\sigma \in S_n} \mathrm{sgn}(\sigma) a_{1j_1} a_{2j_2} \cdots a_{nj_n}$$

이라고 두자. 여기서 $\sigma = (j_1, j_2, \cdots, j_n) \in S_n$ 이다.

(ⅰ) 먼저 $\sigma = 1$ (항등치환)을 생각하면, $\mathrm{sgn}(\sigma) = 1$ 이고 $\sigma = (1, 2, \cdots, n)$에 의한 A의 기본적은 $a_{11}, a_{22}, \cdots, a_{nn}$이므로, 부호부 기본적은 a_{11}, a_{22}, $\cdots$, a_{nn}이다.

(ⅱ) 다음은 $\sigma = (j_1, j_2, \cdots, j_n) \neq 1$ 이라면, σ에 적어도 하나의 전도가 일어난다. (j_s, j_t)에서 전도가 일어났다고 하자. 즉 $1 \leq s < t \leq n$ 에 대하여 $j_s > j_t$이다. 그러면 A의 (s, j_s)성분 a_{sj_s}와 (t, j_t)성분 a_{tj_t}는 A의 주 대각성분이 아니므로 반드시 $a_{sj_s} = 0$이거나 또는 $a_{tj_t} = 0$이다.

따라서 σ에 의한 A의 기본적은 $a_{1j_1} \cdots a_{sj_s} \cdots a_{tj_t} \cdots a_{nj_n} = 0$ 이므로, 부호는 기본적으로 $\mathrm{sgn}(\sigma) = a_{1j_1} \cdots a_{sj_s} \cdots a_{tj_t} \cdots a_{nj_n} = 0$ 이다. 그러므로 (ⅰ), (ⅱ)에 의하여, $\det(A) = a_{11} a_{22} \cdots a_{nn}$ 이다.

하 삼각행렬에 대해서도 같은 방법으로 증명할 수 있다. ⊠

◈ **따름정리 4.2.3** 항등행렬의 행렬식의 값은 1이다. 즉 $\det(I) = 1$이다.

증명 항등행렬 I는 주 대각성분이 모두 1이고 상 삼각행렬이면서 동시에 하 삼각행렬이므로 $\det(I) = 1$이다. ⊠

≪예제 1≫ 다음 특수한 행렬의 행렬식의 값을 구하여라.

$$A = \begin{bmatrix} 1 & 3 & 5 \\ 0 & 0 & 0 \\ -1 & 1 & 2 \end{bmatrix}, \quad B = \begin{bmatrix} 1 & 2 & 3 \\ 0 & 2 & 3 \\ 0 & 0 & 3 \end{bmatrix}, \quad I = \begin{bmatrix} 1 & 0 & 0 \\ 0 & 1 & 0 \\ 0 & 0 & 1 \end{bmatrix}$$

풀이 $\det(A) = 0$, $\det(B) = 1 \cdot 2 \cdot 3 = 6$, $\det(I) = 1$이다. ⊠

◈ **정리 4.2.4** $A = [a_{ij}]$를 n차 정방행렬이라고 하자. 그러면 A의 행렬식과 전치행렬 A^t의 행렬식의 값은 같다. 즉 $\det(A) = \det(A^t)$이다.

증명 $A=[a_{ij}]$, $A^t=[b_{ij}]$라고 하자. 그러면 $b_{ij}=a_{ji}$이다. 한편 $S_n=\{\sigma^{-1}|\sigma\in S_n\}$이고 정리 4.1.1에 의하여 $\mathrm{sgn}(\sigma)=\mathrm{sgn}(\sigma^{-1})$이므로

$$\begin{aligned}\det(A^t)&=\sum_{\sigma\in S_n}\mathrm{sgn}(\sigma)b_{1\sigma(1)}b_{2\sigma(2)}\cdots b_{n\sigma(n)}\\&=\sum_{\sigma\in S_n}\mathrm{sgn}(\sigma)a_{\sigma(1)1}a_{\sigma(2)2}\cdots a_{\sigma(n)n}\\&=\sum_{\sigma^{-1}\in S_n}\mathrm{sgn}(\sigma^{-1})a_{1\sigma^{-1}(1)}a_{2\sigma^{-1}(2)}\cdots a_{n\sigma^{-1}(n)}\\&=\sum_{\tau\in S_n}\mathrm{sgn}(\tau)a_{1\tau(1)}a_{2\tau(2)}\cdots a_{n\tau(n)}\\&=\det(A)\end{aligned}$$

이다. ⊠

≪예제 2≫ 다음 행렬 A에서 $\det(A)=\det(A^t)$임을 보여라.

$$A=\begin{bmatrix}3&2&4\\1&-2&3\\2&3&2\end{bmatrix}$$

풀이 $$\det(A)=\begin{vmatrix}3&2&4\\1&-2&3\\2&3&2\end{vmatrix}=3\cdot(-2)\cdot2+1\cdot3\cdot4+2\cdot3\cdot2-4\cdot(-2)\cdot2-3\cdot3\cdot3-2\cdot1\cdot2$$
$$=-3$$

$$\det(A^t)=\begin{vmatrix}3&1&2\\2&-2&3\\4&3&2\end{vmatrix}=3\cdot(-2)\cdot2+2\cdot3\cdot2+4\cdot3\cdot1-2\cdot(-2)\cdot4-3\cdot3\cdot3-2\cdot2\cdot1$$
$$=-3$$

이다. 따라서 $\det(A)=-3=\det(A^t)$이다.

⊠

◈ 정리 4.2.5 $A=[a_{ij}]$를 n차 정방행렬이라 하고, $R_i=[a_{i_1}\ a_{i_2}\cdots a_{i_n}]$를 A의 제i행이라 하자. 그러면 $R_i'=[a'_{i_1}\ a'_{i_2}\cdots a'_{i_n}]$인 $1\times n$행렬에 대하여 다음 두 등식이 성립한다.

$$(1)\ \det\begin{bmatrix}R_1\\R_2\\\vdots\\R_i+R_i'\\\vdots\\R_n\end{bmatrix}=\det\begin{bmatrix}R_1\\R_2\\\vdots\\R_i\\\vdots\\R_n\end{bmatrix}+\det\begin{bmatrix}R_1\\R_2\\\vdots\\R_i'\\\vdots\\R_n\end{bmatrix}$$

(2) $\det\begin{bmatrix} R_1 \\ R_2 \\ \vdots \\ \alpha R_i \\ \vdots \\ R_n \end{bmatrix} = \alpha\det\begin{bmatrix} R_1 \\ R_2 \\ \vdots \\ R_i \\ \vdots \\ R_n \end{bmatrix}$, 여기서 $\alpha \in F$

증명 (1) 왼쪽 부분의 등식은

$$\sum_{\sigma \in S_n} (\operatorname{sgn}\sigma) a_{1\sigma(1)} \cdots (a_{i\sigma(i)} + a'_{i\sigma(i)}) \cdots a_{n\sigma(n)}$$

$$= \sum_{\sigma \in S_n} (\operatorname{sgn}\sigma) a_{1\sigma(1)} \cdots a_{i\sigma(i)} \cdots a_{n\sigma(n)} + \sum_{\sigma \in S_n} (\operatorname{sgn}\sigma) a_{1\sigma(1)} \cdots a'_{i\sigma(i)} \cdots a_{n\sigma(n)}$$

$$= \det\begin{bmatrix} R_1 \\ \vdots \\ R_i \\ \vdots \\ R_n \end{bmatrix} + \det\begin{bmatrix} R_1 \\ \vdots \\ R_i' \\ \vdots \\ R_n \end{bmatrix}$$

으로 오른쪽 부분의 등식이 된다.

(2) 증명 (1)과 유사하므로 독자에게 맡긴다. ⊠

≪예제 3≫ 행렬식의 정의를 이용하여 다음 등식을 밝혀라.

(1) $\det\begin{bmatrix} 1 & 0 & -1 \\ 2+1 & 3+2 & -1+2 \\ 4 & 1 & 0 \end{bmatrix} = \det\begin{bmatrix} 1 & 0 & -1 \\ 2 & 3 & -1 \\ 4 & 1 & 0 \end{bmatrix} + \det\begin{bmatrix} 1 & 0 & -1 \\ 1 & 2 & 2 \\ 4 & 1 & 0 \end{bmatrix}$

(2) $\det\begin{bmatrix} 3 & -1 & 0 \\ 6 & 9 & -3 \\ 2 & 0 & 1 \end{bmatrix} = 3\det\begin{bmatrix} 3 & -1 & 0 \\ 2 & 3 & -1 \\ 3 & 0 & 1 \end{bmatrix}$, 여기서 $3 \in \mathbb{R}$ 이다.

◈ **따름정리 4.2.6** A와 B가 실수체 $\mathbb{R}$위의 n차 정방행렬이라 하고, α를 스칼라라고 하자. $\det(\alpha A) = \alpha^n \det(A)$임을 보여라.

증명 αA는 A의 모든 행에 α배 한 것과 같으므로 정리 4.2.5의 (2)에 의하여, $\det(\alpha A) = \alpha^n \det(A)$이다. ⊠

≪보충 4≫ $n \geq 2$일 때, $\det(\alpha A) \neq \alpha \det(A)$, $\det(A+B) \neq \det(A) + \det(B)$임을 알 수 있다. 여기서 α는 스칼라다.

◈ 정리 4.2.7 체 F 위의 n차 정방행렬 $A=[a_{ij}]$에 대하여 다음 사실이 성립한다.

(1) A의 서로 다른 두 행 (또는 두 열)의 대응하는 성분이 일치하면, $\det(A)=0$이다.

(2) A의 서로 다른 두 행 (또는 두 열)을 맞바꾸어서 만든 행렬을 B라고 하면, $\det(B)=-\det(A)$이다.

증명 (1) A의 제r행과 제s행 $(1 \le r \le s \le n)$의 대응하는 성분이 일치한다고 하자. 이 때, 1, 2, ⋯, n의 치환 $\sigma=(j_1,\cdots,j_r,\cdots,j_s,\cdots,j_n)$에 대하여 j_r과 j_s를 서로 바꾸어 놓은 치환 $(j_1,\cdots,j_s,\cdots,j_r,\cdots,j_n)$을 σ'이라고 하면,

$$\det(A)=\sum_{\sigma}(\operatorname{sgn}\sigma)\,a_{1j_1}\cdots\ a_{rj_r}\cdots\ a_{sj_s}\cdots\ a_{nj_n}$$

의 우변에는 각 치환 σ에 대하여 다음 두 항이 동시에 들어 있다.

$$(\operatorname{sgn}\sigma)\,a_{1j_1}\cdots\ a_{rj_r}\cdots\ a_{sj_s}\cdots\ a_{nj_n}$$

$$(\operatorname{sgn}\sigma')\,a_{1j_1}\cdots\ a_{rj_s}\cdots\ a_{sj_r}\cdots\ a_{nj_n}$$

한편 정리 4.1.2에 의하여 $\operatorname{sgn}\sigma=-\operatorname{sgn}\sigma'$이고 가정에 의하여 $a_{rj_r}=a_{sj_r}$, $a_{sj_s}=a_{rj_s}$이므로 위의 두 항의 합은 0이다. 따라서 $\det(A)=0$이다.

(2) A의 제r행과 제s행 $(1 \le r < s \le n)$을 맞바꾸어 만든 행렬을 $B=[b_{ij}]_{n\times n}$라고 하자. 이 때,

$$\begin{aligned}\det(B)&=\sum_{\sigma}(\operatorname{sgn}\sigma)\,b_{1j_1}\cdots\ b_{rj_r}\cdots\ b_{sj_s}\cdots\ b_{nj_n}\\&=\sum_{\sigma}(\operatorname{sgn}\sigma)\,b_{1j_1}\cdots\ b_{sj_r}\cdots\ b_{rj_s}\cdots\ b_{nj_n}\end{aligned}$$

이므로 위의 등식에서 각 치환 $\sigma=(j_1,\cdots,j_r,\cdots,j_s,\cdots,j_n)$에 대하여 치환 $\sigma'=(j_1,\cdots,j_s,\cdots,j_r,\cdots,j_n)$이 대응하고 $\operatorname{sgn}\sigma=-\operatorname{sgn}\sigma'$이 된다.
따라서

$$\begin{aligned}\det(B)&=\sum_{\sigma}(\operatorname{sgn}\sigma)\,b_{1j_1}\cdots\ b_{sj_r}\cdots\ b_{rj_s}\cdots\ b_{nj_n}\\&=\sum_{\sigma'}(\operatorname{sgn}\sigma')\,b_{1j_1}\cdots\ b_{rj_s}\cdots\ b_{sj_r}\cdots\ b_{nj_n}\\&=\sum_{\sigma}(-\operatorname{sgn}\sigma)a_{1j_1}\cdots\ a_{rj_r}\cdots\ a_{sj_s}\cdots\ a_{nj_n}\quad=-\det(A).\end{aligned}$$

⊠

정리 4.2.5와 4.2.7에 의하여 다음의 따름정리 4.2.8과 4.2.9를 얻을 수 있다.

◈ **따름정리 4.2.8** 체 F 위의 n차 정방행렬 $A=[a_{ij}]$에 대하여 다음과 같은 사실이 성립한다.

(1) A의 서로 다른 두 행 (또는 두 열)의 대응하는 성분이 비례하면 $\det(A)=0$이다.

(2) A의 한 행 (또는 열)을 스칼라 배하여 다른 행 (또는 열)에 더하여 얻어진 행렬을 B라고 하면 $\det(B)=\det(A)$이다.

지금까지 얻어진 행렬식의 성질에 의하여, 행렬 $A\in M_n(F)$에 대하여 기본 행 (또는 열) 연산을 시행하였을 때, A의 행렬식 $\det(A)$가 어떻게 변하는지를 알아보았다. 따라서 행렬 A에 적당한 기본 행 연산과 기본 열 연산을 취하여 A를 상 삼각행렬 (또는 하 삼각행렬)로 변형하여 정리 4.2.2, 4.2.5, 4.2.7과 4.2.8을 적용하면, 행렬 A의 행렬식 $\det(A)$를 쉽게 구할 수 있을 것이다.

≪예제 5≫ 다음 행렬의 행렬식의 값을 앞의 행렬식의 성질을 이용하여 구하여라.

$$(1)\ A=\begin{bmatrix}0&1&3\\3&-6&9\\2&6&1\end{bmatrix}\qquad(2)\ B=\begin{bmatrix}2&8&7\\1&1&2\\-3&-5&1\end{bmatrix}$$

풀이 (1) $$\det(A)=\begin{vmatrix}0&1&3\\3&-6&9\\2&6&1\end{vmatrix}=-\begin{vmatrix}3&-6&9\\0&1&3\\2&6&1\end{vmatrix}=-3\begin{vmatrix}1&-2&3\\0&1&3\\2&6&1\end{vmatrix}=-3\begin{vmatrix}1&-2&3\\0&1&3\\0&10&-5\end{vmatrix}$$

$$=(-3)(-5)\begin{vmatrix}1&-2&3\\0&1&3\\0&-2&1\end{vmatrix}=15\begin{vmatrix}1&-2&3\\0&1&3\\0&0&7\end{vmatrix}=15\cdot1\cdot1\cdot17=105$$

(2) $$\det(B)=\begin{vmatrix}2&8&7\\1&1&2\\-3&-5&1\end{vmatrix}=-\begin{vmatrix}1&1&2\\2&8&7\\-3&-5&1\end{vmatrix}=-\begin{vmatrix}1&1&2\\0&6&3\\0&-2&7\end{vmatrix}=-3\begin{vmatrix}1&1&2\\0&2&1\\0&-2&7\end{vmatrix}$$

$$=-3\begin{vmatrix}1&1&2\\0&2&1\\0&0&8\end{vmatrix}=(-3)\cdot1\cdot2\cdot8=-48$$

⊠

◈ **따름정리 4.2.9** I가 n차 항등행렬이라 하고, I에 기본 행 연산을 취한 기본행렬

$$(R_i\leftrightarrow R_j)I,\quad (R_i\leftrightarrow \alpha R_i)I,\quad (R_j\leftrightarrow \alpha R_i+R_j)I$$

을 각각 E_1, E_2, E_3라고 두면

$$\det(E_1) = -1, \ \det(E_2) = \alpha, \ \det(E_3) = 1$$

이다. 여기서 스칼라 $\alpha \neq 0$이다.

◈ **정리 4.2.10** A를 체 F 위의 n차 정방행렬이라 하고 E를 n차 기본행렬이라 하면, $\det(E) \neq 0$이고 $\det(EA) = \det(E)\det(A)$가 성립한다.

증명 체 F 위의 n차 기본행렬은 세 가지 형태가 있는데, $\det(E) \neq 0$라는 사실은 따름정리 4.2.9에 의하여 명백하다. 따름정리 4.2.9에서처럼 기본행렬 형태를 E_1, E_2, E_3라 두자. 그러면 정리 4.2.7, 4.2.8, 4.2.9와 정리 3.2.2에 의하여 다음이 성립한다.

(i) $\det(E_1A) = \det((R_i \leftrightarrow R_j)A) = -\det(A) = (-1)\det(A) = \det(E_1)\det(A)$

(ii) $\det(E_2A) = \det((R_i \leftrightarrow \alpha R_i)A) = \alpha\det(A) = \det(E_2)\det(A)$

(iii) $\det(E_3A) = \det((R_j \leftrightarrow \alpha R_i + R_j)A) = \det(A) = 1\det(A) = \det(E_3)\det(A)$

따라서 n차 정방행렬 A와 기본행렬 E에 대하여

$$\det(EA) = \det(E)\det(A)$$

이다. ⊠

◈ **따름정리 4.2.11** A를 체 F 위의 n차 정방행렬이라 하고 $B = A(C_i \leftrightarrow C_j)$라 하면

$$\det(B) = -\det(\mathrm{A})$$

이다.

증명 $\det(B) = \det((C_i \leftrightarrow C_j)A) = \det((R_i \leftrightarrow R_j)A^t) = -\det(A^t) = -\det(A)$ ⊠

◈ **정리 4.2.12** E_1, E_2, $\cdots$, E_t를 n차 기본행렬이라 하고 A를 n차 정방행렬이라 하자. 그러면 아래 사실이 성립한다.

(1) $\det(E_1E_2 \cdots E_tA) = \det(E_1)\det(E_2)\cdots\det(E_t)\det(A)$.

특히, $\det(E_1E_2 \cdots E_t) = \det(E_1)\det(E_2)\cdots\det(E_t)$이다.

(2) D가 체 F 위의 n차 가역행렬이면, $\det(DA) = \det(D)\det(A)$이다.

증명 (1) 정리 4.2.10을 반복하여 적용하면

$$\det(E_1E_2\cdots E_tA)=\det(E_1(E_2E_3\cdots E_tA))=\det(E_1)\det(E_2E_3\cdots E_tA)$$
$$=\det(E_1)\det(E_2)\det(E_3\cdots E_tA)=\cdots$$
$$=\det(E_1)\det(E_2)\cdots\det(E_t)\det(A)$$

이 된다.

(2) D가 체 F 위의 n차 가역행렬이라고 가정하자. 그러면 정리 2.2.10에 의하여, 체 F 위의 n차 기본행렬 E_1, E_2, $\cdots$, E_t가 존재하여 $D=E_1E_2\cdots E_t$로 나타난다. 따라서

$$\det(DA)=\det(E_1E_2\cdots E_tA)=\det(E_1)\det(E_2)\cdots\det(E_t)\det(A)$$
$$=\det(E_1E_2\cdots E_t)\det(A)=\det(D)\det(A)$$

이다. ⊠

◈ 정리 4.2.13 A를 체 F 위의 n차 정방행렬이라고 하자. 그러면 A가 가역행렬이기 위한 필요충분조건은 $\det(A)\neq 0$이다.

증명 A가 가역행렬이라 가정하자. 그러면 정리 3.2.10에 의하여 A는 기본행렬 E_1, E_2, $\cdots$, E_t의 곱

$$A=E_1E_2\cdots E_t$$

로 나타난다. 따라서 정리 4.2.12의 (2)에 의하여

$$\det(A)=\det(E_1)\det(E_2)\cdots\det(E_t)$$

이고, 정리 4.2.10에 의하여 $\det(E_i)\neq 0$ $(i=1,2,\cdots,t)$이므로, 체 F의 성질 (: $\forall a\neq 0,\ b\neq 0\in F\ ab\neq 0$) (부록 참조)을 적용하면

$$\det(E_1)\det(E_2)\cdots\det(E_t)\neq 0$$

임을 알 수 있다. 그러므로 $\det(A)\neq 0$이다.

역으로, A가 비가역행렬이라고 가정해 보자. 그러면 정리 3.2.11에 의하여 A는 영행을 포함하는 n차 정방행렬 B에 행 동등하다. 따라서 정리 2.2.6에 의하여, n차 가역행렬 D가 존재하여, $A=DB$이다. 그러므로 정리 4.2.1에 의해 영행을 포함하는 행렬의 행렬식의 값은 0이므로 정리 4.2.12의 (2)에 의하여

$$\det(A)=\det(DB)=\det(D)\det(B)=\det(D)0=0$$

이다. 다시 말하면 $\det(A)\neq 0$이면 A는 가역행렬이다. ⊠

◈ 정리 4.2.14 A와 B를 체 F 위의 n차 정방행렬이라고 하면

$$\det(AB)=\det(A)\det(B)$$

이다. 즉 $|AB| = |A||B|$가 성립한다.

증명 먼저 A가 가역행렬인 경우를 생각하자. 정리 4.2.12의 (2)에 의하여

$$\det(AB) = \det(A)\det(B)$$

이다.

다음은 A가 비가역행렬인 경우를 생각하자. 이 경우 정리 4.2.13에 의하여 $\det(A) = 0$이고, 정리 3.2.11에 의하여 A는 영행을 포함하는 n차 정방행렬 P에 행 동등하다. 따라서 정리 3.2.6에 의하여 n차 가역행렬 D가 존재하여 $A = DP$이다.

한편 P는 영행을 포함하므로 PB도 영행을 포함한다. 사실상 P의 제i행이 영행이라면 PB의 제i행도 영행임을 알 수 있다. 그러므로 정리 4.2.1 및 정리 4.2.12의 (2)에 의하여,

$$\det(AB) = \det((DP)B) = \det(D(PB)) = \det(D)\det(PB)$$

$$= \det(D)\cdot 0 = 0 = 0\cdot\det(B) = \det(A)\det(B)$$

이다. ⊠

≪예제 6≫ 다음 행렬식의 값을 구하여라.

(1) $\begin{vmatrix} 1+x & 1+y & 1+z \\ 1+2x & 1+2y & 1+2z \\ 1+5x & 1+5y & 1+5z \end{vmatrix}$ (2) $\begin{vmatrix} 1 & 1 & 1 \\ x & y & z \\ x^2 & y^2 & z^2 \end{vmatrix}$

풀이 (1) $\begin{vmatrix} 1+x & 1+y & 1+z \\ 1+2x & 1+2y & 1+2z \\ 1+5x & 1+5y & 1+5z \end{vmatrix} = \left|\begin{pmatrix} 1 & 1 & 0 \\ 1 & 2 & 0 \\ 1 & 5 & 0 \end{pmatrix}\begin{pmatrix} 1 & 1 & 1 \\ x & y & z \\ 0 & 0 & 0 \end{pmatrix}\right| = \begin{vmatrix} 1 & 1 & 0 \\ 1 & 2 & 0 \\ 1 & 5 & 0 \end{vmatrix}\begin{vmatrix} 1 & 1 & 1 \\ x & y & z \\ 0 & 0 & 0 \end{vmatrix} = 0$

(2)

$$\begin{vmatrix} 1 & 1 & 1 \\ x & y & z \\ x^2 & y^2 & z^2 \end{vmatrix} = \begin{vmatrix} 0 & 0 & 1 \\ x-z & y-z & z \\ x^2-z^2 & y^2-z^2 & z^2 \end{vmatrix} = \begin{vmatrix} x-z & y-z \\ x^2-z^2 & y^2-z^2 \end{vmatrix} = (x-z)(y-z)\begin{vmatrix} 1 & 1 \\ x+z & y+z \end{vmatrix}$$

$$= (x-z)(y-z)\{(y+z)-(x+z)\} = (x-y)(y-z)(z-x)$$

⊠

연습문제 4.2

1. 행렬식의 성질을 이용하여, 다음 행렬의 행렬식의 값을 구하여라.

(1) $\begin{bmatrix} 2 & 1 & 0 \\ 3 & 3 & 2 \\ 3 & -5 & 2 \end{bmatrix}$ (2) $\begin{bmatrix} 1 & 2 & 5 \\ 3 & -1 & 6 \\ 4 & 3 & 7 \end{bmatrix}$

(3) $\begin{bmatrix} 2 & 3 & 2 & 1 \\ 1 & 4 & -6 & -1 \\ 2 & 1 & 7 & 1 \\ -1 & 0 & 1 & 2 \end{bmatrix}$ (4) $\begin{bmatrix} 1 & 0 & 3 & -3 \\ 2 & 2 & 0 & -4 \\ 3 & 1 & 2 & -8 \\ -1 & 0 & 1 & 7 \end{bmatrix}$

2. 체 F의 원소 a, b, c에 대하여 다음 등식을 증명하여라.

(1) $\begin{vmatrix} a+b & ab & a^2b^2 \\ b+c & bc & b^2c^2 \\ c+a & ca & c^2a^2 \end{vmatrix} = 0$

(2) $\begin{vmatrix} 1 & 1 & 1 \\ a & b & c \\ a^2 & b^2 & c^2 \end{vmatrix} = (b-a)(c-a)(c-b)$ (Vander monde 행렬식)

3. 다음 행렬식의 값을 구하여라.

(1) $\begin{vmatrix} 1+a & 1 & 1 \\ 1 & 1+b & 1 \\ 1 & 1 & 1+c \end{vmatrix}$ (2) $\begin{vmatrix} 1 & a^2 & (b+c)^2 \\ 1 & b^2 & (c+a)^2 \\ 1 & c^2 & (a+b)^2 \end{vmatrix}$

4. $\begin{vmatrix} x & 1 & 1 \\ 1 & x & 1 \\ 1 & 1 & x \end{vmatrix} = 0$ 임을 보여라.

5. 정리 4.2.13를 이용하여 다음 행렬이 가역인지 아닌지를 조사하여라.

(1) $\begin{bmatrix} 1 & 4 \\ 3 & 5 \end{bmatrix}$ (2) $\begin{bmatrix} 1 & 2 \\ 3 & 6 \end{bmatrix}$ (3) $\begin{bmatrix} 1 & 0 & 1 \\ -1 & 1 & 1 \\ 0 & 1 & 0 \end{bmatrix}$

(4) $\begin{bmatrix} 2 & 3 & 5 \\ 1 & 0 & 8 \\ 1 & 2 & 1 \end{bmatrix}$ (5) $\begin{bmatrix} 3 & 1 & 4 \\ -5 & 2 & -9 \\ 2 & 4 & 1 \end{bmatrix}$ (6) $\begin{bmatrix} -1 & 1 & -1 & 1 \\ 2 & -3 & 2 & 3 \\ 0 & 0 & 4 & 3 \\ 0 & 0 & 6 & 5 \end{bmatrix}$

6. $\det\begin{bmatrix} a & b & c \\ d & e & f \\ g & h & i \end{bmatrix} = k$일 때, 다음 행렬의 행렬식의 값을 k에 의해 표현하여라.

(1) $\begin{bmatrix} a & b & c \\ -d & -e & -f \\ g & h & i \end{bmatrix}$ (2) $\begin{bmatrix} a & b & c \\ -d & -e & -f \\ g+a & h+b & i+c \end{bmatrix}$

(3) $\begin{bmatrix} a & b & c \\ d & e & f \\ 3g & 3h & 3i \end{bmatrix}$　　　　(4) $\begin{bmatrix} g & h & i \\ ta & tb & tc \\ d & e & f \end{bmatrix}$

7. 다음 두 행렬 A, B에 대하여 $\det(A)$, $\det(A^{-1})$, $\det(AB)$ 및 $\det(B)$를 구하여라.

$$A = \begin{bmatrix} 1 & 3 & 2 \\ 2 & 4 & 4 \\ 3 & 0 & 1 \end{bmatrix},\ B = \begin{bmatrix} 1 & 3 & -1 \\ 2 & 4 & 3 \\ 0 & 2 & 1 \end{bmatrix}$$

8. 행렬식의 정의를 이용하여 다음 등식이 성립함을 밝혀라.

(1) $\det\begin{bmatrix} a_{11} & a_{12} & a_{13} \\ a_{21}+b_{21} & a_{22}+b_{22} & a_{23}+b_{23} \\ a_{31} & a_{32} & a_{33} \end{bmatrix} = \det\begin{bmatrix} a_{11} & a_{12} & a_{13} \\ a_{21} & a_{22} & a_{23} \\ a_{31} & a_{32} & a_{33} \end{bmatrix} + \det\begin{bmatrix} a_{11} & a_{12} & a_{13} \\ b_{21} & b_{22} & b_{23} \\ a_{31} & a_{32} & a_{33} \end{bmatrix}$

(2) $\det\begin{bmatrix} a_{11} & a_{12} & a_{13} \\ \alpha a_{21} & \alpha a_{22} & \alpha a_{23} \\ a_{31} & a_{32} & a_{33} \end{bmatrix} = \alpha\det\begin{bmatrix} a_{11} & a_{12} & a_{13} \\ a_{21} & a_{22} & a_{23} \\ a_{31} & a_{32} & a_{33} \end{bmatrix}$, 여기서 $\alpha \in F$.

9. 3차 행렬 $A = \begin{bmatrix} 1 & 1 & -2 \\ 3 & 2 & 1 \\ 0 & 1 & 5 \end{bmatrix}$에 대하여 $B = (R_2 \leftrightarrow R_3)$일 때, $\det(B) = -\det(A)$임을 보여라.

10. 3차 행렬 $A = \begin{bmatrix} 1 & 3 & -2 \\ 3 & 2 & 1 \\ 0 & -1 & 5 \end{bmatrix}$에 대하여 $B = (R_1 \rightarrow 3R_3 + R_1)$일 때, $\det(B) = \det(A)$임을 보여라.

11. 문제 7의 두 행렬 A, B에 대하여 $\det(A)\det(B) = \det(AB)$이고 $\det(A)\det(B) = \det(B)\det(A)$임을 조사하여라.

12. A가 가역행렬일 때, $\det(A^{-1}) = \dfrac{1}{\det(A)}$임을 증명하여라.

4.3 section 행렬식의 전개와 수반행렬

이 절에서는 행렬식의 값을 계산하는데 편리하고 이론상으로 중요한 법칙을 살펴보기로 한다. 그리고 이 법칙을 적용함으로서 가역행렬의 역행렬을 계산하는 공식과 다음 장에서 공부할 연립1차방정시의 해를 유도히는 공식에 응용한다.

1절에서 공부한 3차 정방행렬 $A=[a_{ij}]$의 행렬식 $\det(A)$은 다음과 같이 표시되어지므로,

$$\det(A)=a_{11}a_{22}a_{33}+a_{12}a_{23}a_{31}+a_{13}a_{21}a_{32}-a_{13}a_{22}a_{31}-a_{12}a_{21}a_{33}-a_{11}a_{23}a_{32}$$

이다. 이는 다음과 같이 행에 관한 3가지 형태의 2차 행렬식의 1차 결합으로 나타난다.

$$\det(A)=\begin{vmatrix} a_{11} & a_{12} & a_{13} \\ a_{21} & a_{22} & a_{23} \\ a_{31} & a_{32} & a_{33} \end{vmatrix}=a_{11}\begin{vmatrix} a_{22} & a_{23} \\ a_{32} & a_{33} \end{vmatrix}-a_{12}\begin{vmatrix} a_{21} & a_{23} \\ a_{31} & a_{33} \end{vmatrix}+a_{13}\begin{vmatrix} a_{21} & a_{22} \\ a_{31} & a_{32} \end{vmatrix}$$

$$=-a_{21}\begin{vmatrix} a_{12} & a_{13} \\ a_{32} & a_{33} \end{vmatrix}+a_{22}\begin{vmatrix} a_{12} & a_{13} \\ a_{31} & a_{33} \end{vmatrix}-a_{23}\begin{vmatrix} a_{11} & a_{12} \\ a_{31} & a_{32} \end{vmatrix}$$

$$=a_{31}\begin{vmatrix} a_{12} & a_{13} \\ a_{22} & a_{23} \end{vmatrix}-a_{32}\begin{vmatrix} a_{11} & a_{13} \\ a_{21} & a_{23} \end{vmatrix}+a_{33}\begin{vmatrix} a_{11} & a_{12} \\ a_{21} & a_{22} \end{vmatrix}$$

따라서 3**차 행렬식**은 2**차 행렬식**의 값에 의해서 구해진다. 이와 같은 생각을 4차 이상의 행렬식에 적용할 수 있음을 조사한다.

◈ **정의** 행렬 $A=[a_{ij}]$가 n차 정방행렬이라고 하자. A의 제i행과 제j열을 제외한 나머지 성분으로 이루어진 $(n-1)$차 정방행렬을 제ij-성분 a_{ij}의 **소행렬** (minor matrix)이라 하고 M_{ij}로 나타낸다. M_{ij}의 행렬식 $\det(M_{ij})$를 a_{ij}의 **소행렬식** (minor, 혹은 minor determinant)이라 하고, D_{ij}로 표시한다. a_{ij}의 여인자 A_{ij}를 다음과 같이 정의한다. a_{ij}의 소행렬식 D_{ij}에 부호를 붙인 수 $A_{ij}=(-1)^{i+j}D_{ij}$ 를 a_{ij}의 **여인자** (cofactor) 또는 **수반** (adjoint)이라고 한다.

≪보기 1≫ $A=\begin{bmatrix}1&1&-4\\3&5&6\\1&8&4\end{bmatrix}$에 대하여 성분 a_{11}의 소행렬식과 여인자는

$$D_{11}=\begin{vmatrix}5&6\\8&4\end{vmatrix}=-28 \quad , \quad A_{11}=(-1)^{1+1}D_{11}=-28$$

이고, a_{32}의 소행렬식과 여인자은

$$D_{32}=\begin{vmatrix}1&-4\\3&6\end{vmatrix}=18 \quad , \quad A_{32}=(-1)^{3+2}D_{32}=-18$$

이 된다.

위의 정의에서 알 수 있는 바와 같이 성분 a_{ij}의 소행렬식 D_{ij}와 여인자 A_{ij}는 부호가 서로 다른 것에 지나지 않는다. 즉 $A_{ij}=\pm D_{ij}$로 되는데 이 부호가 $+$인지 $-$인지는 아래의 표 4.5에서처럼 $+$와 $-$가 반복적으로 나타남을 알 수 있다.

$$\begin{bmatrix}+&-&+&-&+&\cdots\\-&+&-&+&-&\cdots\\+&-&+&-&+&\cdots\\-&+&-&+&-&\cdots\\\vdots&\vdots&\vdots&\vdots&\vdots&\ddots\end{bmatrix}$$

Signed Minor [표 4.5]

예컨대 $A_{11}=D_{11}$, $A_{41}=-D_{41}$, $A_{12}=-D_{12}$, $A_{33}=D_{33}$ 등이다.

따라서 3차 정방행렬 $A=[a_{ij}]$의 행렬식 $\det(A)$는 다음과 같이 나타난다.

$$\left.\begin{aligned}\det(A)&=a_{11}A_{11}+a_{12}A_{12}+a_{13}A_{13}\\&=a_{21}A_{21}+a_{22}A_{22}+a_{23}A_{23}\\&=a_{31}A_{31}+a_{32}A_{32}+a_{33}A_{33}\end{aligned}\right\} \qquad (1)$$

$$\left.\begin{aligned}&=a_{11}A_{11}+a_{21}A_{21}+a_{31}A_{31}\\&=a_{12}A_{12}+a_{22}A_{22}+a_{32}A_{32}\\&=a_{13}A_{13}+a_{23}A_{23}+a_{33}A_{33}\end{aligned}\right\} \qquad (2)$$

위의 (1)을 행렬식 $|A|$ 의 **행**에 관한 **여인자 전개** (cofactor expansion)라 하고 (2)를 $|A|$ 의 **열**에 관한 **여인자 전개**라고 한다.

여인자 전개를 이용한 $\det(A)$의 계산은 어떤 한 행 (또는 열)의 각 성분과 그의 여인자를 곱하여 이들을 더한 결과이다. 그런데 만일 어떤 한 행 (또는 열)의 각 성분에 이것과는 다른 행 (또는 열)에 대한 성분의 여인자를 곱하여 이들을 더

하면 어떻게 되겠는가? 물론 그 대답은 0이다. 먼저 다음 보기에서 살펴본다.

≪보기 2≫　다음 3차 정방행렬

$$A = \begin{bmatrix} a_{11} & a_{12} & a_{13} \\ a_{21} & a_{22} & a_{23} \\ a_{31} & a_{32} & a_{33} \end{bmatrix}$$

에 있어서 A의 제1행의 성분과 제3행에 대한 성분의 여인자를 곱하여 이들을 더하면,

$$a_{11}A_{31} + a_{12}A_{32} + a_{13}A_{33}$$

로 된다. 이것이 0임을 알아보기 위하여 다음과 같은 방법을 이용하자. 먼저 A의 제3행을 제1행과 같은 행으로 이루어진 행렬

$$A' = \begin{bmatrix} a_{11} & a_{12} & a_{13} \\ a_{21} & a_{22} & a_{23} \\ a_{11} & a_{12} & a_{13} \end{bmatrix}$$

을 생각한다. 그러면 A'_{31}, A'_{32}와 A'_{33}는 행렬 A'의 제3행에 대한 성분의 여인자이다. A와 A'의 처음 두 행이 일치하고 A_{31}, A_{32}, A_{33}와 A'_{31}, A'_{32}, A'_{33}의 값은 A와 A'의 처음 두 행의 성분에 의하여 나타나므로

$$A_{31} = A'_{31}, \; A_{32} = A'_{32}, \; A_{33} = A'_{33}$$

가 성립하고 A'에는 같은 두 행이 있기 때문에

$$\det(A') = 0 \tag{3}$$

이다. 한편으로 $\det(A')$를 제3행에 관해서 여인자 전개하여 계산하면,

$$\begin{aligned} \det(A') &= a_{11}A'_{31} + a_{12}A'_{32} + a_{13}A'_{33} \\ &= a_{11}A_{31} + a_{12}A_{32} + a_{13}A_{33} \end{aligned} \tag{4}$$

이고, (3)과 (4)로부터

$$a_{11}A_{31} + a_{12}A_{32} + a_{13}A_{33} = 0$$

을 얻는다.

다음은 보조정리를 밝힌 후 일반적인 행렬식의 여인자 전개를 공부한다.

◈ **보조정리 4.3.1**　다음을 증명하여라.

$$\begin{vmatrix} a_{11} & 0 & 0 & \cdots & 0 \\ a_{21} & a_{22} & a_{23} & \cdots & a_{2n} \\ \vdots & \vdots & \vdots & \ddots & \vdots \\ a_{n1} & a_{n2} & a_{n3} & \cdots & a_{nn} \end{vmatrix} = a_{11} \begin{vmatrix} a_{22} & a_{23} & \cdots & a_{2n} \\ a_{32} & a_{33} & \cdots & a_{3n} \\ \vdots & \vdots & \ddots & \vdots \\ a_{n2} & a_{n3} & \cdots & a_{nn} \end{vmatrix}$$

증명 행렬식의 정의에 의하여

$$\text{좌변} = \sum_{\sigma} \mathrm{sgn}(\sigma) a_{1j_1} a_{2j_2} \cdots a_{nj_n} = \sum_{\sigma} \mathrm{sgn}(\sigma) a_{11} a_{2j_2} \cdots a_{nj_n}$$

$$= a_{11} \sum_{\tau} \mathrm{sgn}(\tau) a_{2j_2} \cdots a_{nj_n} = \text{우변}$$

여기서 $\sigma = (j_1, j_2, \cdots, j_n)$ 이고 $\tau = (j_2, j_3, \cdots, j_n)$ 는 $\{2, 3, \cdots, n\}$ 의 치환이다. ⊠

≪보기 3≫ n차 정방행렬 $A = [a_{ij}]$에서 행렬식의 여인자 전개를 살펴보자.

$$a_{11} = a_{11} + 0 + 0 + \cdots + 0,$$
$$a_{12} = 0 + a_{12} + 0 + \cdots + 0,$$
$$\vdots$$
$$a_{1n} = 0 + 0 + 0 + \cdots + a_{1n}$$

이므로, 보조정리 4.3.1과 앞의 2절에서 다룬 행렬식의 성질을 이용하면

$$\det(A) = \begin{vmatrix} a_{11} & 0 & \cdots & 0 \\ a_{21} & a_{22} & \cdots & a_{2n} \\ \vdots & \vdots & \ddots & \vdots \\ a_{n1} & a_{n2} & \cdots & a_{nn} \end{vmatrix} + \begin{vmatrix} 0 & a_{12} & \cdots & 0 \\ a_{21} & a_{22} & \cdots & a_{2n} \\ \vdots & \vdots & \ddots & \vdots \\ a_{n1} & a_{n2} & \cdots & a_{nn} \end{vmatrix} + \cdots +$$

$$\begin{vmatrix} 0 & 0 & \cdots a_{1j} & \cdots & 0 \\ a_{21} & a_{22} & \cdots a_{2j} & \cdots & a_{2n} \\ \vdots & \vdots & \vdots & & \vdots \\ a_{n1} & a_{n2} & \cdots a_{nj} & \cdots & a_{nn} \end{vmatrix} + \cdots + \begin{vmatrix} 0 & 0 & \cdots & a_{1n} \\ a_{21} & a_{22} & \cdots & a_{2n} \\ \vdots & \vdots & \ddots & \vdots \\ a_{n1} & a_{n2} & \cdots & a_{nn} \end{vmatrix}$$

$$= a_{11}D_{11} - a_{12}D_{12} + \cdots + (-1)^{j-1}a_{1j}D_{1j} + \cdots + (-1)^{n-1}a_{1n}D_{1n}$$

$$= (-1)^{1+1}a_{11}D_{11} + (-1)^{1+2}a_{12}D_{12} + \cdots + (-1)^{1+j}a_{1j}D_{1j} + \cdots + (-1)^{n+1}a_{1n}D_{1n}$$

$$= a_{11}A_{11} + a_{12}A_{12} + \cdots + a_{1j}A_{1j} + \cdots + a_{1n}A_{1n} \tag{5}$$

이다. 식 (5)는 행렬식 $\det(A)$의 제1행에 관한 여인자 전개이다.

일반적으로 다음 명제가 성립한다.

◈ **정리 4.3.2** n차 정방행렬 $A = [a_{ij}]$ 에 대하여 행렬식 $\det(A)$를 제i행과 제j열에 관해서 소행렬식 전개하면 다음과 같이 된다.

$$\det(A) = (-1)^{i-1}\{a_{i1}D_{i1} - a_{i2}D_{i2} + \cdots + (-1)^{n-1}a_{in}D_{in}\}$$

$$\det(A) = (-1)^{j-1}\{a_{1j}D_{1j} - a_{2j}D_{2j} + \cdots + (-1)^{n-1}a_{nj}D_{nj}\} \tag{6}$$

◈ 정리 4.3.3 n차 정방행렬 $A=[a_{ij}]$ 에 대하여 다음과 같이 행 및 열에 대한 여인자 전개식을 얻을 수 있다.

(a) $a_{i1}A_{j1}+a_{i2}A_{j2}+\cdots+a_{in}A_{jn}=\det(A)\delta_{ij}$

(b) $a_{1i}A_{1j}+a_{2i}A_{2j}+\cdots+a_{ni}A_{nj}=\det(A)\delta_{ij}$

증명 위의 식 (6)에 의하여 $i=j$일 때,

$$\begin{aligned}\det(A)&=(-1)^{i-1}\left\{a_{i1}D_{i1}-a_{i2}D_{i2}+\cdots+(-1)^{n-1}a_{in}D_{in}\right\}\\&=(-1)^{i+1}\left\{a_{i1}D_{i1}-a_{i2}D_{i2}+\cdots+(-1)^{n-1}a_{in}D_{in}\right\}\\&=(-1)^{i+1}a_{i1}D_{i1}+(-1)^{i+2}a_{i2}D_{i2}+\cdots+(-1)^{i+n}a_{in}D_{in}\\&=a_{i1}A_{i1}+a_{i2}A_{i2}+\cdots+a_{in}A_{in}\end{aligned}$$

이다.

만약 $i\neq j$이면, (a)식의 좌변은 행렬 A의 제j행의 각 원소에 제i행의 각 원소를 대입한 행렬 A'의 행렬식 $\det(A')$와 같다. 보기 2, 보기 3과 같은 방법으로 $\det(A)=\det(A')=0$ 임을 알 수 있다.

(b) 열에 관한 여인자 전개도 같은 방법으로 증명할 수 있다. ⊠

≪예제 4≫ 다음 3차 행렬

$$A=\begin{bmatrix}0&1&0\\-2&-4&3\\5&4&-2\end{bmatrix}$$

에 대하여, A의 제1행에 관한 여인자 전개 및 제1열에 관한 여인자 전개를 사용하여 $\det(A)$계산하고 비교하여라.

풀이 $$\det(A)=\begin{vmatrix}0&1&0\\-2&-4&3\\5&4&-2\end{vmatrix}=0\begin{vmatrix}-4&3\\4&-2\end{vmatrix}-(1)\begin{vmatrix}-2&3\\5&-2\end{vmatrix}+0\begin{vmatrix}-2&-4\\5&4\end{vmatrix}$$

$$=-(1)(-11)=11$$

$$\det(A)=0\begin{vmatrix}-4&3\\4&-2\end{vmatrix}-(-2)\begin{vmatrix}1&0\\4&-2\end{vmatrix}+5\begin{vmatrix}1&0\\-4&3\end{vmatrix}$$

$$=-(-2)(-2)+5(3)=11$$

⊠

결국 행렬식의 행에 관한 여인자 전개나 열에 관한 여인자 전개는 같음을 알 수 있었다.

≪예제 5≫ 다음 행렬식의 값을 구하여라.

$$D=\begin{vmatrix} -1 & 2 & 3 & -4 \\ 4 & 2 & 0 & 1 \\ -1 & 1 & 2 & 3 \\ -5 & 1 & 6 & 2 \end{vmatrix}$$

풀이 제1열을 2배, 3배, (-4)배하여, 각각 제2열, 3열, 4열에 더하고, 제1행에 관해서 여인자 전개하면

$$D=\begin{vmatrix} -1 & 0 & 0 & 0 \\ 4 & 10 & 12 & -15 \\ -1 & -1 & -1 & 7 \\ -5 & -9 & -9 & 22 \end{vmatrix}=-\begin{vmatrix} 10 & 12 & -15 \\ -1 & -1 & 7 \\ -9 & -9 & 22 \end{vmatrix}$$

이다. 다시 제1열을 (-1)배, 7배하여 각각 제2열, 3열에 더하고, 제2행에 관해서 여인자 전개하면

$$D=\begin{vmatrix} 10 & 2 & 55 \\ -1 & 0 & 0 \\ -9 & 0 & -41 \end{vmatrix}=(-1)\begin{vmatrix} 2 & 55 \\ 0 & -41 \end{vmatrix}=(-1)(-82)=82$$

이 된다. ⊠

≪예제 6≫ 다음 행렬식을 인수분해 하여라.

$$D=\begin{vmatrix} 1 & x & x^2 & x^3 \\ 1 & y & y^2 & y^3 \\ 1 & z & z^2 & z^3 \\ 1 & u & u^2 & u^3 \end{vmatrix}$$

풀이 D의 제1행을 (-1)배하여 제2행, 3행, 4행에 더한 결과를 제1열에 관해서 여인자 전개하고 각행의 공통인수를 끌어내면

$$D=\begin{vmatrix} 1 & x & x^2 & x^3 \\ 0 & y-x & y^2-x^2 & y^3-x^3 \\ 0 & z-x & z^2-x^2 & z^3-x^3 \\ 0 & u-x & u^2-x^2 & u^3-x^3 \end{vmatrix}=\begin{vmatrix} y-x & y^2-x^2 & y^3-x^3 \\ z-x & z^2-x^2 & z^3-x^3 \\ u-x & u^2-x^2 & u^3-x^3 \end{vmatrix}$$

$$=(y-x)(z-x)(u-x)\begin{vmatrix} 1 & y+x & y^2+yx+x^2 \\ 1 & z+x & z^2+zx+x^2 \\ 1 & u+x & u^2+ux+x^2 \end{vmatrix}$$

이다. 다시 제1행을 (-1)배하여 제2행, 3행에 더한 다음 제1열에 관해서 여인자

전개하고 정리하면 다음과 같다.

$$D=(y-x)(z-x)(u-x)\begin{vmatrix}1 & y+x & y^2+yx+x^2\\0 & z-y & (z-y)(x+y+z)\\0 & u-y & (u-y)(x+y+u)\end{vmatrix}$$

$$=(y-x)(z-x)(u-x)(z-y)(u-y)\begin{vmatrix}1 & x+y+z\\1 & x+y+u\end{vmatrix}$$

$$=(y-x)(z-x)(u-x)(z-y)(u-y)(u-z)$$

⊠

◈ **정의** n차-정방행렬 $A=[a_{ij}]$의 제ij-성분 a_{ij}의 여인자 A_{ij}를 제ji-성분으로 갖는 행렬을 A의 **수반행렬** (adjoint matrix) 또는 A의 **여인자 행렬** (cofactor matrix)이라 하고 $\mathrm{adj}(A)$로 나타낸다. 즉

$$\mathrm{adj}(A)=[A_{ij}]^t=\begin{bmatrix}A_{11} & A_{21} & \cdots & A_{n1}\\A_{12} & A_{22} & \cdots & A_{n2}\\\vdots & \vdots & & \vdots\\A_{1n} & A_{2n} & \cdots & A_{nn}\end{bmatrix}$$

≪예제 7≫ 다음 행렬 A의 수반행렬을 구하여라.

$$A=\begin{bmatrix}1 & 2 & 3\\4 & 5 & 6\\7 & 8 & 9\end{bmatrix}$$

풀이 A의 소행렬은 다음의 9개이다.

$$M_{11}=\begin{bmatrix}5 & 6\\8 & 9\end{bmatrix},\ M_{12}=\begin{bmatrix}4 & 6\\7 & 9\end{bmatrix},\ M_{13}=\begin{bmatrix}4 & 5\\7 & 8\end{bmatrix}$$

$$M_{21}=\begin{bmatrix}2 & 3\\8 & 9\end{bmatrix},\ M_{22}=\begin{bmatrix}1 & 3\\7 & 9\end{bmatrix},\ M_{23}=\begin{bmatrix}1 & 2\\7 & 8\end{bmatrix}$$

$$M_{31}=\begin{bmatrix}2 & 3\\5 & 6\end{bmatrix},\ M_{32}=\begin{bmatrix}1 & 3\\4 & 6\end{bmatrix},\ M_{33}=\begin{bmatrix}1 & 2\\4 & 5\end{bmatrix}$$

A의 소행렬식은

$$D_{11}=|M_{11}|=45-48=-3,\ D_{12}=|M_{12}|=36-42=-6,$$

$$D_{13}=|M_{13}|=32-35=-3,\ D_{21}=|M_{21}|=18-24=-6,$$

$$D_{22}=|M_{22}|=9-21=-12,\ D_{23}=|M_{23}|=8-14=-6,$$

$$D_{31}=|M_{31}|=12-15=-3,\ D_{32}=|M_{32}|=6-12=-6$$

$$D_{33}=|M_{33}|=5-8=-3$$

이다. 또한, A의 여인자는

$$A_{11}=(-1)^{1+1}(-3)=-3,\ A_{12}=(-1)^{1+2}(-6)=6,\ A_{13}=(-1)^{1+3}(-3)=-3$$

$$A_{21}=(-1)^{2+1}(-6)=6,\ A_{22}=(-1)^{2+2}(-12)=-12,\ A_{23}=(-1)^{2+3}(-6)=6$$

$$A_{31}=(-1)^{3+1}(-3)=-3,\ A_{32}=(-1)^{3+2}(-6)=6,\ A_{33}=(-1)^{3+3}(-3)=-3$$

이다. 따라서 A의 수반행렬은 다음과 같다.

$$\mathrm{adj}(A)=\begin{vmatrix} -3 & 6 & -3 \\ 6 & -12 & 6 \\ -3 & 6 & -3 \end{vmatrix}$$

⊠

다음 정리는 가역행렬의 역행렬을 구하는 중요한 공식 (formula)이다.

◈ **정리 4.3.4** A가 가역행렬일 때, A의 역행렬이 다음과 같이 유도됨을 증명하여라.

$$A^{-1}=\frac{1}{\det(A)}\mathrm{adj}(A)$$

증명 첫째로 $A\,\mathrm{adj}(A)=\det(A)I$임을 밝히기 위하여 다음 곱을 생각하자.

$$A\,\mathrm{adj}\,(A)=\begin{bmatrix} a_{11} & a_{12} & \cdots & a_{1n} \\ a_{21} & a_{22} & \cdots & a_{2n} \\ \vdots & \vdots & & \vdots \\ a_{i1} & a_{i2} & \cdots & a_{i_n} \\ \vdots & \vdots & & \vdots \\ a_{n1} & a_{n2} & \cdots & a_{nn} \end{bmatrix}\begin{bmatrix} A_{11} & A_{21} & \cdots & A_{j1} & \cdots & A_{n1} \\ A_{12} & A_{22} & \cdots & A_{j2} & \cdots & A_{n2} \\ \vdots & \vdots & & \vdots & & \vdots \\ A_{1n} & A_{2n} & \cdots & A_{jn} & \cdots & A_{nn} \end{bmatrix}$$

이때 $A\,\mathrm{adj}(A)$의 제ij-성분은

$$a_{i1}A_{j1}+a_{i2}A_{j2}+\cdots+a_{i_n}A_{jn} \tag{7}$$

으로 나타난다.

정리 4.3.3에 의하여, $i=j$이면 (7)은 A의 제i행에 대한 $\det(A)$의 여인자 전개이다. 한편 $i\neq j$이면 A의 제i행 성분과 제j행 성분의 여인자의 곱을 합한 것이 되므로 (7)의 값은 0이 된다. 따라서

$$A\,\mathrm{adj}(A)=\begin{bmatrix} \det(A) & 0 & \cdots & 0 \\ 0 & \det(A) & \cdots & 0 \\ \vdots & \vdots & & \vdots \\ 0 & 0 & \cdots & \det(A) \end{bmatrix}=\det(A)I \tag{8}$$

를 얻는다. A는 가역이므로 $\det(A)\neq 0$이다. 따라서 (8)을 $\det(A)$로 나누면

$$\frac{1}{\det(A)}[A\,\mathrm{adj}(A)] = I$$

가 된다. 즉

$$A\left[\frac{1}{\det(A)}\mathrm{adj}(A)\right] = I$$

로 표현될 수 있다. 따라서 정리 3.2.12에 의하여 A의 역행렬은

$$A^{-1} = \frac{1}{\det(A)}\mathrm{adj}(A) \tag{9}$$

이다. ⊠

≪예제 8≫ 다음 행렬 A가 가역인지 비가역인지를 보이고, 가역일 경우 A의 역행렬을 구하여라.

$$A = \begin{bmatrix} 3 & 2 & -1 \\ 1 & 6 & 3 \\ 2 & -4 & 0 \end{bmatrix}$$

풀이 먼저 $\det(A) = 64 \neq 0$ 이므로 A는 가역행렬이다.

다음으로 A의 각 성분의 여인자를 구하면 다음과 같다.

$$A_{11} = 12,\ A_{12} = 6,\ A_{13} = -16,\ A_{21} = 4,\ A_{22} = 2,$$
$$A_{23} = 16,\ A_{31} = 12,\ A_{32} = -10,\ A_{33} - 16$$

그러면 A의 각 성분에 대한 여인자로 구성된 행렬은

$$\begin{bmatrix} 12 & 6 & -16 \\ 4 & 2 & 16 \\ 12 & -10 & 16 \end{bmatrix}$$

이고, 이의 전치행렬이 A의 여인자 행렬이다. 즉

$$\mathrm{adj}(A) = \begin{bmatrix} 12 & 4 & 12 \\ 6 & 2 & -10 \\ -16 & 16 & 16 \end{bmatrix}$$

이다. 그러므로 A의 역행렬은 정리 4.3.4에 의하여 다음과 같다.

$$A^{-1} = \frac{1}{\det(A)}\mathrm{adj}(A) = \frac{1}{64}\begin{bmatrix} 12 & 4 & 12 \\ 6 & 2 & -10 \\ -16 & 16 & 16 \end{bmatrix} = \begin{bmatrix} \frac{12}{64} & \frac{4}{64} & \frac{12}{64} \\ \frac{6}{64} & \frac{2}{64} & -\frac{10}{64} \\ -\frac{16}{64} & \frac{16}{64} & \frac{16}{64} \end{bmatrix}$$

⊠

다음은 행렬 및 행렬식의 응용으로서 **암호이론**에 적용하여 본다. 먼저 암호 표

를 다음과 같이 소개한다.

A	B	C	D	E	F	G	H	I	J	K	L	M	N
1	2	3	4	5	6	7	8	9	10	11	12	13	14
O	P	Q	R	S	T	U	V	W	X	Y	Z	*	
15	16	17	18	19	20	21	22	23	24	25	26	27	

암호 표 [표 4.6]

≪예제 9≫ 암호 키 $A=\begin{bmatrix}2&1\\1&1\end{bmatrix}$를 이용하여 I*CAN*SWIM를 암호화하고 다시 암호를 풀어 해독하여라.

풀이 먼저 영어 알파벳에 다음과 같이 자연수를 대응한다. 위의 암호 표를 이용하여 I*CAN*SWIM를 숫자화하면,

$$(9,27,3,1,14,27,19,23,9,13)$$

이 된다. 이것을 암호화하기 위해 왼쪽에 암호 키 $A=\begin{bmatrix}2&1\\1&1\end{bmatrix}$을 곱하면,

$$\begin{bmatrix}2&1\\1&1\end{bmatrix}\begin{bmatrix}9&27&3&1&14\\27&19&23&9&13\end{bmatrix}=\begin{bmatrix}45&73&29&11&41\\36&46&26&10&27\end{bmatrix}$$

을 얻는다. 따라서 숫자 $(45,73,29,11,41,36,46,26,10,27)$가 암호문이다. 거꾸로 암호문이 $(45,73,29,11,41,36,46,26,10,27)$으로 주어졌을 때 암호 키 $A=\begin{bmatrix}2&1\\1&1\end{bmatrix}$를 이용하여 해독하여 보자.

$$A^{-1}=\frac{1}{\det A}(adjA)=\frac{1}{ad-bc}\begin{bmatrix}d&-b\\-c&a\end{bmatrix}=\frac{1}{2-1}\begin{bmatrix}1&-1\\-1&2\end{bmatrix}$$

따라서

$$\frac{1}{2-1}\begin{bmatrix}1&-1\\-1&2\end{bmatrix}\begin{bmatrix}45&73&29&11&41\\36&46&26&10&27\end{bmatrix}=\begin{bmatrix}9&27&3&1&14\\27&19&23&9&13\end{bmatrix}$$

이고, 이것이 $(9,27,3,1,14,27,19,23,9,13)$이고, 이를 해독하면 I*CAN*SWIM이다. ⊠

유제1. 암호 키 $A=\begin{bmatrix}-2&1\\1&-1\end{bmatrix}$를 이용하여 I*LOVE*YOU를 암호화하고 다시 암호를 풀어 해독하여라.

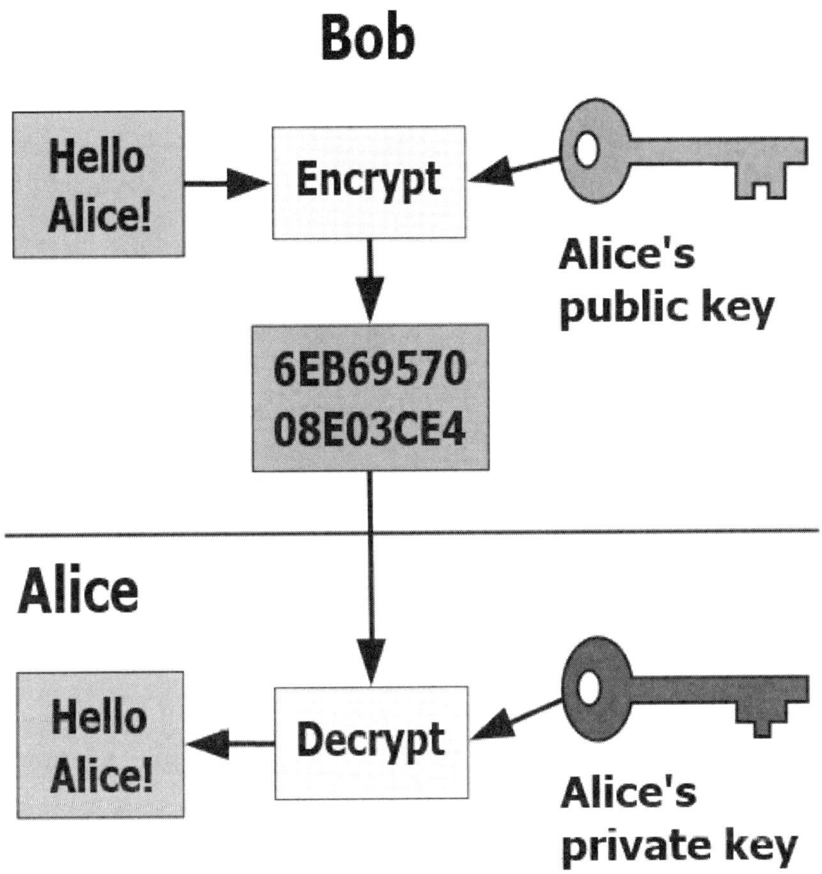

암호 키 [도표 4.7]

연습문제 4.3

1. 다음 행렬 A에 대한 물음에 답하여라.

$$A = \begin{bmatrix} 1 & 0 & -3 \\ -2 & 4 & 1 \\ 5 & -2 & 4 \end{bmatrix}$$

(1) A의 각 성분에 대한 소행렬식을 모두 구하여라.

(2) A의 각 성분에 대한 여인자를 모두 구하여라.

(3) A의 여인자 행렬을 구하여라.

2. 다음 행렬 A에 대한 아래 값을 구하여라.

$$A=\begin{bmatrix} 3 & 0 & 8 & 4 \\ -1 & 0 & 1 & 2 \\ 1 & -3 & 0 & 3 \\ 6 & 3 & 11 & 2 \end{bmatrix}$$

(1) M_{13}, D_{13}, A_{13} (2) M_{32}, D_{32}, A_{32}

다음 문제에서 행렬의 행렬식 값을 적당한 행 또는 열에 관한 여인자 전개를 이용하여 구하여라.(3~4)

3. $A=\begin{bmatrix} 1 & 3 & 7 \\ 2 & 0 & -5 \\ -1 & -3 & 4 \end{bmatrix}$ 4. $D=\begin{bmatrix} 1 & 1 & 1 \\ t & t & t \\ t^2 & t^2 & t^2 \end{bmatrix}$

다음 문제에서 각 행렬에 대하여 가역인지 비가역인지 조사하고 가역일 경우 $\det(A)$, $adj(A)$ 및 A의 역행렬을 구하여라.(5~6)

5. $A=\begin{bmatrix} \cos\theta & -\sin\theta \\ \sin\theta & \cos\theta \end{bmatrix}$ 6. $A=\begin{bmatrix} 2 & -4 & 5 \\ 0 & 1 & -1 \\ 0 & 0 & 2 \end{bmatrix}$

다음 행렬식을 인수분해 하여라.(7~8)

7. $\begin{vmatrix} 1 & x & x^3 \\ 1 & y & y^3 \\ 1 & z & z^3 \end{vmatrix}$ 8. $\begin{vmatrix} 1 & x & y+z \\ 1 & y & z+x \\ 1 & z & x+y \end{vmatrix}$

9. 암호 키 $A=\begin{bmatrix} 3 & 1 \\ 2 & 1 \end{bmatrix}$를 이용하여 I*like*her를 암호화하고 다시 암호를 풀어 해독하여라.

연립1차방정식

Chapter 5

5.1_연립1차방정식

5.2_연립1차방정식의 성질

5.1 section 연립1차방정식

이 절에서는 실수체 $\mathbb{R}$상에서의 1차방정식 및 연립1차방정식을 소개하고 연립1차방정식이 양립 할 때 이를 푸는 방법으로써 **가우스 소거법**과 **가우스-조르단 소거법**을 다룬다. 그리고 다음 절에서는 행렬 및 행렬식의 활용으로서 연립1차방정식의 해법 및 성질을 논하기로 한다.

평면과 공간상에서의 직선의 방정식은 각각

$$a_1x + a_2y = b \text{ 및 } a_1x + a_2y + a_3z = b$$

로 표현할 수 있다. 이들 방정식을 **1차방정식** (linear equation)이라 한다.

일반적으로 n개의 변수 x_1, x_2, $\cdots$, x_n에 관한 1차방정식은

$$a_1x_1 + a_2x_2 + \cdots + a_nx_n = b$$

로 표현될 수 있다. 여기서 1차방정식의 계수 a_1, a_2, $\cdots$, a_n과 상수 b는 스칼라들이다.

≪보기 1≫ 다음 방정식들은 1차방정식이다.

(1) $3x + 4y = 5$

(2) $z = \frac{1}{2}x + \frac{1}{3}y + \frac{1}{4}$

(3) $x_1 - 2x_2 + 3x_3 - 4x_4 + 5x_5 = 100$

(4) $x_1 + x_2 + x_3 + \cdots + x_n = 5$

≪보기 2≫ 다음 방정식들은 1차방정식이 아니다.

(1) $x + 2y^2 = 5$

(2) $\sqrt{x} + 3xy + 4y + 5z = 106$

(3) $\sin x + y = 0$

(4) $e^x + \log y = 3z$

◈ 정의 n개의 변수 x_1, x_2, $\cdots$, x_n에 관한 1차방정식의 유한개의 모임을 **연립1차방정식** (system of linear equations) 혹은 **선형계** (linear system)라고 한다.

일반적으로 n개의 변수 $x_1, x_2, \cdots, x_n$와 m개의 1차방정식으로 구성된 **연립 1차방정식** (system of m linear equations with n unknowns)은

$$\begin{array}{l} a_{11}x_1 + a_{12}x_2 + \cdots + a_{1n}x_n = b_1 \quad (a_{ij},\ b_j \in F) \quad \cdots\cdots\cdots\cdots\cdots (I) \\ a_{21}x_1 + a_{22}x_2 + \cdots + a_{2n}x_n = b_2 \\ \quad \vdots \qquad\quad \vdots \qquad\qquad\quad \vdots \qquad \vdots \\ a_{m1}x_1 + a_{m2}x_2 + \cdots + a_{mn}x_n = b_m \end{array}$$

으로 나타낼 수 있고, 여기서 $x_1, x_2, \cdots, x_n$은 미지수이고 첨수가 붙은 $a's$와 $b's$는 각각 **계수** 및 **스칼라**, 즉 **상수**를 의미한다.

연립1차방정식 (I)에서 만약 $b_1 = b_2 = \cdots = b_m = 0$이라면, 우리는 이 연립1차방정식을 **동차 연립1차방정식** (homogeneous system of linear equations)이라 부르고, 이를 (II)로 표시한다. (이 절의 끝부분에 다시설명)

(I)에서 계수에 관한 **2중 첨수**는 연립1차방정식에서 계수의 위치를 지정해 주는 유용한 도구이다. 계수 a_{ij}의 첫째 첨수 i는 그 계수가 속해 있는 i번째 **방정식의 차례**를 나타내고 둘째 첨수 j는 그 계수가 곱해진 j번째 미지수 x_j의 첨수를 나타낸다. 따라서 a_{12}는 첫째 방정식에 있어서 미지수 x_2에 곱해진 계수이다.

◈ 정의 연립1차방정식 (I)에서 $+$, $x's$, $=$의 위치를 머릿속으로 생각하고 이들을 생략하면, 연립1차방정식 (I)은 계수와 상수만으로 이루어진 행렬로 표현될 수 있다. 즉

$$\begin{bmatrix} a_{11} & a_{12} & \cdots & a_{1n} & b_1 \\ a_{21} & a_{22} & \cdots & a_{2n} & b_2 \\ \vdots & \vdots & & \vdots & \vdots \\ a_{m1} & a_{m2} & \cdots & a_{mn} & b_m \end{bmatrix} \quad \cdots\cdots\cdots\cdots\cdots (I)'$$

$(I)'$를 연립1차방정식 (I)에 대한 **확대행렬** (augmented matrix)이라 한다.

≪보기 3≫ 연립1차방정식

$$x_1 + 2x_2 - 2x_3 = 2$$
$$2x_1 + 8x_2 - 8x_3 = 5$$
$$-x_1 + 10x_2 - 8x_3 = -3$$

의 확대행렬은

$$\begin{bmatrix} 1 & 2 & -3 & 2 \\ 2 & 8 & -8 & 5 \\ -1 & 10 & -8 & -3 \end{bmatrix}$$

이다.

◈ **정의** 만약 $x_1 = s_1$, $x_2 = s_2$, $\cdots$, $x_n = s_n$이 연립1차방정식 (I)의 각각의 1차 방정식을 만족할 때, 수열 s_1, s_2, $\cdots$, s_n을 연립1차방정식 (I)의 **해** (solution)라 한다. 임의의 동차 연립1차방정식 (II)는 적어도 하나의 해를 갖고 있는데, 그 해는 $x_1 = x_2 = \cdots = x_n = 0$이며 이와 같은 특수한 해를 **자명한 해** (trivial solution)라 일컫는다. 해를 갖지 않는 연립1차방정식은 **불능** 또는 **불일치** (inconsistent)하다고 말하고, 적어도 하나의 해가 존재하는 연립1차방정식은 **양립** (consistent)한다고 한다.

모든 동차 연립1차방정식은 항상 양립함을 알 수 있다.

≪보기 4≫ xy평면상의 두 직선으로 구성된 연립1차방정식

$$\begin{aligned} a_{11}x + a_{12}y &= b_1 \\ a_{21}x + a_{22}y &= b_2 \end{aligned}$$

을 생각하자.

이 연립1차방정식의 해는 두 직선의 만나는 점에 대응한다. 따라서 다음 세 가지 경우로 구분된다.

(1) 두 직선이 나란한 경우: 이 경우 두 직선은 만나지 않으므로 이 연립1차방정식의 해는 존재하지 않는다.

(2) 두 직선이 오직 한 점에서만 만난경우: 이 경우 이 연립1차방정식은 오직 하나의 해를 갖는다.

(3) 두 직선이 일치한 경우: 이 경우 무수히 많은 교점이 존재하므로 이 연립1차방정식의 해는 무수히 많이 존재한다.

예를 들면

$$\begin{array}{ccc} x+y=1 & x+y=1 & x+y=1 \\ x+y=0 & 2x-y=2 & 2x+2y=2 \\ (1) & (2) & (3) \end{array}$$

연립1차방정식 (1)은 해를 갖지 않고, (2)는 오직 하나의 해를 가지며, (3)은 무수히 많은 해를 갖는다.

연립1차방정식을 푸는 기본적인 방법은 주어진 연립1차방정식과 같은 해집합을 가지면서 풀기에 보다 쉬운 새로운 연립1차방정식으로 바꾸는 것이다. 이 새로운 연립1차방정식은 다음 세 가지 형태의 연산을 유한 번 시행하여 얻어진다.

(Ⅰ) 두 방정식을 교환한다. (Ⅱ) 한 방정식의 양변에 영이 아닌 상수를 곱한다. (Ⅲ) 한 방정식에 상수배하여 다른 방정식에 더한다.

세 가지 형태의 연산 [표 5.1]

위의 방정식에 관한 세 가지 형태의 연산은, 연립1차방정식 (I)을 확대행렬 $(I)'$로 변형하였을 때 확대헹렬에 대한 세 가지 형태의 기본 행 연산으로 바뀐다.

(Ⅰ) 두 행을 교환한다. (Ⅱ) 한 행에 영이 아닌 상수를 곱한다. (Ⅲ) 한 행에 상수배하여 다른 행에 더한다.

세 가지 형태의 행 연산 [표 5.2]

연립1차방정식 (I)에 대한 확대행렬 $(I)'$은 위의 기본 행 연산에 의하여 **행 계단행렬** 혹은 **기약 행 계단행렬**로 변형된다. (3장 2절 참조)

◈ 정의 임의의 연립1차방정식에 대하여 이의 확대행렬의 기본 헹 언산을 활용하여, 행 계단헹렬로 유도하여 연립1차방정식을 푸는 과정을 **가우스 소거법** (Gauss elimination)이라 하고, 기약 행 계단행렬로 변형하여 연립1차방정식을 푸는 과정을 **가우스-조르단 소거법** (Gauss-Jordan elimination)이라고 부른다.

≪예제 5≫ 연립1차방정식의 확대행렬이 다음과 같이 기약 행 사다리꼴행렬로 변형되었을 경우에, 원래 주어진 연립1차방정식의 해를 구하여라.

(1) $\begin{bmatrix} 1 & 0 & 0 & 5 \\ 0 & 1 & 0 & 6 \\ 0 & 0 & 1 & 7 \end{bmatrix}$ (2) $\begin{bmatrix} 1 & 0 & 0 & 2 & -3 \\ 0 & 1 & 0 & 3 & 1 \\ 0 & 0 & 1 & 4 & 2 \end{bmatrix}$

풀이 (1) 주어진 행렬을 대응하는 연립1차방정식으로 바꾸면,

$$\begin{aligned} x_1 \quad\quad &= 5 \\ x_2 \quad &= 6 \\ x_3 &= 7 \end{aligned}$$

이다. 따라서 구하는 해는 $x_1 = 5$, $x_2 = 6$, $x_3 = 7$이다.

(2) 주어진 행렬에 대응하는 연립1차방정식은 다음과 같다 :

$$\begin{aligned} x_1 \qquad\quad + 2x_4 &= -3 \\ x_2 \quad + 3x_4 &= 1 \\ x_3 + 4x_4 &= 2 \end{aligned}$$

여기서 x_1, x_2, x_3는 확대행렬의 **선두성분** (leading entry)에 대응하는 변수이므로 **선두변수** (leading variables)라고 부른다. 선두변수를 x_4로서 나타내면,

$$\begin{aligned} x_1 &= -3 - 2x_4 \\ x_2 &= 1 - 3x_4 \\ x_3 &= 2 - 4x_4 \end{aligned}$$

로 된다. 이 경우 x_4는 임의의 값을 취할 수 있다. $x_4 = t$라 두면 구하는 해집합은 $x_1 = -3 - 2t$, $x_2 = 1 - 3t$, $x_3 = 2 - 4t$, $x_4 = t$ (t는 스칼라)이다.

≪예제 2≫ 다음 연립1차방정식을 가우스-조르단 소거법으로 풀어라.

(1)
$$\begin{aligned} x + y + 2z &= 9 \\ 2x + 4y - 3z &= 1 \\ 3x + 6y - 5z &= 0 \end{aligned}$$

(2)
$$\begin{aligned} x_1 + 3x_2 - 2x_3 \qquad\qquad + 2x_5 \qquad\quad &= 0 \\ 2x_1 + 6x_2 - 5x_3 - 2x_4 + 4x_5 - 3x_6 &= -1 \\ 5x_3 + 10x_4 \qquad\quad + 15x_6 &= 5 \\ 2x_1 + 6x_2 \qquad\quad + 8x_4 + 4x_5 + 18x_6 &= 6 \end{aligned}$$

풀이 (1) 먼저 연립1차방정식의 확대행렬을 구하면

$$\begin{bmatrix} 1 & 1 & 2 & 9 \\ 2 & 4 & -3 & 1 \\ 3 & 6 & -5 & 0 \end{bmatrix}$$

이다. 이제 제1행을 (-2)배하여 제2행에 더하고, 다시 제1행을 (-3)배하여 제3행에 더하면

$$\begin{bmatrix} 1 & 1 & 2 & 9 \\ 0 & 2 & -7 & -17 \\ 0 & 3 & -11 & -27 \end{bmatrix}$$

이 된다. 다시 제2행을 $\left(\dfrac{1}{2}\right)$배하면

$$\begin{bmatrix} 1 & 1 & 2 & 9 \\ 0 & 1 & -\dfrac{7}{2} & -\dfrac{17}{2} \\ 0 & 3 & -11 & -27 \end{bmatrix}$$

이다. 둘째 행을 (-1)배하여 첫째 행에 더하고, 둘째 행을 (-3)배하여 셋째 행에 더하면

$$\begin{bmatrix} 1 & 0 & \frac{11}{2} & \frac{35}{2} \\ 0 & 1 & -\frac{7}{2} & -\frac{17}{2} \\ 0 & 0 & -\frac{1}{2} & -\frac{3}{2} \end{bmatrix}$$

제3행에 (-2)를 곱하면

$$\begin{bmatrix} 1 & 0 & \frac{11}{2} & \frac{35}{2} \\ 0 & 1 & -\frac{7}{2} & -\frac{17}{2} \\ 0 & 0 & 1 & 3 \end{bmatrix}$$

제3행을 $\left(-\frac{11}{2}\right)$배하여 제1행에 더하고 $\left(\frac{7}{2}\right)$배하여 제2행에 더하면

$$\begin{bmatrix} 1 & 0 & 0 & 1 \\ 0 & 1 & 0 & 2 \\ 0 & 0 & 1 & 3 \end{bmatrix}$$

을 얻는다. 따라서 구하는 해는

$$x = 1, y = 2, z = 3$$

이다.

(2) 연립1차방정식에 대응하는 확대행렬을 구하면

$$\begin{bmatrix} 1 & 3 & -2 & 0 & 2 & 0 & 0 \\ 2 & 6 & -5 & -2 & 4 & -3 & -1 \\ 0 & 0 & 5 & 10 & 0 & 15 & 5 \\ 2 & 6 & 0 & 8 & 4 & 18 & 6 \end{bmatrix}$$

제1행을 (-2)배하여 제2행과 제4행에 더하여,

$$\begin{bmatrix} 1 & 3 & -2 & 0 & 2 & 0 & 0 \\ 0 & 0 & -1 & -2 & 0 & -3 & -1 \\ 0 & 0 & 5 & 10 & 0 & 15 & 5 \\ 0 & 0 & 4 & 8 & 0 & 18 & 6 \end{bmatrix}$$

제2행을 (-1)배한 다음, 그것을 (-5)배, (-4)배하여 각각 제3행과 제4행에 더하여,

$$\begin{bmatrix} 1 & 3 & -2 & 0 & 2 & 0 & 0 \\ 0 & 0 & 1 & 2 & 0 & 3 & 1 \\ 0 & 0 & 0 & 0 & 0 & 0 & 0 \\ 0 & 0 & 0 & 0 & 0 & 6 & 2 \end{bmatrix}$$

제3행과 제4행을 서로 바꾸고, 새로운 제3행에 $\left(\frac{1}{6}\right)$배하면

$$\begin{bmatrix} 1 & 3 & -2 & 0 & 2 & 0 & 0 \\ 0 & 0 & 1 & 2 & 0 & 3 & 1 \\ 0 & 0 & 0 & 0 & 0 & 1 & \frac{1}{3} \\ 0 & 0 & 0 & 0 & 0 & 0 & 0 \end{bmatrix}$$

과 같은 행 계단행렬이 얻어진다. 이것으로부터 다시 기약 행 계단행렬을 만들기 위하여 제3행을 (-3)배해서 제2행에 더하고 새로운 제2행을 2배하여 제1행에 더하면

$$\begin{bmatrix} 1 & 3 & 0 & 4 & 2 & 0 & 0 \\ 0 & 0 & 1 & 2 & 0 & 0 & 0 \\ 0 & 0 & 0 & 0 & 0 & 1 & \frac{1}{3} \\ 0 & 0 & 0 & 0 & 0 & 0 & 0 \end{bmatrix}$$

이것에 대응하는 연립1차방정식은

$$\begin{aligned} x_1 + 3x_2 \qquad + 4x_4 + 2x_5 \qquad &= 0 \\ x_3 + 2x_4 \qquad &= 0 \\ x_6 &= \frac{1}{3} \end{aligned}$$

로 된다. 선두변수에 관해서 풀면,

$$\begin{aligned} x_1 &= -3x_2 - 4x_4 - 2x_5 \\ x_3 &= -2x_4 \\ x_6 &= \frac{1}{3} \end{aligned}$$

을 얻는데 x_2, x_4, x_5는 임의의 값을 취하므로 이들을 각각 r, s, t라 놓으면, 구하는 해집합

$$x_1 = -3r - 4s - 2t,\ x_2 = r,\ x_3 = -2s,\ x_4 = s,\ x_5 = t,\ x_6 = \frac{1}{3}$$

을 얻는다. ⊠

연립1차방정식 (I)을 푸는 경우 가우스-조르단 소거법을 사용하는 경우보다 가우스 소거법을 사용하는 것이 간혹 편리한 경우가 있다. 이 때 x_n을 알고 x_{n-1}, x_{n-2}, $\cdots$, x_2, x_1을 차례로 구할 수 있는데, 이와 같이 연립1차방정식의 해를 뒤에서부터 구하는 과정을 **후진대입법** (back substitution)이라고 한다.

≪예제 7≫ 예제 6의 연립1차방정식을 가우스 소거법을 사용하여 후진대입법으로 풀어라.

풀이 (1) 주어진 연립1차방정식을 확대행렬로 고치면

$$\begin{bmatrix} 1 & 1 & 2 & 9 \\ 2 & 4 & -3 & 1 \\ 3 & 6 & -5 & 0 \end{bmatrix}$$

이고, 이것을 행 사다리꼴행렬로 변형하면

$$\begin{bmatrix} 1 & 1 & 2 & 9 \\ 0 & 1 & -\frac{7}{2} & -\frac{17}{2} \\ 0 & 0 & 1 & 3 \end{bmatrix}$$

을 얻는다. 이 행렬에 대응하는 연립방정식은

$$\begin{aligned} x+y\ +2z &= 9 \\ y-\frac{7}{2}z &= -\frac{17}{2} \\ z &= 3 \end{aligned}$$

이다. 선두변수에 관해서 풀면,

$$\begin{aligned} x &= 9-y-2z \\ y &= -\frac{17}{2}+\frac{7}{2}z \\ z &= 3 \end{aligned}$$

이다. $z=3$을 x, y에 대입하면,

$$x=3-y,\ y=2,\ z=3$$

이고, $y=2$를 x에 대입하면,

$$x=1,\ y=2,\ z=3$$

으로 되고 이것을 예제 2의 (1)에서 구한 가우스-조르단 소거법에 의한 해와 일치한다.

(2) 예제 2의 (2)에서 연립1차방정식에 대한 확대행렬의 행 사다리꼴행렬은

$$\begin{bmatrix} 1 & 3 & -2 & 0 & 2 & 0 & 0 \\ 0 & 0 & 1 & 2 & 0 & 3 & 1 \\ 0 & 0 & 0 & 0 & 0 & 1 & \frac{1}{3} \\ 0 & 0 & 0 & 0 & 0 & 0 & 0 \end{bmatrix}$$

이었다. 따라서 다음 연립1차방정식을 풀면 된다.

$$\begin{aligned} x_1+3x_2-2x_3\qquad +2x_5\qquad &= 0 \\ x_3+2x_4\qquad +3x_6 &= 1 \\ x_6 &= \frac{1}{3} \end{aligned}$$

다음과 같은 단계로 나누어 작업을 실시한다.

단계 1 선두변수에 관하여 방정식을 푼다.

$$x_1=-3x_2+2x_3-2x_5,\ x_3=1-2x_4-3x_6,\ x_6=\frac{1}{3}$$

단계 2 뒤쪽에 있는 변수에서부터 차례로 앞쪽으로 같은 변수를 포함하고 있으면 이들을 대입함으로써 변수를 소거한다. 즉, $x_6=\frac{1}{3}$을 제2식에 대입해서

$$x_1=-3x_2+2x_3-2x_5,\ x_3=-2x_4,\ x_6=\frac{1}{3}$$

을 얻고, 다음에 $x_3 = -2x_4$를 제1식에 대입해서

$$x_1 = -3x_2 - 4x_4 - 2x_5, \quad x_3 = -2x_4, \quad x_6 = \frac{1}{3}$$

을 얻는다.

단계 3 선두변수 이외의 변수에 임의의 값을 취한다.

x_2, x_4, x_5를 각각 r, s, t라 하면 구하는 해집합은

$$x_1 = -3r - 4s - 2t, \quad x_2 = r, \quad x_3 = -2s, \quad x_4 = s, \quad x_5 = t, \quad x_6 = \frac{1}{3}$$

이고, 이는 예제 2의 (2)에서 구한 것과 일치한다. ⊠

≪예제 8≫ 다음 연립1차방정식을 가우스 소거법에 의하여 풀이하여라.

$$\begin{aligned} x_1 + 3x_2 - 2x_3 \qquad\;\; &= 3 \\ 2x_1 + 6x_2 - 2x_3 + 4x_4 &= 18 \\ x_2 \;\; + x_3 + 3x_4 &= 10 \end{aligned}$$

풀이 먼저 연립1차방정식에 대응하는 확대행렬을 구하면

$$\begin{bmatrix} 1 & 3 & -2 & 0 & 3 \\ 2 & 6 & -2 & 4 & 18 \\ 0 & 1 & 1 & 3 & 10 \end{bmatrix}$$

이다. 제1행에 (-2)배하여 제2행에 더하면

$$\begin{bmatrix} 1 & 3 & -2 & 0 & 3 \\ 0 & 0 & 2 & 4 & 12 \\ 0 & 1 & 1 & 3 & 10 \end{bmatrix}$$

이며, 제2행과 제3행을 교환한 후, 제3행을 $\left(\frac{1}{2}\right)$배하면

$$\begin{bmatrix} 1 & 3 & -2 & 0 & 3 \\ 0 & 1 & 1 & 3 & 10 \\ 0 & 0 & 1 & 2 & 6 \end{bmatrix}$$

을 얻는다. 다시 행렬에 대응하는 연립1차방정식은

$$\begin{aligned} x_1 + 3x_2 - 2x_3 \qquad\;\; &= 3 \\ x_2 + 3x_3 + 3x_4 &= 10 \\ x_3 + 2x_4 &= 6 \end{aligned}$$

이다. 여기서 선두변수 x_1, x_2, x_3에 관해서 방정식을 풀면

$$\begin{aligned} x_1 &= 3 - 3x_2 + 2x_3 \\ x_2 &= 10 - 3x_3 - 3x_4 \\ x_3 &= 6 - 2x_4 \end{aligned}$$

선두변수가 아닌 x_4는 임의의 값이므로 $x_4 = t$라 두자. 그러면 후진대입법을 이용하여 구하는 해집합

$$x_1 = 3-t,\ x_2 = 4-t,\ x_3 = 6-2t,\ x_4 = t$$

를 얻는다. ⊠

연립1차방정식 (I)에서 상수항이 모두 0인 동차 연립1차방정식은 다음과 같이 나타난다.

$$\begin{aligned} a_{11}x_1 + a_{12}x_2 + \cdots + a_{1n}x_n &= 0 \quad (a_{ij} \in F) \quad \cdots\cdots\cdots\cdots\cdots (II) \\ a_{21}x_1 + a_{22}x_2 + \cdots + a_{2n}x_n &= 0 \\ \vdots \qquad \vdots \qquad\qquad \vdots \quad & \ \vdots \\ a_{m1}x_1 + a_{m2}x_2 + \cdots + a_{mn}x_n &= 0 \end{aligned}$$

모든 동차 연립1차방정식은 **항상 양립**하므로, 그것은 하나의 해 (자명한 해)를 갖든지, 자명한 해를 포함하여 무한개의 해를 갖는다. 따라서 다음 표 5.3 중 꼭 하나만 참인 명제이다.

1. 동차 연립1차방정식은 오직 자명한 해만을 갖는다.
2. 동차 연립1차방정식은 자명한 해 이외의 무한개의 해를 갖는다.

동차 연립방정식의 해 [표 5.3]

동차 연립1차방정식에서 **미지수의 개수**가 **방정식의 개수**보다 많은 경우에는 그 연립1차방정식은 자명해 이외의 해를 가짐을 알 수 있다. 다음 5개의 미지수와 4개의 방정식으로서 이루어진 동차 연립1차방정식에서 확인해 보기로 하자.

≪예제 9≫ 다음 동차 연립1차방정식을 가우스-조르단 소거법에 의하여 해를 구하라.

$$\begin{aligned} 2x_1 + 2x_2 - x_3 \qquad\quad + x_5 &= 0 \\ -x_1 - x_2 + 2x_3 - 3x_4 + x_5 &= 0 \\ x_1 + x_2 - 2x_3 \qquad\quad - x_5 &= 0 \\ x_3 + x_4 + x_5 &= 0 \end{aligned}$$

풀이 주어진 연립1차방정식의 확대행렬은 다음과 같다.

$$\begin{bmatrix} 2 & 2 & -1 & 0 & 1 & 0 \\ -1 & -1 & 2 & -3 & 1 & 0 \\ 1 & 1 & -2 & 0 & -1 & 0 \\ 0 & 0 & 1 & 1 & 1 & 0 \end{bmatrix}$$

이것을 기약 행 사다리꼴 행렬로 변형하면

$$\begin{bmatrix} 1 & 1 & 0 & 0 & 1 & 0 \\ 0 & 0 & 1 & 0 & 1 & 0 \\ 0 & 0 & 0 & 1 & 0 & 0 \\ 0 & 0 & 0 & 0 & 0 & 0 \end{bmatrix}$$

이 되고, 따라서 이것에 대응하는 연립1차방정식은 다음과 같이 된다.

$$\begin{aligned} x_1 + x_2 \qquad\qquad + x_5 &= 0 \\ x_3 \qquad + x_5 &= 0 \\ x_4 \qquad &= 0 \end{aligned}$$

이를 선두변수에 관해서 풀이하면,

$$\begin{aligned} x_1 &= - x_2 - x_5 \\ x_3 &= - x_5 \\ x_4 &= 0 \end{aligned}$$

이것으로부터 x_2와 x_5는 임의의 변수이므로 구하는 해집합은

$$x_1 = - s - t,\ x_2 = s,\ x_3 = - t,\ x_4 = 0,\ x_5 = t$$

임을 알 수 있다. 여기서 $s = t = 0$이라 놓으면 자명한 해가 얻어진다. ⊠

아래의 정리는 유용하므로 내용은 꼭 익혀두기 바란다. 하지만, 이 책의 내용을 처음 대하는 사람은 증명을 참고만 하고 생략하여도 좋다. 일반적으로 다음 명제가 성립한다는 사실은 매우 중요하며, 일반적인 벡터공간의 차원을 다루는데 응용된다.

◈ **정리 5.1.1** 방정식의 개수보다도 많은 미지수를 갖는 동차 연립1차방정식 (II)는 항상 무한히 많은 개수의 해를 갖는다.

증명 주어진 동차 연립1차방정식 (II)이 n개의 미지수를 갖고 m개의 1차방정식으로 구성되어, $m < n$이라고 가정하자.

위의 동차 연립1차방정식의 확대행렬로부터 얻어지는 기약 행 사다리꼴 행렬에서 영행이 아닌 행의 개수를 r개라고 한다면, 예제 5의 풀이과정에서처럼 분명히 $r \leq m$이 된다. 따라서 확대행렬의 기약 행 사다리꼴 행렬에 대응되는 동차 연립1차방정식은 다음과 같은 모양이 된다.

$$\begin{array}{llll} x_{k_1} + & \cdots & & + \sum(*_1) = 0 \\ & x_{k_2} + & \cdots & + \sum(*_2) = 0 \\ & \cdots & & \vdots \\ & & \ddots & \vdots \\ & & & x_{k_r} + \sum(*_r) = 0 \end{array}$$

여기서 x_{k_1}, x_{k_2}, $\cdots$, x_{k_r}은 각 방정식의 선두변수를 나타낸다.

여기서 각 방정식의 기호 $\sum(*)$는 선두변수 이외의 나머지의 $(n-r)$개의 매개변수를 포함하는 합을 나타낸다. 위의 새로운 동차 연립1차방정식으로부터 선두변수에 관해서 풀면

$$
\begin{gathered}
x_{k_1} = -\sum(*_1) \\
x_{k_2} = -\sum(*_2) \\
\vdots \\
x_{k_r} = -\sum(*_r)
\end{gathered}
$$

이 얻어진다. 따라서 예제 9의 풀이과정에서 본 바와 같이 이 식의 우변에 $(n-r)$개의 매개변수에 관해서는 임의의 값을 취하게 할 수 있으므로 주어진 동차 연립1차방정식 (II)는 무한히 많은 개수의 해를 갖는다. ⊠

다음은 백화점, 대형마트, 전통시장 또는 과일가게에서 일어나고, 흔히 대하는 일상생활의 연립방정식의 응용문제를 찾아보자. (다음 예제 및 연습문제 12 참조)

피타야와 바나나 [그림 5.4]

≪예제 10≫ 과일 가게에 가보니 피타야 하나가 500원이고, 바나나 하나에 300원이라 한다. 피타야와 바나나를 모두 합쳐서 10개 구입하였더니 총 가격이 4000원이 나왔다. 피타야와 바나나를 각각 몇 개 씩 구입한 셈인가?

풀이 과일 피타야 개수를 x개, 바나나의 개수를 y개라 하자. 그러면

$$
\begin{aligned}
&x + y = 10 \\
&500x + 300y = 4000
\end{aligned}
$$

이라는 연립1차방정식을 얻을 수 있다.

이 문제를 풀기 위하여 첫 번째 식의 양 변에 500을 곱해보면

$$500x + 500y = 5000$$

이 된다. 이 변형된 첫 번째 식에서 두 번째 식을 빼면

$$200y = 1000$$

이 된다.

마지막식의 양 변에서 200으로 나누면 $y = 5$를 구할 수 있고, 첫 번째 식에서 $x + y = 10$이라고 했으므로, $x = 5$ 또한 구할 수 있다. 결과적으로, 피타야와 바나나를 각각 5개씩 구입했음을 알 수 있다. ⊠

연습문제 5.1

1. 다음 식 중 x_1, x_2, x_3, x_4에 관한 1차방정식인지 아닌지를 구별하여라.

(1) $5x_1 + 2x_1x_2 + x_3 = 3$

(2) $x_1 + 2x_2 + 3x_3 = 2x_1 + 3x_2 + 5x_3 + 7x_4$

(3) $x_1 - 3x_2 + 2x_3^{\frac{1}{2}} = 6$

(4) $x_1 = \sqrt{2}\,x_3 - x_2 + 7$

(5) $-x_1 + x_2^{-1} + 3x_3 = 5$

(6) $x_1 = x_3 + x_4 + \cos\alpha$ (α는 상수)

2. 다음 1차방정식에 대한 해집합을 구하여라.

(1) $7x - 2y = 5$　　(2) $10x_1 + 4x_2 - 5x_3 = 9$

(3) $-3x_1 + 4x_2 - 7x_3 + 8x_4 = 0$　　(4) $2x_1 - x_2 + 3x_3 - 6x_5 = 0$

3. 다음 각 연립1차방정식의 확대행렬을 구하여라.

(1) $$\begin{aligned} -x_1 + 2x_2 &= 0 \\ 3x_1 + 4x_2 &= -1 \\ 2x_1 - 5x_2 &= -2 \end{aligned}$$

(2) $$\begin{aligned} x_1 + 6x_2 + x_3 &= 10 \\ -x_1 + 2x_2 - x_3 &= 8 \end{aligned}$$

(3) $$\begin{aligned} x_1 \quad\quad + 2x_3 \quad\quad\quad\quad &= 1 \\ 2x_2 - 9x_3 \quad\quad + x_5 &= 2 \\ 2x_3 + x_4 \quad\quad &= 3 \end{aligned}$$

(4) $$\begin{aligned} x_1 \quad\quad\quad\quad &= 3 \\ 2x_2 \quad\quad &= 4 \\ 3x_3 &= 5 \end{aligned}$$

4. 다음 행렬을 확대행렬로 하는 연립1차방정식을 구하여라.

(1) $\begin{bmatrix} 1 & 0 & -2 & 4 \\ 2 & 1 & -1 & 5 \\ 0 & -1 & 3 & 6 \end{bmatrix}$ (2) $\begin{bmatrix} 1 & 0 & 0 & 2 \\ 0 & 2 & 0 & 3 \\ 2 & -1 & 1 & 0 \end{bmatrix}$

(3) $\begin{bmatrix} 1 & 0 & 0 & 0 \\ 0 & 1 & 0 & 0 \\ 0 & 0 & 1 & 0 \end{bmatrix}$ (4) $\begin{bmatrix} 1 & 1 & 2 & 3 & 0 \\ 1 & 4 & 5 & 6 & 0 \\ 1 & 7 & 8 & 9 & 0 \end{bmatrix}$

(5) $\begin{bmatrix} 1 & 0 & 0 & 0 & 1 \\ 0 & 1 & 0 & 0 & 5 \\ 0 & 0 & 1 & 0 & 10 \\ 0 & 0 & 0 & 1 & 15 \end{bmatrix}$ (6) $\begin{bmatrix} 1 & 2 & -3 & 1 & -5 \\ 0 & 1 & 3 & 1 & 6 \\ 2 & 3 & 1 & 1 & 4 \\ 1 & 0 & 1 & 1 & 1 \end{bmatrix}$

5. 다음 연립1차방정식이 해를 갖지 않을 때, 무한개의 해를 가질 때의 각 경우에 k의 값을 정하여라.

$$\begin{aligned} x - y &= 5 \\ 5x - 5y &= k \end{aligned}$$

6. $ad - bc \neq 0$라고 하면, 행렬 $\begin{bmatrix} a & b \\ c & d \end{bmatrix}$의 기약 행 사다리꼴행렬은 $\begin{bmatrix} 1 & 0 \\ 0 & 1 \end{bmatrix}$임을 밝히고, 이 때 연립1차방정식

$$\begin{aligned} ax + by &= e \\ cx + dy &= f \end{aligned}$$

은 오직 하나의 해를 가짐을 보여라.

7. 연립1차방정식의 확대행렬을 기본 행 연산을 취하여 다음과 같이 행 사다리꼴행렬 및 기약 행 사다리꼴행렬로 변형되었다고 가정할 때, 원래의 연립1차방정식의 해집합을 구하여라.

(1) $\begin{bmatrix} 1 & 0 & 0 & 5 \\ 0 & 1 & 0 & -1 \\ 0 & 0 & 1 & 3 \end{bmatrix}$ (2) $\begin{bmatrix} 1 & 0 & 0 & -5 & 2 \\ 0 & 1 & 0 & 1 & 7 \\ 0 & 0 & 1 & 8 & 1 \end{bmatrix}$

(3) $\begin{bmatrix} 0 & 1 & 6 & 0 & 5 \\ 0 & 0 & 0 & 1 & 2 \\ 0 & 0 & 0 & 0 & 0 \end{bmatrix}$ (4) $\begin{bmatrix} 1 & 2 & 0 & 0 \\ 0 & 0 & 1 & 0 \\ 0 & 0 & 0 & 1 \end{bmatrix}$

(5) $\begin{bmatrix} 1 & 3 & -4 & 6 \\ 0 & 1 & -2 & 1 \\ 0 & 0 & 1 & 4 \end{bmatrix}$ (6) $\begin{bmatrix} 1 & -3 & 4 & 0 & -7 & 5 \\ 0 & 0 & 1 & 1 & 7 & 8 \\ 0 & 0 & 0 & 1 & 4 & 2 \\ 0 & 0 & 0 & 0 & 0 & 0 \end{bmatrix}$

8. 다음 연립1차방정식을 가우스-조르단 소거법에 의하여 풀어라.

(1) $$\begin{aligned} 5y - z &= 1 \\ 3x - 3y &= 6 \\ 4x - 10y + 3z &= 8 \end{aligned}$$

(2) $$\begin{aligned} 2x + 7y - 3z &= 0 \\ -x + y + 2z &= 0 \\ 3x + 4y + z &= 0 \end{aligned}$$

(3)
$$\begin{aligned} x + y \qquad + w &= 3 \\ 9x + y + 2z - 3w &= 1 \\ 7x + 8y - 5z + 4w &= 1 \\ 5x - 2y + z \qquad &= 1 \end{aligned}$$

(4)
$$\begin{aligned} 2x - 3y &= 2 \\ 2x - y &= 3 \\ 3x + 2y &= -1 \end{aligned}$$

9. 문제 8을 가우스 소거법에 의하여 풀고 비교하여라.

10. 다음 연립1차방정식이 양립하도록 상수 b_i의 값을 결정하여라.

$$\begin{aligned} 3x_1 + x_2 &= b_1 \\ 2x_1 + 2x_2 &= b_2 \end{aligned}$$

11. 다음 동차 연립1차방정식을 풀어라.

(1)
$$\begin{aligned} x + 2y + 3z &= 0 \\ y + 6z &= 0 \\ 3z &= 0 \end{aligned}$$

(2)
$$\begin{aligned} 2x + y + 4z &= 0 \\ x + 2y \qquad &= 0 \\ y - 2z &= 0 \end{aligned}$$

12. 도매상 전통시장에 가보니 상의 스웨터 한 벌이 5만원이고, 바지 한 벌에 3만원이라 한다. 소매상인이 스웨터와 바지를 모두 합쳐서 14벌을 구입하였더니 총 가격이 5만 8천원이 나왔다한다. 스웨터와 바지를 각각 몇 벌 씩 구입한 셈인가?

5.2 section 연립1차방정식의 성질

이 절에서는 행렬의 곱 성질을 이용하여 연립1차방정식을 **행렬방정식**으로 표시할 수 있음을 보이고 연립1차방정식의 해법 및 특성을 다룬다. 1절에서 미지수가 n개인 m개의 1차방정식으로 이루어진 연립1차방정식

$$\begin{aligned} a_{11}x_1+a_{12}x_2+\cdots+a_{1n}x_n&=b_1 \quad \cdots\cdots\cdots\cdots (I) \quad (a_{ij},\ b_j\in F)\\ a_{21}x_1+a_{22}x_2+\cdots+a_{2n}x_n&=b_2\\ \vdots \qquad \vdots \qquad\quad \vdots \quad & \quad \vdots\\ a_{m1}x_1+a_{m2}x_2+\cdots+a_{mn}x_n&=b_m \end{aligned}$$

을 공부하였다. 두 행렬이 일치함은 대응하는 성분들이 서로 일치하는 것과 같으므로, 연립1차방정식 (I)의 m개의 방정식을 다음과 같이 하나의 행렬방정식으로 대치할 수 있다.

$$\begin{bmatrix} a_{11}x_1+a_{12}x_2+\cdots+a_{1n}x_n\\ a_{21}x_1+a_{22}x_2+\cdots+a_{2n}x_n\\ \vdots \\ a_{m1}x_1+a_{m2}x_2+\cdots+a_{mn}x_n \end{bmatrix}=\begin{bmatrix} b_1\\ b_2\\ \vdots\\ b_m\end{bmatrix}$$

다시 좌변의 $m\times 1$행렬을 다음과 같은 행렬의 곱으로 나타내면,

$$\begin{bmatrix} a_{11} & a_{12} & \cdots & a_{1n}\\ a_{21} & a_{22} & \cdots & a_{2n}\\ \vdots & \vdots & & \vdots\\ a_{m1} & a_{m2} & \cdots & a_{mn}\end{bmatrix}\begin{bmatrix} x_1\\ x_2\\ \vdots\\ x_n\end{bmatrix}=\begin{bmatrix} b_1\\ b_2\\ \vdots\\ b_m\end{bmatrix}$$

이 된다. 여기서 나타난 행렬을 좌측에서 차례로 A, X, B로 표시하면, 주어진 연립1차방정식 (I)은

$$AX=B \quad \cdots\cdots\cdots\cdots (I)''$$

라는 하나의 **행렬방정식**으로 나타낼 수 있다. 앞으로 이와 같은 행렬방정식을 미지수 행렬 X에 관해서 푸는 몇 가지 방법 및 성질을 다루기로 한다.

끝으로, 행렬 및 행렬식을 이용한 **Cramer의 방법**으로 연립1차방정식을 푸는 방법을 공부할 것이다. $(I)''$의 행렬 A는 주어진 연립1차방정식 (I)의 **계수행렬**(coefficient matrix)이라 한다.

다음 정리는 가역인 n차 정방행렬과 자명한 해를 갖는 동차연립1차방정식 사이의 동치관계를 말한 것이다.

◈ **정리 5.2.1** A를 체 F 위의 n차 정방행렬이라 할 때, 다음 세 명제는 동치이다.

(1) A는 **가역행렬**이다.

(2) $AX=O$는 오직 **자명한 해**만을 갖는다.

(3) A는 I_n과 **행 동등**하다.

증명 (1) ⇒ (2) A를 가역행렬이라 가정하고, X_0를 $AX=O$의 해라고 하면, $AX_0=O$이 성립되는데 이 식의 양변에 A^{-1}을 곱하면, $A^{-1}A=I_n$ 인 사실로부터 $I_n X_0=O$, 즉 $X_0=O$을 얻는다. 즉, $AX=O$은 자명한 해만을 갖는다.

(2) ⇒ (3) $AX=O$을 다음 동차 연립1차방정식의 행렬방정식이라 하고

$$\begin{aligned} a_{11}x_1+a_{12}x_2+\cdots+a_{1n}x_n&=0 \quad \cdots\cdots\cdots\cdots (II) \quad (a_{ij}\in F)\\ a_{21}x_1+a_{22}x_2+\cdots+a_{2n}x_n&=0\\ \vdots \qquad\quad \vdots \qquad\qquad\quad \vdots\quad &\quad \vdots\\ a_{m1}x_1+a_{m2}x_2+\cdots+a_{mn}x_n&=0 \end{aligned}$$

이 연립1차방정식이 오직 자명한 해만을 갖는다고 가정하자. 이 연립1차방정식을 가우스-조르단 소거법으로 푼다고 하면 그 확대행렬에서 유도되는 기약 행 계단행렬에 대응하는 연립1차방정식은 자명한 해 이외에는 해를 갖지 않으므로 다음과 같이 나타난다.

$$\begin{aligned} x_1 \qquad\qquad &=0\\ x_2 \qquad &=0\\ \ddots \quad &\\ x_n &=0 \end{aligned}$$

따라서 식 (II)의 확대행렬

$$\begin{bmatrix} a_{11} & a_{12} & \cdots & a_{1n} & 0\\ a_{21} & a_{22} & \cdots & a_{2n} & 0\\ \vdots & \vdots & & \vdots & \vdots\\ a_{n1} & a_{n2} & \cdots & a_{nn} & 0 \end{bmatrix} \cdots\cdots\cdots\cdots (II)'$$

은 행 기본연산을 되풀이함으로써 식 $(II)'$에 대응하는 확대행렬

$$\begin{bmatrix} 1 & 0 & 0 & \cdots & 0 & 0\\ 0 & 1 & 0 & \cdots & 0 & 0\\ 0 & 0 & 1 & \cdots & 0 & 0\\ \vdots & \vdots & \vdots & & \vdots & \vdots\\ 0 & 0 & 0 & \cdots & 1 & 0 \end{bmatrix}$$

로 변형될 수 있다. 따라서 위의 두 행렬에서 마지막 열을 무시하면 A는 행 기본연산을 되풀이함으로써 I_n으로 변형된다. 즉 A와 I_n은 행 동등하다.

(3) ⇒ (1) 정리 3.2.10에 의해서 분명하다. ⊠

≪예제 1≫ 다음 연립1차방정식

$$\begin{aligned} x_1 + 2x_2 + 3x_3 &= 0 \\ 2x_1 + 5x_2 + 3x_3 &= 0 \\ x_1 \qquad\quad + 8x_3 &= 0 \end{aligned}$$

은 오직 자명한 해만을 가짐을 밝혀라.

풀이 연립1차방정식의 계수행렬을

$$A = \begin{bmatrix} 1 & 2 & 3 \\ 2 & 5 & 3 \\ 1 & 0 & 8 \end{bmatrix}$$

이라고 두면 A는 가역행렬이고, A의 역행렬은 다음과 같다.

$$A^{-1} = \begin{bmatrix} -40 & 16 & 9 \\ 13 & -5 & -3 \\ 5 & -2 & -1 \end{bmatrix}$$

따라서 정리 5.1.1에 의하여 위의 연립1차방정식은 오직 자명한 해만을 갖는다. ⊠

다음은 미지수의 개수와 방정식의 개수가 같은 연립1차방정식에 대하여 그의 계수행렬이 가역인 경우의 연립1차방정식의 성질을 알아보자.

◈ 정리 5.2.2 체 F 위의 n차 정방행렬 A가 가역행렬이라면, 임의의 $n\times 1$행렬 B에 대하여, 연립1차방정식

$$AX = B$$

는 오직 하나의 해를 가지며, 그 해는 $X = A^{-1}B$ 이다.

증명 n차 정방행렬 A가 가역행렬이라고 가정하자. 그러면 A의 역행렬 A^{-1}이 존재하여

$$AA^{-1} = I = A^{-1}A$$

를 만족한다. 따라서 $A(A^{-1}B) = B$ 이므로 $X = A^{-1}B$ 는 $AX = B$ 의 해이다.

해의 유일성을 보이기 위해서 X_0가 임의의 해라고 가정하자. 그러면 $AX_0 = B$ 를 만족하는데, 이 식의 양변에 A^{-1}를 곱하면 $X_0 = A^{-1}B$ 가 유도된다. ⊠

≪예제 2≫ 다음 연립1차방정식의 해를 정리 5.2.2를 사용하여 풀이하여라.

$$\begin{aligned} x_1 + 2x_2 + 3x_3 &= 5 \\ 2x_1 + 5x_2 + 3x_3 &= 3 \\ x_1 \qquad\quad + 8x_3 &= 17 \end{aligned}$$

풀이 $A = \begin{bmatrix} 1 & 2 & 3 \\ 2 & 5 & 3 \\ 1 & 0 & 8 \end{bmatrix}$ $X = \begin{bmatrix} x_1 \\ x_2 \\ x_3 \end{bmatrix}$ $B = \begin{bmatrix} 5 \\ 3 \\ 17 \end{bmatrix}$ 이라 놓으면, $AX = B$ 형으로 표현된다. 그런데 예제 1에서 본 바와 같이 A는 가역행렬이고, 그의 역행렬은

$$A^{-1} = \begin{bmatrix} -40 & 16 & 9 \\ 13 & -5 & -3 \\ 5 & -2 & -1 \end{bmatrix}$$

이므로, 정리 5.2.2에 의하여 주어진 연립1차방정식의 해는

$$X = A^{-1}B = \begin{bmatrix} -40 & 16 & 9 \\ 13 & -5 & -3 \\ 5 & -2 & -1 \end{bmatrix} \begin{bmatrix} 5 \\ 3 \\ 17 \end{bmatrix} = \begin{bmatrix} 1 \\ -1 \\ 2 \end{bmatrix}$$

로서 $x_1 = 1$, $x_2 = -1$, $x_3 = 2$임을 알 수 있다. ⊠

≪보충 3≫ 동일한 정방 **계수행렬**을 갖는 연립1차방정식

$$AX = B_1,\ AX = B_2,\ AX = B_3, \cdots,\ AX = B_n$$

을 다루는 경우를 생각하자. 만일 A가 가역행렬이면 각 연립1차방정식의 해는

$$X = A^{-1}B_1, X = A^{-1}B_2,\ X = A^{-1}B_3, \cdots,\ X = A^{-1}B_n$$

임을 쉽게 알 수 있다.

한편, A가 가역이든 가역이 아니든 간에 다음 방법은 유용하다. 계수행렬 A와 B_1, B_2, $\cdots$, B_n으로서 구성된 확대행렬을

$$[A \ \vdots\ B_1 \ \vdots\ B_2 \ \vdots \cdots \vdots\ B_n]$$

이라 두고, 이 확대행렬을 기약 행 계단행렬로 변형하여 가우스-조르단 소거법을 이용하여 n개의 연립1차방정식을 동시에 풀 수 있다.

≪예제 4≫ 다음 두 개의 연립1차방정식을 동시에 풀어라.

(1) $$\begin{aligned} x_1 + 2x_2 + 3x_3 &= 4 \\ 2x_1 + 5x_2 + 3x_3 &= 5 \\ x_1 \qquad\quad + 8x_3 &= 9 \end{aligned}$$

(2) $$\begin{aligned} x_1 + 2x_2 + 3x_3 &= 1 \\ 2x_1 + 5x_2 + 3x_3 &= 6 \\ x_1 \qquad\quad + 8x_3 &= -6 \end{aligned}$$

풀이 두 연립1차방정식은 같은 계수행렬을 가지므로 동시에 풀 수 있다. 이 계수행렬에 이들 연립1차방정식의 우변에 있는 상수 열을 첨가하여 확대행렬

$$\begin{bmatrix} 1\,2\,3 & \vdots & 4 & \vdots & 1 \\ 2\,5\,3 & \vdots & 5 & \vdots & 6 \\ 1\,0\,8 & \vdots & 9 & \vdots & -6 \end{bmatrix}$$

을 얻는다. 이 행렬을 기약 행 계단행렬로 변형하면

$$\begin{bmatrix} 1\,0\,0 & \vdots & 1 & \vdots & 2 \\ 0\,1\,0 & \vdots & 0 & \vdots & 1 \\ 0\,0\,1 & \vdots & 1 & \vdots & -1 \end{bmatrix}$$

이 된다.

마지막 두 열로부터 연립1차방정식 (1)의 해는 $x_1 = 1$, $x_2 = 0$, $x_3 = 1$이고 연립1차방정식 (2)의 해는 $x_1 = 2$, $x_2 = 1$, $x_3 = -1$이다 ⊠

3장에서, n차 정방행렬 A가 가역일 동치조건은 n차 정방행렬 B가 존재하여

$$AB = I = BA$$

을 만족하는 경우이다. 그러나 사실은 $AB = I$ 와 $BA = I$ 중 어느 한 쪽만 성립하면 충분함을 정리 3.2.12에 의해서 밝힌 바 있다. 여기서 다시 정리 5.2.1을 사용하여 다음과 같이 보다 쉽게 밝힐 수 있다.

◈ **정리 5.2.3** 정방행렬 A에 대하여, 다음의 두 명제가 성립한다.

(1) 정방행렬 B가 존재하여 $BA = I$ 이면 A는 가역이고 $A^{-1} = B$ 이다.

(2) 정방행렬 B가 존재하여 $AB = I$ 이면 A는 가역이고 $A^{-1} = B$ 이다.

증명 (1) 정방행렬 B가 존재하여 $BA = I$ 라고 가정하자. A가 가역임을 밝히기 위하여, 정리 5.2.1에 의하여 $AX = O$ 는 오직 자명한 해만을 가짐을 보이면 충분하다.

X_0를 $AX = O$ 의 임의의 해라고 가정하자. 그러면 $AX_0 = O$ 가 성립한다. 따라서 가정에 의해서

$$X_0 = IX_0 = (BA)X_0 = B(AX_0) = BO = O$$

이 되어 $AX = O$ 는 자명한 해만 갖는다. 따라서 A는 가역이고

$$A^{-1} = IA^{-1} = (BA)A^{-1} = B(AA^{-1}) = BI = B$$

이다.

(2) 정리 3.2.12 (2)와 같다. ⊠

◈ **정리 5.2.4** A를 체 F 위의 n차 정방행렬이라 할 때 다음 네 개의 명제는 동치이다.

(1) A는 가역행렬이다.

(2) $AX=O$ 는 오직 자명한 해만을 갖는다.

(3) A는 I_n과 행동등하다.

(4) 임의의 $n\times 1$ 행렬 B에 대하여 $AX=B$ 는 유일한 해를 갖는다.

증명 정리 5.2.1에 의하여, 명제 (1), (2), (3)은 서로 동치이다.

다시 정리 5.2.2에 의하여 (1) ⇒ (4)는 성립한다.

(4) ⇒ (1) 만일 임의의 $n\times 1$ 행렬 B에 대해서 연립1차방정식 $AX=B$ 가 해를 갖는다고 가정하자. 그러면 특히 연립1차방정식,

$$AX=\begin{bmatrix}1\\0\\0\\\vdots\\0\end{bmatrix},\ AX=\begin{bmatrix}0\\1\\0\\\vdots\\0\end{bmatrix},\cdots,AX=\begin{bmatrix}0\\0\\0\\\vdots\\1\end{bmatrix}$$

각각의 경우도 해를 갖는 것이 된다. X_1을 첫째 연립1차방정식의 해, X_2를 둘째 연립1차방정식의 해, … 그리고 X_n을 마지막 연립1차방정식의 해라 하고, 이들 해를 열로 갖는 $n\times n$ 행렬 D를 구성하자. 이 때 D는 다음과 같은 형식이 된다.

$$D=[X_1 \vdots X_2 \vdots \cdots \vdots X_n]$$

이 경우 AD의 열은 각각

$$AX_1, AX_2, \cdots, AX_n$$

이 된다. 따라서 다음 관계식

$$AD=[AX_1 \vdots AX_2 \vdots \cdots \vdots AX_n]=\begin{bmatrix}1&0&\cdots&0\\0&1&\cdots&0\\0&0&\cdots&0\\\vdots&\vdots&&\vdots\\0&0&\cdots&1\end{bmatrix}=I$$

을 얻는다. 그러므로 정리 5.2.3의 (2)에 의해서 A는 가역이고, $A^{-1}=D$이다. ⊠

◈ 정리 5.2.5 (Cramer의 公式) 다음 체 F 위의 n개의 미지수 x_1, x_2, …, x_n를 갖는 n개의 1차방정식으로 이루어진 연립1차방정식 (I)을 생각하자.

$$\begin{aligned}a_{11}x_1+a_{12}x_2+\cdots+a_{1n}x_n&=b_1 \cdots\cdots\cdots\cdots (I) \quad (a_{ij},\ b_j\in F)\\a_{21}x_1+a_{22}x_2+\cdots+a_{2n}x_n&=b_2\\\vdots\quad\quad\vdots\quad\quad\quad\quad\vdots\quad&\quad\vdots\\a_{m1}x_1+a_{m2}x_2+\cdots+a_{mn}x_n&=b_m\end{aligned}$$

(I)의 계수행렬 $A=[a_{ij}]_{n\times n}$이 가역일 때, 즉 $\det(A)\neq 0$일 때, 이 연립1차방정식은 단 한 개의 해를 가지며 그 해는 다음 식으로 나타난다.

$$x_j = \frac{\begin{vmatrix} a_{11} & a_{12} \cdots & b_1 & \cdots & a_{1n} \\ a_{21} & a_{22} \cdots & b_2 & \cdots & a_{2n} \\ \vdots & \vdots & \vdots & & \vdots \\ a_{n1} & a_{n2} \cdots & b_n & \cdots & a_{nn} \end{vmatrix}}{\begin{vmatrix} a_{11} & a_{12} \cdots & a_{1j} & \cdots & a_{1n} \\ a_{21} & a_{22} \cdots & a_{2j} & \cdots & a_{2n} \\ \vdots & \vdots & \vdots & & \vdots \\ a_{n1} & a_{n2} \cdots & a_{nj} & \cdots & a_{nn} \end{vmatrix}} \qquad (1 \le j \le n)$$

증명 주어진 연립1차방정식 (I)에 대하여,

$$A = [a_{ij}]_{n \times n}, \quad X = \begin{bmatrix} x_1 \\ \vdots \\ x_n \end{bmatrix}, \quad B = \begin{bmatrix} b_1 \\ \vdots \\ b_n \end{bmatrix}$$

으로 놓으면 (I)는 $AX = B$ 이다. 따라서 A가 가역행렬이면, 정리 5.2.4의 (4)에 의하여 연립1차방정식 (I)은 유일한 해 $X = A^{-1}B$ 를 가진다. 한편, A가 가역이므로, 정리 4.3.4에 의하여 $A^{-1} = \frac{1}{\det(A)}\mathrm{adj}(A)$ 이고 다음 식을 얻는다.

$$\begin{bmatrix} x_1 \\ x_2 \\ \vdots \\ x_n \end{bmatrix} = X = A^{-1}B = \frac{1}{\det(A)} \begin{bmatrix} A_{11} & A_{21} & \cdots & A_{n1} \\ A_{12} & A_{22} & \cdots & A_{n2} \\ \cdots & \cdots & \cdots & \cdots \\ A_{1n} & A_{2n} & \cdots & A_{nn} \end{bmatrix} \begin{bmatrix} b_1 \\ b_2 \\ \vdots \\ b_n \end{bmatrix}$$

즉,

$$x_j = \frac{A_{1j}b_1 + A_{2j}b_2 + \cdots + A_{nj}b_n}{\det(A)} \qquad (1 \le j \le n)$$

이제, 각 j $(1 \le j \le n)$에 대하여 A의 제j열의 원소 a_{1j}, a_{2j}, $\cdots$, a_{nj}대신에 각 b_1, b_2, $\cdots$, b_n을 대입하여 얻은 $n \times n$행렬을 B_j로 나타내면, $\det(B_j)$의 제j열에 관한 **여인자 전개**가 $A_{1j}b_1 + A_{2j}b_2 + \cdots + A_{nj}b_n$ 이다. 따라서

$$x_j = \frac{A_{1j}b_1 + A_{2j}b_2 + \cdots + A_{nj}b_n}{\det(A)} = \frac{\det(B_j)}{\det(A)}$$

이므로 정리의 결과가 성립한다. ⊠

≪예제 5≫ 다음 연립1차방정식의 해를 Cramer의 공식을 사용하여 풀이하여라.

$$\begin{aligned} 7x_1 - x_2 + x_3 &= 0 \\ 10x_1 - 2x_2 - x_3 &= 8 \\ 6x_1 + 3x_2 + 2x_3 &= 7 \end{aligned}$$

풀이 주어진 연립1차방정식의 계수행렬을 A라고 할 때

$$A=\begin{bmatrix}7 & -1 & 1\\ 10 & -2 & -1\\ 6 & 3 & 2\end{bmatrix}$$

이고 $\det(A)=61\neq 0$ 이다. 한편

$$\begin{vmatrix}0 & -1 & 1\\ 8 & -2 & -1\\ 7 & 3 & 2\end{vmatrix}=61\ ,\ \begin{vmatrix}7 & 0 & 1\\ 10 & 8 & -1\\ 6 & 7 & 2\end{vmatrix}=183\ ,\ \begin{vmatrix}7 & -1 & 0\\ 10 & -2 & 8\\ 6 & 3 & 7\end{vmatrix}=-244$$

이므로, 이 연립1차방정식의 해는

$$x_1=\frac{61}{61}=1,\ x_2=\frac{183}{61}=3,\ x_3=\frac{-244}{61}=-4$$

임을 알 수 있다. ⊠

정리 5.2.5 **크라머의 공식** (Cramer's formula)에 의하여 다음의 중요한 결과를 얻는다. 이는 고유치 및 고유벡터를 구하는데 유용하다.

◈ 따름정리 5.2.6 체 F 에서 n개의 미지수 $x_1,\ x_2,\ \cdots,\ x_n$를 갖는 n개의 동차방정식으로 이루어진 동차 연립1차방정식

$$\begin{aligned}a_{11}x_1+a_{12}x_2+\cdots+a_{1n}x_n&=0 \quad\cdots\cdots\cdots\cdots\cdots (II)\ \ (a_{ij}\in F)\\ a_{21}x_1+a_{22}x_2+\cdots+a_{2n}x_n&=0\\ \vdots\qquad\quad \vdots\qquad\qquad\ \vdots\quad &\ \ \vdots\\ a_{m1}x_1+a_{m2}x_2+\cdots+a_{mn}x_n&=0\end{aligned}$$

의 계수행렬을 $A=[a_{ij}]_{n\times n}$이라고 하자. 이 때, 동차 연립1차방정식 (II)가 자명한 해 $(0,0,\cdots,0)$ 이외의 해를 가지면 $\det(A)=0$이다.

연습문제 5.2

1. 다음 상 삼각행렬 A에 대하여

$$A=\begin{bmatrix}1 & 2 & 3\\ 0 & 2 & 2\\ 0 & 0 & 3\end{bmatrix}$$

이 가역인지 아닌지를 말하고, 가역이면 A^{-1}를 찾아라.

2. 다음 연립1차방정식을 행렬방정식 $AX=B$ 모양으로 표시하고 $A^{-1}B$를 이용하여 연립1차방정식의 해를 구하여라.

(1) $\begin{aligned} 2x_1 - x_2 + 3x_3 &= -2 \\ x_2 - 4x_3 &= 3 \\ 2x_1 + x_2 - 2x_3 &= 7 \end{aligned}$　　(2) $\begin{aligned} x_1 - x_2 + x_3 &= 2 \\ x_1 + x_2 - x_3 &= 1 \\ 4x_1 - 3x_2 - 2x_3 &= 3 \end{aligned}$

(3) $\begin{aligned} x_1 + 3x_2 &= 5 \\ 2x_1 + 5x_2 &= -5 \end{aligned}$　　(4) $\begin{aligned} 3x_1 - 9x_2 &= 6 \\ 2x_1 + 5x_2 &= -3 \end{aligned}$

3. 예제 4의 방법을 사용하여 다음 연립1차방정식을 동시에 풀어라.

(1) $\begin{aligned} 2x - 5y &= b_1 \\ x - 3y &= b_2 \end{aligned}$　(a) $b_1 = 3$, $b_2 = -6$, (b) $b_1 = 1$, $b_2 = 3$

(2) $\begin{aligned} x + 2y - z &= b_1 \\ 2x + 5y + 4z &= b_2 \\ -3x + 7y - 2z &= b_3 \end{aligned}$　(a) $b_1 = 1$, $b_2 = 0$, $b_3 = -1$, (b) $b_1 = 0$, $b_2 = 1$, $b_3 = 2$

4. 다음 연립1차방정식이 해를 갖기 위한 조건을 구하여라.

$$\begin{cases} ax + y + z = -1 \\ x + ay + z = -1 \\ x + y + az = -1 \end{cases}$$

5. $A = \begin{bmatrix} 1 & 2 & 3 \\ 1 & 2 & 1 \\ 2 & -2 & 1 \end{bmatrix}$, $X = \begin{bmatrix} x_1 \\ x_2 \\ x_3 \end{bmatrix}$에 대하여 λ가 스칼라일 때, $AX = \lambda X$ 와 $(A - \lambda I)X = O$ 가 동치임을 밝히고 이 사실을 이용하여 $AX = 5X$ 를 풀이하여라.

6. $AX = O$ 이 n개의 미지수를 갖는 n개의 1차방정식으로 이루어진 동차 연립1차방정식이라고 하자. 다음을 증명하여라.

(1) $AX = O$ 가 자명한 해만을 갖는다면, 임의의 양의 정수 k에 대하여, $A^k X = O$ 도 자명한 해만을 갖는다.

(2) 임의의 가역인 n차 정방행렬 B에 대해서, $AX = O$ 이 자명한 해를 가질 필요충분조건은 $(BA)X = O$ 가 자명한 해를 갖는 것이다.

7. Cramer의 법칙으로 다음 연립1차방정식의 해를 구하여라.

(1) $\begin{aligned} x + 2y + z &= 4 \\ x - y + z &= 5 \\ 2x + 3y - z &= 1 \end{aligned}$　　(2) $\begin{aligned} 2x + 4y + z &= 7 \\ 3x + 2y + 3z &= 7 \\ 5x - 4y + 4z &= 9 \end{aligned}$

벡터

Chapter 6

6.1_벡터의 연산 및 내적

6.2_벡터의 노름 및 정사영

6.3_1차 독립과 종속성 및 외적

6.1 section 벡터의 연산 및 내적

이 절에서는 **유클리드 n차원** 공간상에서 벡터의 연산에 관해 알아보고 위치벡터 및 벡터의 내적을 다룬다.

실수 x는 **수직선** 위의 일정한 **점** (point)과 일대일로 대응시킬 수 있으므로, 수직선을 실수전체의 집합 $\mathbb{R}$로 볼 수 있다. 따라서 실수집합 $\mathbb{R}$을 $-\infty$ (음의 무한대)에서 ∞ (양의 무한대)까지의 직선이라고 생각하면 $\mathbb{R}$상의 임의의 두 수 a, b $(a<b)$에 대하여 다음과 같이 **구간** (interval)이 정의된다.

$[a,b]=\{x\in\mathbb{R}\,|\,a\le x\le b\}$: **폐구간** (closed interval)

$(a,b)=\{x\in\mathbb{R}\,|\,a<x<b\}$: **개구간** (open interval)

반폐구간 (half closed interval) $[a,b)$, $(a,b]$, $(-\infty,b]$, $[a,\infty)$ 및 **개구간** $(-\infty,b)$, (a,∞), $(-\infty,\infty)$도 같은 방법으로 정의된다. 여기서 $\mathbb{R}=(-\infty,\infty)$이다.

한편으로, 두 실수의 **순서쌍** (ordered pair) (x,y)는 $\mathbb{R}^2$의 원소로서 평면에서의 점을 나타내고, 세 실수의 **순서 세 쌍** (ordered triples) (x,y,z)는 공간, 즉 3차원 공간 $\mathbb{R}^3$에서의 점을 표시한다. x, y, z를 사용하는 대신에 x_1, x_2, x_3을 사용하면, n차원 공간에서의 점을 정의하는데 편리하다.

직선은 **1차원 공간**이라 부를 수 있고, 평면은 **2차원 공간**이라 부를 수 있다. 다시 말하면, 한 수 x는 1차원 공간에서의 점을 나타내고 (x,y)는 2차원 공간에서의 점을 나타내며, (x,y,z)는 **3차원 공간**에서의 점을 표시한다.

마찬가지 방법으로 **순서 네 쌍** (x_1,x_2,x_3,x_4)은 **4차원 공간**의 점을 표시한다. 이와 같이 계속하면, 일반적인 **n차원 공간**의 점을 다음과 같이 정의할 수 있다.

◈ **정의** $x_i\in\mathbb{R}$, $i=1,2,\cdots,n$에 대하여, 순차적으로 나열한 **순서 n쌍** (ordered n-tuple)을 $(x_1,x_2,\cdots,x_n)$으로 나타내고 이를 $\mathbb{R}^n$에서의 **점** (point), **유클리드 벡터** (Euclidean vector) 또는 간단히 **벡터** (vector)라고 하고, 특히 $\mathbb{R}$의 요소를 **수**

(number) 혹은 **스칼라** (scalar)라고 부른다.

이 때 $\mathbb{R}^n$을 **유클리드** n**차원 공간** (Euclidean n-dimensional space) 혹은 **유클리드 공간** (Euclidean space)이라고 말한다.

$\mathbb{R}^n$상의 점을 대문자 $X=(x_1, x_2, \cdots, x_n)$로 표시하면, 각각의 수 x_1, x_2, $\cdots$, x_n을 점 X의 **좌표** (coordinate)라 한다. 보통 수는 소문자로, 벡터는 대문자로 각각 표시한다.

이제 $\mathbb{R}^n$ 상에서 벡터들의 덧셈과 스칼라 곱을 정의하자. A와 B가 두 벡터 $A=(a_1, \cdots, a_n)$, $B=(b_1, \cdots, b_n)$라고 하면, A와 B의 덧셈 $A+B$는 그 좌표가 a_1+b_1, $\cdots$, a_n+b_n인 $A+B=(a_1+b_1, \cdots, a_n+b_n)$으로 정의되고, c가 스칼라이면, 스칼라 곱 cA는 그 좌표가 ca_1, $\cdots$, ca_n인 $cA=(ca_1, \cdots, ca_n)$으로 정의된다.

≪예제 1≫ 두 벡터 $A=(2,-2,3)$, $B=(1,5,-2)$ $\in \mathbb{R}$와 스칼라 $c=3$에 대하여, $A+B$, $cA+B$를 계산하여라.

풀이 $A+B=(2+1, (-2)+5, 3+(-2))=(3, 3, 1)$, $cA=(6,-6, 9)$, $cA+B=(6,-6, 9)+(1,5,-2)=(7,-1,7)$이다. ⊠

◈ 정리 6.1.1 유클리드 n차원 공간 $\mathbb{R}^n$상에서 벡터의 합과 스칼라 곱에 관한 다음 법칙이 성립된다. 모든 A, B, C $\in \mathbb{R}^n$와 c, c_1, c_2 $\in \mathbb{R}$에 대하여,

(1) $(A+B)+C=A+(B+C)$

(2) $\exists\ O=(0,0,\cdots,0)$ $s.t.$ $O+A=A=A+O$

(3) $A+(-A)=O$, 여기서 $-A=(-1)A$이다.

(4) $A+B=B+A$

(5) $c(A+B)=cA+cB$

(6) $(c_1+c_2)A=c_1A+c_2A$

(7) $(c_1c_2)A=c_1(c_2A)$

(8) $1\in\mathbb{R}$, $1A=A$.

증명 위의 모든 성질들은 쉽게 증명된다. 여기서는 (2), (6), (7)만을 증명하기로 한다. $A=(a_1, \cdots, a_n)$, $O=(0,0,\cdots,0)$이라 하자. 그러면

(2) $O+A=(0,0,\cdots,0)+(a_1, a_2, \cdots, a_n)=(0+a_1, 0+a_2, \cdots, 0+a_n)$

$$=(a_1, a_2, \cdots, a_n)=A$$

(6) $(c_1+c_2)A=((c_1+c_2)a_1,\cdots,(c_1+c_2)a_n)=(c_1a_1+c_2a_1,\cdots,c_1a_n+c_2a_n)$

$$=(c_1a_1,\cdots,c_1a_n)+(c_2a_1,\cdots,c_2a_n)=c_1(a_1,\cdots,a_n)+c_2(a_1,\cdots,a_n)$$

$$=c_1A+c_2A$$

(7) $(c_1c_2)A=((c_1c_2)a_1,\cdots,(c_1c_2)a_n)=(c_1(c_2a_1),\cdots,c_1(c_2a_n))$

$$=c_1(c_2a_1,\cdots,c_2a_n)=c_1(c_2(a_1,\cdots,a_n))=c_1(c_2A)$$

⊠

[주의] $A+(-B)$를 보통 $A-B$로 표시한다.

일반적으로 **체** F상의 벡터 및 **벡터공간** V을 다음과 같이 정의한다.

◈ 정의 정리 6.1.1에서 $\mathbb{R}$ 대신에서 체 F를 생각하고, $\mathbb{R}^n$ 대신에 공집합이 아닌 집합 V을 생각하자. V 내에 **덧셈연산**과 **스칼라 곱 연산**이 정의되어 성질 (1) ~(8)을 만족 할 때 V를 F 상에서 **벡터공간** (vector space over F) 이라고 부른다. 여기서 체 F 또는 실수체 $\mathbb{R}$의 원소를 **스칼라** (scalar)라 하고 벡터공간 V의 원소를 **벡터** (vector)라고 한다.

≪보기 2≫ 위의 벡터공간의 정의에 의하여 $M_{m\times n}(F)$는 체 F 상에서 벡터공간이 되고, $\mathbb{R}^n$은 $\mathbb{R}$ 상에서 벡터공간이 된다.

스칼라 0과 벡터 $(0,\ \cdots,\ 0)$ 을 구별하자. $(0,\ \cdots,\ 0)$ 은 보통 대문자 O로 표시하고 **영점** (zero point) 또는 **영벡터** (zero vector)라고 부른다.

◈ 정의 유클리드 공간의 임의의 두 점 A, B에 대하여 A에서 B로의 **위치벡터** (position vector)는 벡터 $B-A$로 정의하고 $\overrightarrow{AB}$로 표시한다.
A를 위치벡터 $\overrightarrow{AB}$의 **시점** (beginning point)이라 하고, B를 $\overrightarrow{AB}$의 **끝점** (end point)이라고 부른다.

다음에서처럼 위치벡터를 기하학적으로 알아보자.

평면상에서 B의 좌표는 A의 좌표로부터 다음과 같이 얻어진다.

$A=(a_1,a_2)$, $B=(b_1,b_2)$ 에 대하여 $b_1=a_1+(b_1-a_1)$, $b_2=a_2+(b_2-a_2)$ 이므로

$$B=A+(B-A)=A+\overrightarrow{AB}$$

임을 알 수 있다. 그림 6.1은 평면상에서 위치벡터를 표시한 것이다.

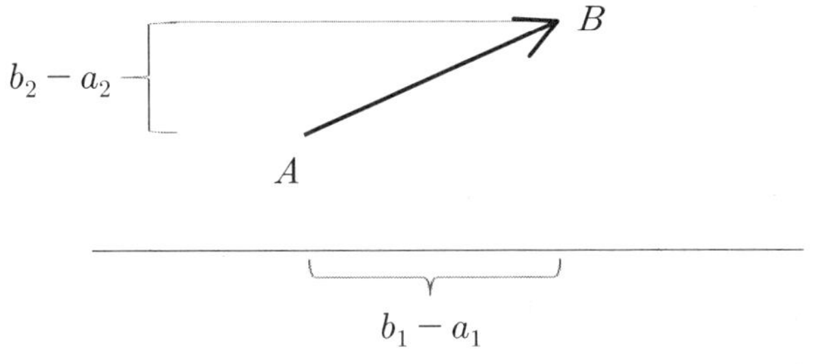

위치벡터 [도표 6.1]

$\overrightarrow{AB}$와 $\overrightarrow{CD}$를 두 위치벡터라고 하자. 만일 $B-A=D-C$이면, 이 두 위치벡터는 서로 **상등** (equivalent)하다고 한다. 모든 위치벡터 $\overrightarrow{AB}$ 에 대하여 $\overrightarrow{AB}$와 $\overrightarrow{OB}-\overrightarrow{OA}$가 상등하기 때문에 위치벡터 $\overrightarrow{AB}$는 시점이 원점인 위치벡터와 상등하다. 위치벡터 $\overrightarrow{OB}-\overrightarrow{OA}$는 시점이 원점이고 $\overrightarrow{AB}$에 상등한 단 하나의 벡터이므로 A에서 B로의 위치벡터라고 정의함이 타당하다.

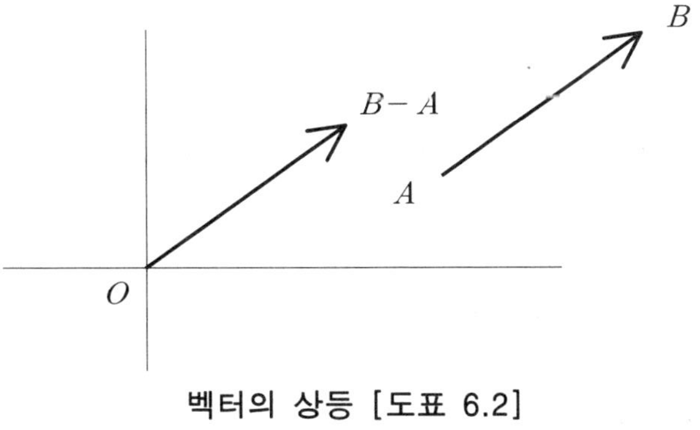

벡터의 상등 [도표 6.2]

위 그림에서 두 위치벡터 $\overrightarrow{O(B-A)}$ 와 $\overrightarrow{AB}$는 선분의 길이가 같고 그들 벡터들은 방향이 같기 때문에 두 위치벡터가 상등임을 알 수 있다.

시점이 원점인 위치벡터 $\overrightarrow{OC}$가 주어졌을 때 이 위치벡터는 원점에 위치해있다고 말하고, 임의의 위치벡터 $\overrightarrow{AB}$가 주어지면, 이 위치벡터는 점 A에 위치해 있다고 말한다.

원점에서의 위치벡터는 완전히 끝점에 의해서 결정된다. 이러한 관점에서 앞으로 $\mathbb{R}^n$의 원소 $(x_1, x_2, \cdots, x_n)$ 을 $\mathbb{R}^n$ 상의 **벡터** (vector)라고 부른다.

◈ 정의 두 위치벡터 $\overrightarrow{AB}$와 $\overrightarrow{CD}$가 만일 $B-A=t(D-C)$을 만족하는 수 $t\neq 0$가 존재한다고 하면, 그 두 위치벡터는 **평행** (parallel)하다고 말한다. 이 때 만일 $B-A=t(D-C)$인 수 $t>0$가 존재하면, 이 두 위치벡터는 **같은 방향** (same direction)을 갖는다고 말하고, 그리고 $B-A=t(D-C)$인 $t<0$가 존재하면 이 두 벡터는 **반대 방향** (opposite direction)을 갖는다고 말한다.

두 위치벡터 $\overrightarrow{AB}$와 $\overrightarrow{CD}$에 대해서, $B-A$가 $D-C$에 직교하면, 두 위치벡터는 **수직** 또는 **직교**한다고 말할 수 있다.

다음에는 유클리드 n차원 공간상에서의 **벡터의 내적**을 생각하기로 한다.

◈ 정의 $A=(a_1,\cdots,a_n)$과 $B=(b_1,\cdots,b_n)$을 $\mathbb{R}^n$ 상의 두 벡터라 하자. 두 벡터 A와 B의 **유클리드 내적** (Euclidean inner product) 또는 간단히 **내적** (scalar product 또는 dot product)은

$$a_1b_1+\cdots+a_nb_n=\sum_{i=1}^{n}a_ib_i$$

으로 정의하고 $A \cdot B$로 표시한다. 이 곱은 하나의 수, 즉 스칼라가 된다.

≪예제 3≫ 3차원 공간상의 두 벡터 $A=(1,2,3)$, $B=(6,-5,3)$의 내적을 구하여라.

풀이 $A \cdot B=1\cdot 6+2\cdot(-5)+3\cdot 3=5$이다. ⊠

위에서의 연산 $\bullet : \mathbb{R}^n\times\mathbb{R}^n\to\mathbb{R}$ $s.t.$ $(A,B)\mapsto A\cdot B$를 $\mathbb{R}^n$ 상의 **내적함수** (inner product function)이라고 한다.

$\mathbb{R}^n$ 공간상의 유클리드 내적의 몇 가지 기본적인 성질들을 생각해 보자.

◈ 정리 6.1.2 $\mathbb{R}^n$ 공간상에서 다음의 유클리드 내적에 대한 성질이 성립한다.

(1) $A\cdot B=B\cdot A$

(2) A, B, C가 세 벡터이면, $A \cdot (B+C) = A \cdot B + A \cdot C$
(3) 만일 x가 스칼라이면, $(xA) \cdot B = x(A \cdot B)$, $A \cdot (xB) = x(A \cdot B)$
(4) 만일 $A = O$가 영벡터이면 $A \cdot A = 0$이고, $A \neq O$이면 $A \cdot A > 0$이다.

증명 (1)은 임의의 두 수 a, b에 대하여 $ab = ba$이므로

$$a_1b_1 + \cdots + a_nb_n = b_1a_1 + \cdots + b_na_n$$

이고, 따라서 $A \bullet B = B \bullet A$이다.

(2)에 대해서는, $C = (c_1, \cdots, c_n)$이라 하면,

$$B + C = (b_1 + c_1, \cdots, b_n + c_n)$$

이고,

$$\begin{aligned} A \bullet (B+C) &= a_1(b_1 + c_1) + \cdots + a_n(b_n + c_n) \\ &= (a_1b_1 + a_1c_1) + \cdots + (a_nb_n + a_nc_n) \\ &= (a_1b_1 + \cdots a_nb_n) + (a_1c_1 + \cdots + a_nc_n) \\ &= A \bullet B + A \bullet C. \end{aligned}$$

(3)의 처음 등식은 $xA = (xa_1, \cdots, xa_n)$이고,

$$\begin{aligned} (xA) \cdot B &= xa_1b_1 + \cdots + xa_nb_n \\ &= x(a_1b_1 + \cdots + a_nb_n) = x(A \cdot B) \end{aligned}$$

이므로 증명되고, 끝으로 (4)에 대해서는 만약 $A = O = (0, 0, \cdots, 0)$ 라면 $A \bullet A = 0$ 임은 명백하고, 만일 A의 한 좌표가 0이 아니면 내적

$$A \bullet A = a_1^2 + \cdots + a_n^2$$

에서 $a_i \neq 0$이고, $a_i^2 > 0$ 인 항 a_i가 존재한다. 모든 항은 ≥ 0이므로 따라서 합은 > 0이다. ⊠

◈ 정의 V를 체 F 상의 벡터공간이라 하자. 만약 V가 정리 6.1.1을 만족하는 내적함수를 갖는다면, 이 때 V를 F 상의 **내적 공간** (inner product space over F)이라고 부른다.

≪보기 4≫ 유클리드 공간 $\mathbb{R}^n$과 $C[0,1]$은 $\mathbb{R}$ 상에서 내적공간이 됨을 알 수 있다.

한 벡터 A 자신의 내적을 $A \bullet A$로 쓰는 대신에 간단히 A^2으로 쓰기도 한다. (그러나 A^3은 여기서 의미가 없다) 따라서 다음과 같은 등식이 성립한다.

두 벡터 A, B에 대해,

$$(A+B)^2 = A^2 + 2A \cdot B + B^2$$
$$(A-B)^2 = A^2 - 2A \cdot B + B^2$$

◈ **정의** 두 벡터 A, B에 대하여 $A \cdot B = 0$이면 두 벡터 A와 B는 서로 **수직** (perpendicular) 또는 **직교** (orthogonal)한다고 하고 $A \perp B$로 나타낸다.

≪보기 5≫ 주어진 벡터 A에 수직인 벡터는 무수히 많이 존재함을 알 수 있다. 예를 들면 $A=(1,2,1)$에 수직인 벡터는 $(2,-1,0)$, $(2,0,-2)$, $\cdots$등 많이 있다.

≪예제 6≫ 세 벡터 A, B, C $(C \neq 0)$에 대하여, $A \cdot C = B \cdot C$이나 $A=B$가 되지 않음을 예를 들어 밝혀라.

풀이 $A \cdot C = B \cdot C \Leftrightarrow A \cdot C - B \cdot C = 0 \Leftrightarrow (A-B) \cdot C = 0$
$A-B=(2,-1,2)$, $C=(2,0,-2)$이라 하자. 그러면 $(A-B) \cdot C = 0$이 된다. $B=(0,1,0)$라 두면, $A=(A-B)+B=(2,0,2)$가 되고, $A \cdot C = 0 = A \cdot B$, $C \neq 0$이다. 그러나 $A \neq B$이다. ⊠

연습문제 6.1

다음 1~6의 경우에 대하여 $A+B$, $A-B$, $3A$, $-5B$ 및 $3A-5B$를 구하여라.(1~6)

1. $A=(7,2)$, $B=(-1,3)$
2. $A=(4,5)$, $B=(-3,-5)$
3. $A=(2,-3,4)$, $B=(-1,2,-1)$
4. $A=(7,-1,-2)$, $B=(-1,3,4)$
5. $A=(x,y,z)$, $B=(u,v,w)$
6. $A=(a_1,a_2,a_3)$, $B=(b_1,b_2,b_3)$

7. $A=(-1,3)$, $B=(4,6)$일 때, 점 $A+B$, $-3A+B$, $7A-\frac{1}{3}B$를 모눈종이 위에 나타내어라.

8. $A=(2,0,-3,0)$, $B=(-1,4,2,-2)$, $C=(3,9,0,6)$에 대하여 (1)~(4)를 구하여라.

(1) $A-B$　　(2) $2A-(B+C)$

(3) $2(A-3B)$　　(4) $7B+\frac{1}{3}C$

9. 문제 8에서 $A-3B+X=4X+C$를 만족하는 벡터 X를 구하여라.

10. 문제 1~6의 경우에 대해서 $A \cdot A$, $A \cdot B$와 $A \cdot (-B)$를 구하여라.

11. 다음 벡터쌍이 수직인지 아닌지 조사하여라.

(1) $(1,-1,1)$, $(-2,2,4)$　　(2) $(4,-2,2)$, $(2,3,-1)$

6.2 section 벡터의 노름 및 정사영

이 절에서는 벡터의 노름과 정사영에 관해 논하고, 두 벡터의 내적과 노름에 관한 중요한 성질들인 **슈바르츠 부등식**, **삼각부등식**, **피타고라스 정리**를 공부하고 두 **벡터 사이의 각** 등을 취급한다.

◈ 정의 $\mathbb{R}^n$ 상의 임의의 벡터 $X=(a_1,a_2,\cdots,a_n)$ 의 **크기** (size), **길이** (length) 또는 **노름** (norm)을 $\| X \|$ 로 나타내고, 다음과 같이

$$\| X \| = \sqrt{X \cdot X} = \sqrt{a_1^2+\cdots+a_n^2}$$

으로 정의한다. $X \cdot X \geq 0$ 이므로 제곱근을 취할 수 있으며, 더욱이 $X \neq O$이면 $\| X \| > 0$임을 알 수 있다.

2**차원 공간** 또는 3**차원 공간**에서 벡터 A의 노름은 그림 6.3와 같이 기하학적으로 표현된다.

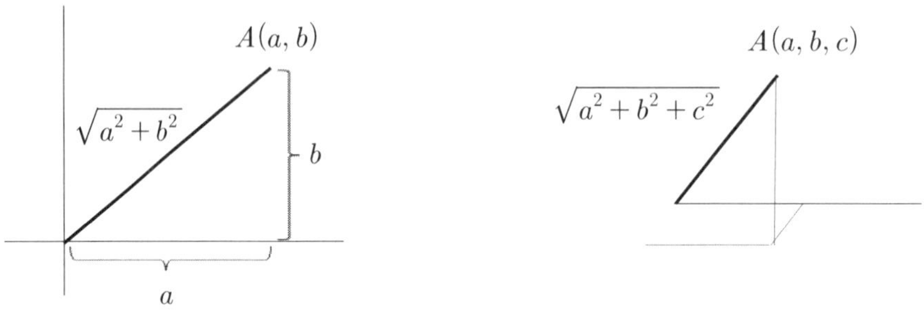

2차원과 3차원 공간 [도표 6.3]

다음은 **슈바르츠 부등식** (Schwartz inequality)에 관해 알아본다. 이 부등식은 벡터해석이론, 응용수학 및 기하학에서도 중요하게 사용된다.

◈ 정리 6.2.1 (Schwartz 부등식) 임의의 두 벡터 X, Y에 대하여

$$|X \cdot Y| \leq \| X \| \, \| Y \|$$

이다.

증명 실수 t에 관한 2차 부등식 $at^2+bt+c \geqq 0$ 이 항상 성립하려면 $a>0$, $b^2-4ac \leq 0$ 가 되어야 한다. 먼저 $X=O$ 또는 $Y=O$이라고 가정하면 부등식의 좌변과 우변이 0이므로 슈바르츠 부등식은 항상 성립한다.

다음은 X와 Y가 O이 아니라고 가정하자. t를 임의의 실수라고 할 때,

$$\| tX+Y \|^2 = (tX+Y) \cdot (tX+Y) = t^2 \| X \|^2 + 2t(X \cdot Y) + \| Y \|^2$$

이다. 그런데 $\| tX+Y \|^2$은 항상 ≥ 0이다. 즉 임의의 실수 t에 대하여

$$t^2 \| X \|^2 + 2t(X \cdot Y) + \| Y \|^2 \geq 0$$

따라서

$$4(X \cdot Y)^2 - 4 \| X \|^2 \| Y \|^2 \leqq 0$$

그러므로

$$|X \cdot Y| \leq \| X \| \| Y \|$$

이 성립된다. ⊠

위의 정리를 써서 다음 **삼각부등식** (triangle inequality)이 증명된다.

◈정리 6.2.2 (삼각부등식) 임의의 벡터 X, Y에 대해서,

$$\| X+Y \| \leq \| X \| + \| Y \|$$

이 성립한다.

증명 부등식의 양변은 양수이거나 0이므로 양변의 제곱을 계산하여 부등식을 만족함을 보이면 된다. 즉 부등식

$$(X+Y) \cdot (X+Y) \leqq (\| X \| + \| Y \|)^2$$

이 만족함을 보이자.

$$(X+Y) \cdot (X+Y) = X \cdot X + 2X \cdot Y + Y \cdot Y = \| X \|^2 + 2(X \cdot Y) + \| Y \|^2$$

이는 정리 6.2.2에 의해서

$$\leq \| X \|^2 + 2 \| X \| \| Y \| + \| Y \|^2$$

이 되고 우변은 $(\| X \| + \| Y \|)^2$이 되어 정리 6.2.2는 증명된다. ⊠

◈정리 6.2.3 a를 스칼라라 하고 X를 임의의 벡터라 하면,

$$\| aX \| = |a| \| X \|$$

이다. (X의 크기에 a의 절댓값을 곱한 결과이다.)

증명 정의로부터

$$\| aX \|^2 = (aX) \cdot (aX) = a^2(X \cdot X)$$

이 되고, 양변에 제곱근을 취하면

$$\| aX \| = |a| \, \| X \|$$

이 된다. ⊠

◈ <u>정의</u> 벡터 X에 대하여 만일 $\| X \| = 1$이면, X를 **단위벡터** (unit vector)라고 부른다.

임의의 영이 아닌 벡터 A에 대해서,

$$\frac{1}{\| A \|} A$$

는 $\left\| \frac{1}{\| A \|} A \right\| = \frac{1}{\| A \|} \| A \| = 1$이므로, 단위벡터이다.

영이 아닌 두 벡터 A와 B가 만일 $cA = B$인 스칼라 $c > 0$가 존재하면, 그 두 벡터는 같은 방향을 갖는다고 말하고, $cA = B$인 스칼라 $c < 0$가 존재하면, 그 두 벡터는 반대방향을 갖는다고 말한다. 이 정의로부터 벡터

$$\frac{1}{\| A \|} A$$

는 $A \neq O$이면, A의 방향으로의 단위벡터임을 알 수 있다.

◈ <u>정의</u> A, B를 유클리드 공간에서의 두 벡터라 하자. A와 B사이의 **유클리드 거리** (Euclidean distance) 또는 간단히 **거리** (distance)는

$$\| A - B \| = \sqrt{(A-B) \cdot (A-B)}$$

로 정의된다.

이 정의는 A와 B가 평면에 있는 점일 때 우리가 알고 있는 기하학적 개념과 일치된다.

≪예제 1≫ $A = (-2, 2)$, $B = (3, 4)$에 대해, 위치벡터 $\overrightarrow{AB}$의 길이를 구하라.

풀이 $\overrightarrow{AB} = B - A = (6, 2)$이므로 $\| \overrightarrow{AB} \| = \sqrt{36+4} = \sqrt{40}$ 이다. ⊠

◈<u>정리 6.2.4</u> 두 벡터 A, B에 대하여, 조건 $\| A+B \| = \| A-B \|$ 와 조건 $A \perp B$는 서로 동치개념이다.

증명 $\| A+B \| = \| A-B \| \Leftrightarrow (A+B)\cdot(A+B)=(A-B)\cdot(A-B)$

$$\Leftrightarrow A\cdot A+2A\cdot B+B\cdot B=A\cdot A-2A\cdot B+B\cdot B$$

$$\Leftrightarrow 4A\cdot B=0$$

따라서 $A\cdot B=0$ 이 된다. ⊠

다음은 **피타고라스의 정리** (Pythagorean theorem)를 살펴보기로 하자:

◈정리 6.2.5 (피타고라스의 정리) 두 벡터 A, B가 수직이면

$$\| A+B \|^2 = \| A \|^2 + \| B \|^2$$

이다.

증명 $\| A+B \|^2 = (A+B)\cdot(A+B) = A\cdot A+2A\cdot B+B\cdot B$이고, $A\cdot B=0$, $A\cdot A=\| A \|^2$, $B\cdot B=\| B \|^2$이므로 우변은 $\| A \|^2+\| B \|^2$과 같다. 따라서

$$\| A+B \|^2 = \| A \|^2 + \| B \|^2$$

이 된다. ⊠

만일 A가 B에 수직이고, x가 임의의 스칼라이면, A는 또한 xB에 수직이다. 사실상 $A\cdot xB=xA\cdot B=x0=0$이기 때문이다.

이제 우리는 **정사영** (正射影, projection)의 개념을 공부하기 위하여 수직의 개념을 사용하기로 하자.

두 벡터 A, B에 대하여, $B\neq O$라 하자. B를 따라서 생기는 A의 정사영은 그림 6.4에서 보는 바와 같이 벡터 P임을 알 수 있다.

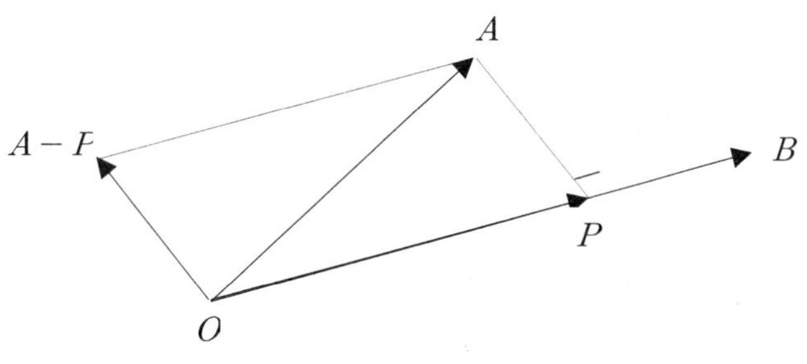

정사영 [도표 6.4]

이는 벡터 $A-P$가 B에 수직이고 P는 어떤 스칼라 c에 대해서 $P=cB$ 모양으로 표시되는 벡터 P를 구하면 되는 것이다. 따라서 $(A-cB)\cdot B=0$을 만족하는 스칼라 c를 구하여 보자. 그러면 위의 식은

$$A\cdot B=cB\cdot B$$

가 되고, 따라서

$$c=\frac{A\cdot B}{B\cdot B}=\frac{A\cdot B}{\|B\|^2}$$

가 된다. 이와 같이 c는 수직 조건으로부터 유일하게 결정된다.

역으로 c는 위와 같은 값을 갖는다고 가정하면,

$$(A-cB)\cdot B=A\cdot B-c(B\cdot B)=A\cdot B-A\cdot B=0$$

즉 $P=cB$라고 두면 $A-P$는 B에 수직이 됨을 알 수 있다. 따라서 c와 P를 다음과 같이 얻을 수 있다.

$$c=\frac{A\cdot B}{B\cdot B},\quad P=cB=\frac{A\cdot B}{\|B\|^2}B$$

◈ **정의** 두 벡터 A, B $(B\neq O)$에 대하여, $P=\dfrac{A\cdot B}{\|B\|^2}B$ 을 B를 따라서 A의 **정사영** (projection of A along B)이라 하고 $\mathrm{proj}_B A$라고 표시하며, $c=\dfrac{A\cdot B}{B\cdot B}$는 B를 따라서 A의 **성분** (component of A along B)이라고 한다. 이 때 B에 **수직**인 A의 **벡터성분** (vector component of A orthogonal to B)은

$$A-\mathrm{proj}_B A=A-\frac{A\cdot B}{\|B\|^2}B$$

와 같이 나타낸다.

특히, B가 단위벡터이면 c는

$$c=A\cdot B$$

가 된다.

≪예제 2≫ $A=(8,2,3)$, $B=(1,1,-2)$라 하자. B를 따라서 A의 성분 및 정사영을 구하여라.

풀이 B를 따라서 A의 성분은 스칼라

$$c=\frac{A\cdot B}{B\cdot B}=\frac{4}{6}=\frac{2}{3}$$

이고, A의 정사영은 벡터

$$\text{proj}_B A = cB = \left(\frac{2}{3}, \frac{2}{3}, -\frac{4}{3}\right)$$

이다. ⊠

이제 평면에서 내적에 대한 기하학적 의미를 부여하기로 하자. $A \neq O$라 가정하고 A와 B사이의 각을 θ라 하자.

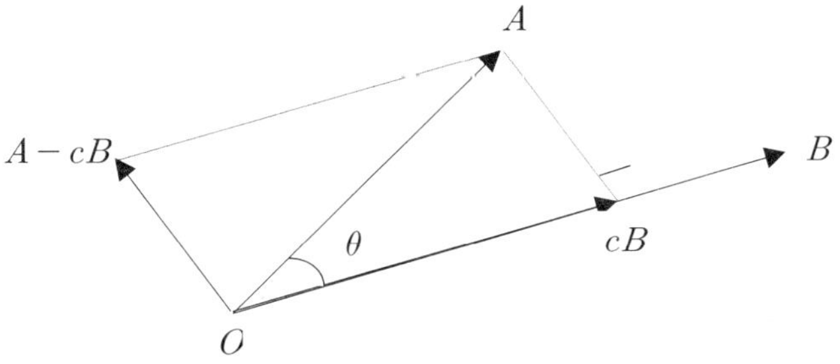

정사영 [도표 6.5]

평면기하학의 견지에서 보면,

$$\cos\theta = \frac{c\|B\|}{\|A\|}$$

임을 알 수 있고, 위에서 얻어진 c의 값을 대입하면, 다음과 같은 능식

$$A \cdot B = \|A\|\|B\|\cos\theta$$

를 얻는다. 경우에 따라서는 위의 등식을 두 벡터 A와 B의 내적의 정의로 생각하기도 한다.

슈바르츠 부등식으로부터 유클리드 3차원 공간에 있는 두 벡터 A, B에 대해서 스칼라

$$\frac{A \cdot B}{\|A\| \|B\|}$$

는 절대값이 ≤ 1이다. 따라서

$$-1 \leq \frac{A \cdot B}{\|A\| \|B\|} \leq 1$$

이고, $0 \leq \theta \leq \pi$인 경우

$$\cos\theta = \frac{A \cdot B}{\|A\| \|B\|}$$

을 만족하는 유일한 각 θ가 존재한다. 이 각을 A와 B **사이의 각** (angle between

A and B)이라고 정의한다.

≪예제 3≫ $A=(-1,0,1)$, $B=(0,1,1)$라 하자. A와 B 사이의 각 θ의 $\cos\theta$값과 θ를 구하여라.

풀이 A와 B 사이의 각의 정의에 의해서

$$\cos\theta=\frac{A \cdot B}{\|A\|\|B\|}=\frac{1}{\sqrt{2}\sqrt{2}}=\frac{1}{2}$$

이고, $\theta=60^\circ$이다. ⊠

유클리드 3차 공간 $\mathbb{R}^3$을 $0\text{-}xyz$ 직교 좌표계로 간주하면 임의의 벡터 $A=(a_1,a_2,a_3)$와 x축, y축, z축의 각각의 단위 벡터 $i=(1,0,0)$, $j=(0,1,0)$, $k=(0,0,1)$에 대하여 $A=a_1i+a_2j+a_3k$이고

$$i \cdot i=j \cdot j=k \cdot k=1,\ i \cdot j=j \cdot k=k \cdot i=0$$

$$a_1=A \cdot i,\ a_2=A \cdot j,\ a_3=A \cdot k$$

임을 알 수 있다.

또 앞 절에서 공부한 벡터 A와 $B=b_1i+b_2j+b_3k$와의 내적은

$$A \cdot B=a_1b_1+a_2b_2+a_3b_3$$

가 자연스럽게 유도되고

$$\|A\|=\sqrt{A \cdot A}=\sqrt{a_1^2+a_2^2+a_3^2}$$

$$\cos\theta=\frac{a_1b_1+a_2b_2+a_3b_3}{\sqrt{a_1^2+a_2^2+a_3^2}\sqrt{b_1^2+b_2^2+b_3^2}}$$

$$\sin\theta=\sqrt{1-\cos^2\theta}=\frac{\sqrt{(a_2b_3-a_3b_2)^2+(a_3b_1-a_1b_3)^2+(a_1b_2-a_2b_1)^2}}{\sqrt{a_1^2+a_2^2+a_3^2}\sqrt{b_1^2+b_2^2+b_3^2}}$$

를 얻는다.

≪예제 4≫ 두 벡터 $A=a_1i+a_2j+a_3k$와 $B=b_1i+b_2j+b_3k$를 두 변으로 하는 **평행사변형의 넓이**를 S라 하면

$$S=\sqrt{A^2B^2-(A \cdot B)^2}=\sqrt{(a_2b_3-a_3b_2)^2+(a_3b_1-a_1b_3)^2+(a_1b_2-a_2b_1)^2}$$

임을 보여라.

풀이 A, B의 사이 각을 θ라 하면

$$S = \| A \| \ \| B \| \sin\theta$$

이고, $\| A \|$, $\| B \|$, $\sin\theta$의 값을 차례로 대입하여

$$S = \sqrt{(a_2b_3 - a_3b_2)^2 + (a_3b_1 - a_1b_3)^2 + (a_1b_2 - a_2b_1)^2}$$

을 얻는다. 또

$$S = \| A \| \ \| B \| \sin\theta = \| A \| \ \| B \| \sqrt{1 - \cos^2\theta}$$

$$= \sqrt{\| A \|^2 \| B \|^2 - (\| A \| \ \| B \| \cos\theta)^2} = \sqrt{A^2B^2 - (A \cdot B)^2}$$

이다. ⊠

연습문제 6.2

1. 1절의 문제 1에서 6까지, 벡터 A와 B 사이의 거리를 구하여라.

2. 1절의 문제 1에서 6까지, B를 따라서 A의 성분 및 B를 따라서 A의 정사영을 구하여라.

3. 구간 $[-2, 2]$ 위에서 일차함수 $2x$의 노름을 구하여라.

4. 만일 A, B가 유클리드 n차원 공간에서의 두 벡터일 때, $d(A, B)$를 A와 B **사이의 거리**로 나타내자, 즉 $d(A, B) = \| A - B \|$. 임의의 벡터 A, B, C에 대하여 다음을 증명하여라.
   (1) $d(A, B) = d(B, A)$ (2) $d(A, B) \leq d(A, C) + d(B, C)$

5. 유클리드 n차원 공간에서 임의 두 벡터 A, B에 대하여 다음 관계식을 증명하여라.

$$\| A + B \|^2 + \| A - B \|^2 = 2 \| A \|^2 + 2 \| B \|^2$$

6. θ를 벡터 A와 B 사이의 각이라면,

$$\| A - B \|^2 = \| A \|^2 + \| B \|^2 - 2 \| A \| \ \| B \| \cos\theta$$

임을 증명하여라.

7. 영이 아닌 두 벡터 A와 B사이의 각을 θ라 할 때,

$$\| \mathrm{Proj}_B A \| = \| A \| \cos\theta$$

임을 밝혀라.

8. 다음에서 $\| \mathrm{Proj}_B A \|$ 를 구하여라.

(1) $A=(2,1)$, $B=(3,5)$ (2) $A=(-1,-2)$, $B=(4,5)$

9. 다음 두 벡터 쌍 사이의 각 θ 에 대한 $\cos\theta$의 값을 구하여라.

(1) $(1,-2,3)$, $(3,-4,-5)$ (2) $(2,1,-1)$, $(-1,-2,7)$

6.3 section 1차 종속과 독립성 및 외적

이 절에서는 해석학 및 기하학분야에 응용도가 높은 벡터의 1차 종속, 1차 독립 및 외적을 다루고, 보다 고급 수준의 대수적 개념은 연습문제 란에 소개한다.

두 벡터 A, B가 주어졌을 때,

$$aA+bB=O \qquad \cdots\cdots\cdots *_1$$

이 성립하는 동시에 0이 아닌 스칼라 a, b가 존재하면 A와 B는 **1차 종속** (linear dependence)이라고 말한다. 또 $*_1$이 $a=b=0$일 때 한해서만 성립하면 A와 B는 **1차 독립** (linear independence)이라고 부른다.

보다 일반적으로 n $(n \geq 3)$개의 벡터 A_1, A_2, $\cdots$, A_n에 대해서도

$$a_1A_1+a_2A_2+\cdots+a_nA_n=O \qquad \cdots\cdots\cdots *_2$$

이 성립하는 동시에 0이 아닌 스칼라 a_1, a_2, $\cdots$, a_n이 존재하면 A_1, A_2, $\cdots$, A_n은 **1차 종속**(linear dependence)이라 하고, $*_2$이

$$a_1=a_2=\cdots=a_n=0$$

일 때만 성립하게 되면, A_1, A_2, $\cdots$, A_n은 **1차 독립** (linear independence)이라 한다.

벡터 A_1, A_2, $\cdots$, A_n에 대해서 $a_1A_1+a_2A_2+\cdots+a_nA_n$을 A_1, A_2, $\cdots$, A_n의 **1차 결합** (linear combination)이라 한다.

≪예제 1≫ 다음의 벡터들

$$A=(1,2,2),\ B=(2,3,-1),\ C=(-3,-2,1),\ D=(5,3,1)$$

가 1차 종속임을 보여라.

풀이 0이 아닌 스칼라 x_1, x_2, x_3, x_4가 존재하여

$$x_1A+x_2B+x_3C+x_4D=0$$

이 성립함을 보이면 된다.

위의 **벡터방정식**은 다음과 같이 동차연립방정식이 된다:

$$\begin{cases} x_1 + 2x_2 - 3x_3 + 5x_4 = 0 \\ 2x_1 + 3x_2 - 2x_3 + 3x_4 = 0 \\ 2x_1 - x_2 + x_3 + x_4 = 0 \end{cases}$$

$$\rightarrow \begin{pmatrix} 1 & 2 & -3 & 5 & 0 \\ 2 & 3 & -2 & 3 & 0 \\ 2 & -1 & 1 & 1 & 0 \end{pmatrix} \rightarrow \begin{pmatrix} 1 & 2 & -3 & 5 & 0 \\ 0 & -1 & 4 & -7 & 0 \\ 0 & -5 & 7 & -9 & 0 \end{pmatrix} \rightarrow \begin{pmatrix} 1 & 2 & -3 & 5 & 0 \\ 0 & 1 & -4 & 7 & 0 \\ 0 & -5 & 7 & -9 & 0 \end{pmatrix}$$

$$\rightarrow \begin{pmatrix} 0 & 0 & 5 & -9 & 0 \\ 0 & 1 & -4 & 7 & 0 \\ 0 & 0 & -13 & 26 & 0 \end{pmatrix} \rightarrow \begin{pmatrix} 1 & 0 & 0 & 1 & 0 \\ 0 & 1 & 0 & -1 & 0 \\ 0 & 0 & 1 & -2 & 0 \end{pmatrix}$$

$$\rightarrow \begin{array}{l} x_1 \qquad\qquad + x_4 = 0 \\ \qquad x_2 \qquad - x_4 = 0 \\ \qquad\quad x_3 - 2x_4 = 0 \end{array} \rightarrow x_1 = -x_4,\ x_2 = x_4,\ x_3 = 2x_4$$

x_4를 0이 아닌 특정 값 1이라고 두면 $x_1 = -1$, $x_2 = 1$, $x_3 = 2$, $x_4 = 1$이 된다. 따라서 벡터들 $A = (1, 2, 2)$, $B = (2, 3, -1)$, $C = (-3, -2, 1)$, $D = (5, 3, 1)$는 1차 종속이다. ⊠

≪예제 2≫ 위의 예제 1에서 A, B, C는 1차 독립임을 보여라.

풀이 A, B, C에 대해서

$$aA + bB + cC = O$$

이라 하자. ⊠

예제 1과 같이 동차 연립방정식

$$\begin{cases} a + 2b - 3c = 0 \\ 2a + 3b - 2c = 0 \\ 2a - b + c = 0 \end{cases}$$

에서 계수의 행렬식이

$$\begin{vmatrix} 1 & 2 & -3 \\ 2 & 3 & -2 \\ 2 & -1 & 1 \end{vmatrix} = 13 \neq 0$$

이므로 $a = b = c = 0$이다. 따라서 A, B, C는 1차 독립이다. ⊠

≪예제 3≫ 벡터 $A = (1, 1)$, $B = (1, 2)$, $C = (-1, 1)$에 대해서, C는 A와 B의 1차 결합, 즉

$$aA + bB = C$$

가 성립하는 a, b를 정하여라.

풀이 연립방정식

$$\begin{cases} a \ \ + b = -1 \\ a + 2b = 1 \end{cases}$$

을 풀면 $a = -3$, $b = 2$이다. ⊠

예제 3에서 A, B, C는 1차 종속이고, A, B는 1차 독립이다.

◈ **정리 6.3.1** 두 위치벡터 $A = \overrightarrow{OA}$, $B = \overrightarrow{OB}$의 종점 A와 B를 잇는 선분을 $m : n$의 비율로 나누는 내분점 X의 위치벡터를 $X = \overrightarrow{OX}$라 하면

$$X = \frac{nA + mB}{m + n}$$

임을 증명하여라.

증명 아래 그림에서

$$\frac{\overrightarrow{AX}}{\overrightarrow{XB}} = \frac{X - A}{B - X} = \frac{m}{n}$$

따라서

$$X = \frac{nA + mB}{m + n}$$

이 성립한다. ⊠

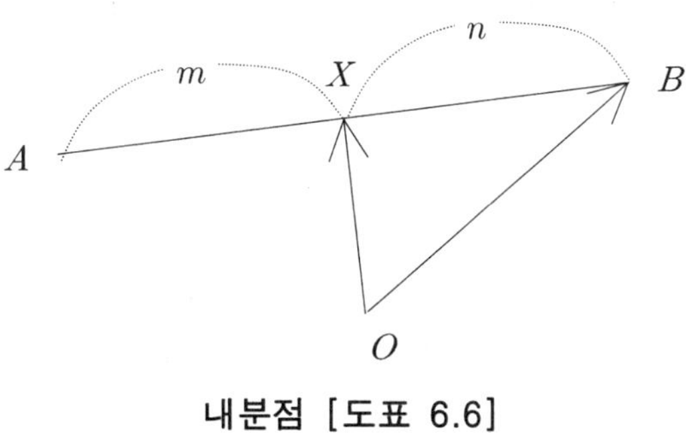

내분점 [도표 6.6]

◈ **정리 6.3.2** $\mathbb{R}^3$상에서 세 개의 벡터

$$A = (a_1, a_2, a_3), \ \ B = (b_1, b_2, b_3), \ \ C = (c_1, c_2, c_3)$$

가 1차 종속이기 위한 필요충분조건은

$$D = \begin{vmatrix} a_1 & a_2 & a_3 \\ b_1 & b_2 & b_3 \\ c_1 & c_2 & c_3 \end{vmatrix} = 0$$

이다. 한편 A, B, C가 1차 독립이기 위한 필요충분조건은 $D \neq 0$이다.

증명 A, B, C가 1차 종속이면

$$\alpha A + \beta B + \gamma C = O$$

즉 동차연립방정식

$$\begin{cases} a_1\alpha + b_1\beta + c_1\gamma = 0 \\ a_2\alpha + b_2\beta + c_2\gamma = 0 \\ a_3\alpha + b_3\beta + c_3\gamma = 0 \end{cases}$$

이 $\alpha = \beta = \gamma = 0$ 이외의 해를 갖는다. 따라서 $D = 0$이어야 한다. 역으로 $D = 0$이면 위의 연립방정식은 자명하지 않는 해를 가지므로

$$\alpha A + \beta B + \gamma C = O$$

를 만족하는 $\alpha = \beta = \gamma = 0$ 이외의 스칼라 α, β, γ가 있다. ⊠

끝으로 벡터의 외적에 대하여 알아보자.

두 벡터 A, B에 대하여 A와 B가 이루는 각을 θ $(0 \leq \theta \leq \pi)$라 할 때, A와 B의 내적이

$$A \cdot B = \| A \| \| B \| \cos\theta$$

가 된다는 것을 앞에서 배웠다. 즉, 이는 A의 크기와 A를 따라서 B의 정사영의 크기의 곱이다.

◈ <u>정의</u> 두 벡터 A, B에 대하여 A와 B에 수직이고, A를 회전하여 B의 방향과 같아지게 할 때, 오른 나사의 진행 방향으로 향하며, 크기가 A와 B로 이루어진 평행사변형의 면적과 같게 되는 벡터를 A와 B의 **외적** (outer product) 또는 **vector적** 이라 부르며 $A \times B$로 표시한다. 따라서 $A \times B$의 방향으로 향하는 단위벡터를 u라 하면,

$$A \times B = (\| A \| \| B \| \sin\theta) u$$

가 된다.

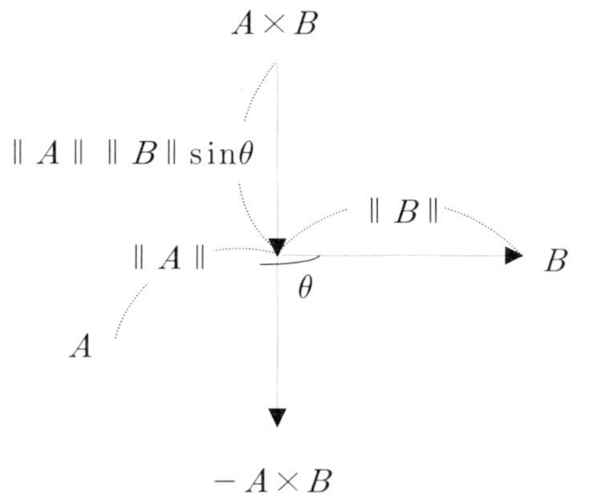

외적 [도표 6.7]

임의의 벡터 A, B, C에 대하여

$$A\times B = -B\times A,\ (A+B)\times C = A\times C + B\times C$$

이 성립한다.

또한 벡터 A와 B가 평행이 될 필요충분조건은

$$A\times B = O$$

이고, 특히 $A\times A = O$이다. 따라서

$$i\times i = O,\ j\times j = O,\ k\times k = O,$$
$$i\times j = -j\times i = k,\ j\times k = -k\times j = i,\ k\times i = -i\times k = j$$

등도 성립한다.

한편 $A = a_1 i + a_2 j + a_3 k$와 $B = b_1 i + b_2 j + b_3 k$에 대하여

$$A\times B = (a_2b_3 - a_3b_2)i + (a_3b_1 - a_1b_3)j + (a_1b_2 - a_2b_1)k = \begin{vmatrix} i & j & k \\ a_1 & a_2 & a_3 \\ b_1 & b_2 & b_3 \end{vmatrix}$$

를 얻는다.

≪예제 4≫ $A = 2i + 3j - 4k$, $B = i + 2j - 3k$일 때 다음을 구하여라.

(1) $A\times B$

(2) $(A+B)\times(A-B)$

(3) A, B를 두 변으로 하는 평행사변형의 넓이

풀이 (1) $A\times B = (2i+3j-4k)\times(i+2j-3k) = \begin{vmatrix} i & j & k \\ 2 & 3 & -4 \\ 1 & 2 & -3 \end{vmatrix} = -i + 2j + k$

(2) $(A+B)\times(A-B)=A\times A+B\times A-A\times B-B\times B$

$$=O-A\times B-A\times B-O=-2(A\times B)$$

$$=-2(-i+2j+k)=2i-4j-2k$$

(3) $S=\|A\times B\|=\|-i+2j+k\|=\sqrt{(-1)^2+2^2+1^2}=\sqrt{6}$ ⊠

◈ **정리 6.3.3** 세 꼭지점 A, B, C로 이루어진 삼각형 ABC에서 각 점 A, B, C의 대응변의 크기를 각각 a, b, c라 할 때 다음 식을 증명하여라.

$$\frac{\sin A}{a}=\frac{\sin B}{b}=\frac{\sin C}{c}$$

증명 삼각형 ABC에서 세 위치 벡터의 합은

$$\overrightarrow{BC}+\overrightarrow{CA}+\overrightarrow{AB}=O$$

이다. 이 때, 위의 식의 왼편에 $\overrightarrow{BC}$를 외적하면,

$$\overrightarrow{BC}\times(\overrightarrow{BC}+\overrightarrow{CA}+\overrightarrow{AB})=\overrightarrow{BC}\times O \Leftrightarrow \overrightarrow{BC}\times\overrightarrow{BC}+\overrightarrow{BC}\times\overrightarrow{CA}+\overrightarrow{BC}\times\overrightarrow{AB}=O$$
$$\Leftrightarrow O+\overrightarrow{BC}\times\overrightarrow{CA}+\overrightarrow{BC}\times\overrightarrow{AB}=O$$
$$\Leftrightarrow \overrightarrow{BC}\times\overrightarrow{CA}=-\overrightarrow{BC}\times\overrightarrow{AB}$$
$$\Leftrightarrow \overrightarrow{BC}\times\overrightarrow{CA}=\overrightarrow{AB}\times\overrightarrow{BC}$$

이 된다. 따라서 우리는 $\overrightarrow{BC}\times\overrightarrow{CA}=\overrightarrow{AB}\times\overrightarrow{BC}$ --- (1)임을 알 수 있다.

또한 $\overrightarrow{BC}+\overrightarrow{CA}+\overrightarrow{AB}=O$의 왼편에 $\overrightarrow{CA}$를 외적하면,

$$\overrightarrow{CA}\times(\overrightarrow{BC}+\overrightarrow{CA}+\overrightarrow{AB})=\overrightarrow{CA}\times O \Leftrightarrow \overrightarrow{CA}\times\overrightarrow{BC}+\overrightarrow{CA}\times\overrightarrow{CA}+\overrightarrow{CA}\times\overrightarrow{AB}=O$$
$$\Leftrightarrow \overrightarrow{CA}\times\overrightarrow{BC}+O+\overrightarrow{CA}\times\overrightarrow{AB}=O$$
$$\Leftrightarrow \overrightarrow{CA}\times\overrightarrow{AB}=-\overrightarrow{CA}\times\overrightarrow{BC}$$
$$\Leftrightarrow \overrightarrow{BC}\times\overrightarrow{CA}=\overrightarrow{CA}\times\overrightarrow{AB}$$

이 된다. 따라서 우리는 $\overrightarrow{BC}\times\overrightarrow{CA}=\overrightarrow{CA}\times\overrightarrow{AB}$ ---(2)를 얻는다.

(1)과 (2)에 의하여, $\overrightarrow{BC}\times\overrightarrow{CA}=\overrightarrow{CA}\times\overrightarrow{AB}=\overrightarrow{AB}\times\overrightarrow{BC}$이다.

$$\overrightarrow{BC}\times\overrightarrow{CA}=ab\sin C,\ \overrightarrow{CA}\times\overrightarrow{AB}=bc\sin A,\ \overrightarrow{AB}\times\overrightarrow{BC}=ca\sin B$$

이므로 우리는

$$ab\sin C=bc\sin A=ca\sin B$$

을 얻는다. 위의 식의 각 변을 abc로 나누면

$$\frac{\sin A}{a}=\frac{\sin B}{b}=\frac{\sin C}{c}$$

이 됨을 알 수 있다. ⊠

세 위치벡터 $A=(a_1, a_2, a_3)$, $B=(b_1, b_2, b_3)$, $C=(c_1, c_2, c_3)$에 대하여 B에서 C로 회전 할 때 오른 나사 방향에 A가 위치할 때 A, B, C를 세 변으로 하는 **평행육면체**의 부피 V는

$$V=A \cdot (B\times C)$$

이다.

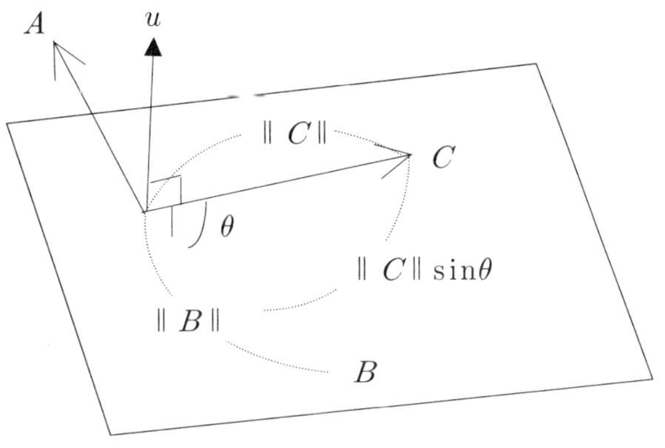

스칼라 삼중적 [도표 6.8]

왜냐하면 B와 C 사이의 각을 θ $(0<\theta<\pi)$라 하고 B에서 C로 회전할 때 오른 나사가 진행하는 방향의 단위벡터를 u라 하자, 그러면

$$V=\text{높이}\times\text{밑변의 넓이}$$

여기서,

$$\text{높이}=A \cdot u,\ \text{밑변의 넓이}=|B\times C|=\|B\|\,\|C\|\sin\theta$$

이다. 따라서

$$V=A \cdot u(\|B\|\,\|C\|\sin\theta)=A \cdot (\|B\|\,\|C\|\sin\theta)u=A \cdot (B\times C)$$

이 됨을 알 수 있다.

또한 이것을 성분으로 표시하면

$$B\times C=(b_2c_3-b_3c_2, b_3c_1-b_1c_3, b_1c_2-b_2c_1)$$

이므로 벡터의 내적에 의하여

$$A \cdot (B\times C)=a_1(b_2c_3-b_3c_2)+a_2(b_3c_1-b_1c_3)+a_3(b_1c_2-b_2c_1)=\begin{vmatrix} a_1 & a_2 & a_3 \\ b_1 & b_2 & b_3 \\ c_1 & c_2 & c_3 \end{vmatrix}$$

이다.

이 때 $A \cdot (B\times C)$를 **스칼라 삼중적**(scalar triple product)이라 하며, 이에 반하여 $A\times(B\times C)$를 **벡터 삼중적** (vector triple product)이라고 부른다.

연습문제 6.3

1. 세 벡터 A, B, C가 동일 평면상에 있으면 A, B, C는 1차 종속임을 보이고, A, B, C중에 어느 한 벡터는 나머지 벡터의 1차 결합임을 보여라.

2. 시점과 종점이 $A=(a_1, a_2, a_3)$, $B=(b_1, b_2, b_3)$인 위치 벡터 $\overrightarrow{AB}=B-A$의 성분은 $(b_1-a_1, b_2-a_2, b_3-a_3)$임을 보여라.

체 F 위의 벡터공간 V와 v_1, v_2, $\cdots$, $v_n \in V$에 대하여, $$v=k_1v_1+k_2v_2+\cdots+k_nv_n \ (k_1,\ k_2,\ \cdots,\ k_n \in F)$$ 를 v_1, v_2, $\cdots$, v_n의 **1차 결합** (linear combination)이라 한다.

3. $\mathbb{R}^3$ 상에서 $(9,2,7)$을 $(1,2,-1)$과 $(6,4,2)$의 1차 결합으로 나타내어라.

체 F 위의 벡터공간 V와 v_1, v_2, $\cdots$, $v_n \in V$에 대하여, $$\forall v \in V,\ \exists k_1,\ k_2,\ \cdots,\ k_n \in F \ s.t.\ v=k_1v_1+k_2v_2+\cdots+k_nv_n$$ 일 때 v_1, v_2, $\cdots$, v_n은 V를 **생성한다** (generate)라고 한다.

4. i, j, k는 $\mathbb{R}^3$ 상에서 1차 독립임을 밝혀라.

5. i, j, k는 $\mathbb{R}^3$를 생성함을 보여라.

체 F 위의 벡터공간 V와 v_1, v_2, $\cdots$, $v_n \in V$에 대하여, v_1, v_2, $\cdots$, v_n이 1차 독립이고 V를 생성할 때, $\{v_1, v_2, \cdots, v_n\}$을 V의 **기저** (basis)라 한다.

6. 위의 문제 3, 4, 5에서 i, j, k와 $\{(1,1,2),(0,1,3),(1,0,4)\}$는 두 가지 모두 $\mathbb{R}^3$의 기저임을 확인하여라.

벡터공간 V에 대하여 기저의 개수는 "일의적이다"고 알려져 있다. 따라서 기저의 개수를 **차원** (dimension)이라고 한다.

7. $\mathbb{R}^2$, $\mathbb{R}^3$ 및 $\mathbb{R}$의 차원은 얼마인가 (기저의 개수를 생각하여라).

8. 아래 벡터가 1차 독립인지, 1차 종속인지 말하여라.

(1) $(1,2)$, $(2,4)$　　(2) $(1,2)$, $(2,3)$

(3) $(1,2)$, $(2,3)$, $(-1,5)$　　(4) $(0,1,3)$, $(1,5,2)$

9. 체 F 위의 벡터공간 V와 v_1, v_2, $\cdots$, $v_n \in V$에 대하여, 다음 사실은 동치이다.

(1) v_1, v_2, $\cdots$, v_n이 1차 종속이다.

(2) v_1, v_2, $\cdots$, v_n 중 하나가 나머지 벡터들의 1차 결합니다.

10. 체 F 위의 벡터 공간 V와 v_1, v_2, $\cdots$, $v_n \in V$에 대하여, 다음 사실이 성립함을 밝혀라.

(1) v_1, v_2, $\cdots$, v_n이 1차 독립이면, v_1, v_2, $\cdots$, v_k $(k \le n)$도 1차 독립이다.

(2) v_1, v_2, $\cdots$, v_n중에서 한 벡터가 O이거나 어느 두 벡터가 서로 비례하면 v_1, v_2, $\cdots$, v_n은 1차 종속이다.

11. 정리 6.3.1에서 A와 B를 잇는 선분을 $m:n$의 비 로 나누는 외분점 X의 위치벡터를 $X = \overrightarrow{OX}$라 하면

$$X = \frac{nA - mB}{m-n}$$

임을 밝혀라.

12. 삼각형 $\triangle ABC$에 대하여 무게의 중심을 G라 하고, 점 A, B, C, G의 위치벡터를 $A = \overrightarrow{OA}$, $B = \overrightarrow{OB}$, $C = \overrightarrow{OC}$, $G = \overrightarrow{OG}$라 하면 $G = \frac{1}{3}(A+B+C)$임을 증명하여라.

13. 세 벡터 $A = (1,-1,2)$, $B = (3,2,-2)$, $C = (1,-2,5)$에 대하여 다음을 구하여라.

(1) $A \times B$　　(2) $A \bullet (B \times C)$

(3) $B \times (C \times A)$

미분의 개념

Chapter 7

7.1_함수의 극한, 연속성

7.2_도함수, 미분

7.1 section 함수의 극한, 연속성

이 절에서는 함수의 극한 및 연속에 관한 개념을 공부하고 그에 관한 예제와 여러 가지 성질을 다룬다.

◈ **정의** 함수 $y=f(x)$와 실수 a, l이 주어졌다고 하자. 이 때

$$\text{“}\forall\epsilon>0,\ \exists\delta>0\quad s.t.\quad 0<|x-a|<\delta \Rightarrow |f(x)-\ell|<\epsilon\text{”}$$

인 경우, x가 a에 가까이 갈 때, $f(x)$는 l로 수렴한다고 하며, $\lim_{x\to a}f(x)=\ell$ 또는 $f(x)\to\ell$ $(x\to a)$로 나타낸다. 이 때, l을 a 점에서 $f(x)$의 **극한값** (limit value)이라고 한다.

양수 $p>0$와 실수 a에 대하여 p 의 a **근방** (neighborhood)을

$$U(a,p)=\{x\in\mathbb{R}\mid a-p<x<a+p\}$$

로 나타낸다면, 위의 $\lim_{x\to a}f(x)=l$의 정의는 “임의의 $\epsilon>0$에 대하여

$$x\in U(a,\delta)\setminus\{a\}\ \Rightarrow\ f(x)\in U(l,\epsilon)\ \text{또는}\ f(U(a,\delta)\setminus\{a\})\subset U(\ell,\epsilon)$$

을 만족하는 $\delta>0$을 선택할 수 있을 때”로 표현할 수 있다.

≪예제 1≫ $\lim_{x\to a}2x=2a$ 임을 보여라.

풀이 임의의 $\epsilon>0$에 대하여, $\delta=\epsilon/2$으로 선택하자. 만일 $0<|x-a|<\delta$ 라면 $0<|2x-2a|<2\delta=\epsilon$ 이므로 $\lim_{x\to a}2x=2a$ 이다.

⊠

◈ **정의** 만약 $x>a$ $(x<a)$이면서 a에 충분히 가까운 x를 선택할 수 있어서, $f(x)$의 값을 l에 임의로 가깝게 할 수 있을 때,

$$\lim_{x\to a^+}f(x)=l\ \left(\lim_{x\to a^-}f(x)=l\right)$$

로 나타내고, l을 $f(x)$의 **우(좌)극한값** (right(left) limit value)이라고 한다.

엄밀하게 표현하면, “임의의 $\epsilon > 0$에 대하여 $0 < x-a < \delta$ $(-\delta < x-a < 0)$이면 $|f(x)-l| < \epsilon$ 이다”를 만족하는 $\delta > 0$를 선택할 수 있을 때,

$$\lim_{x \to a^+} f(x) = l \ \ (\lim_{x \to a^-} f(x) = l)$$

로 정의한다.

[주의] 위의 정의에서 $\lim_{x \to a} f(x) = l$일 필요충분조건은 $\lim_{x \to a^+} f(x) = l$이고 $\lim_{x \to a^-} f(x) = l$임을 알 수 있다.

≪예제 2≫ 다음 극한값을 구하여라.

(1) $\lim_{x \to 0} \sin x = 0$ (2) $\lim_{x \to 0} \cos x = 1$

풀이

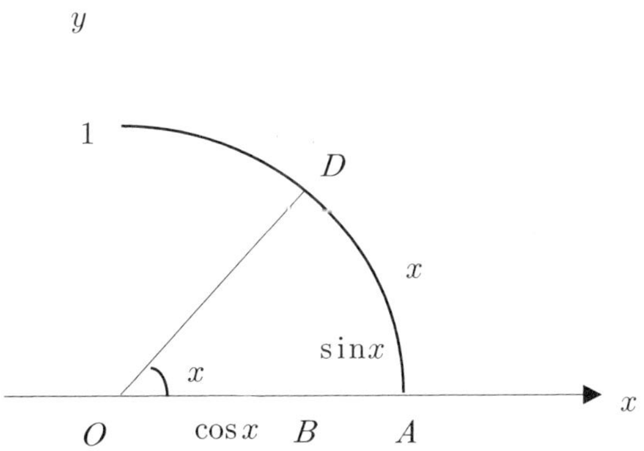

[도표 7.1]

(1) $0 < x < \frac{\pi}{2}$일 때

$$\sin x = \text{선분 } BD\text{의 길이} < \text{호 } AD\text{의 길이} = x$$

이고, $-\frac{\pi}{2} < x < 0$일 때

$$-\sin x = \sin(-x) < -x$$

이므로, $\sin x > x$이다. 그러므로

$$|\sin x| < |x| \qquad (-\frac{\pi}{2} < x < \frac{\pi}{2}, \ x \neq 0)$$

이다. 임의의 $\epsilon > 0$에 대하여, $\delta = \epsilon$으로 선택하고, $0 < |x| < \delta$ 이라고 하면 $|\sin x| < |x| < \delta$ 이므로 $\lim_{x \to 0} \sin x = 0$ 이다.

(2) $0 < x < \frac{\pi}{2}$일 때,

$$1 - \cos x = \text{선분 } AB\text{의 길이} < \text{호 } AD\text{의 길이} = x$$

이고, $-\frac{\pi}{2} < x < 0$일 때,

$$1 - \cos x = 1 - \cos(-x) < -x$$

이므로

$$|1 - \cos x| = 1 - \cos x < |x| \qquad \left(-\frac{\pi}{2} < x < \frac{\pi}{2},\ x \neq 0\right)$$

이다. 따라서 (1)과 같은 방법으로 $\lim_{x \to 0} \cos x = 1$도 증명 된다. ⊠

◈ **정리 7.1.1** $\lim_{x \to a} f(x) = l$, $\lim_{x \to a} g(x) = m$이면

(1) $\lim_{x \to a}(f(x) + g(x)) = l + m = \lim_{x \to a} f(x) + \lim_{x \to a} g(x)$

(2) $\lim_{x \to a}(cf(x)) = cl = c\lim_{x \to a} f(x)$ (단, c는 상수)

(3) $\lim_{x \to a}(f(x)g(x)) = lm = \lim_{x \to a} f(x) \lim_{x \to a} g(x)$

(4) $\lim_{x \to a} \frac{f(x)}{g(x)} = \frac{l}{m} = \frac{\lim_{x \to a} f(x)}{\lim_{x \to a} g(x)}$ $(m \neq 0)$

증명 (1) 임의의 $\epsilon > 0$에 대하여 $\lim_{x \to a} f(x) = l$이고, $\lim_{x \to a} g(x) = m$이므로 적당한 δ', δ''을 선택하여

(i) $0 < |x - a| < \delta'$ 이면 $|f(x) - l| < \frac{\epsilon}{2}$ 이고

(ii) $0 < |x - a| < \delta''$ 이면 $|g(x) - m| < \frac{\epsilon}{2}$ 이다.

이제 $\delta = \min\{\delta', \delta''\} > 0$로 두자. 그러면

$$0 < |x-a| < \delta \Rightarrow |f(x)+g(x)-(l+m)| = |(f(x)-l)+(g(x)-m)|$$
$$\le |f(x)-l| + |g(x)-m|$$
$$< \frac{\epsilon}{2} + \frac{\epsilon}{2} = \epsilon$$

이므로 $\lim_{x\to a}(f(x)+g(x)) = l+m$이다.

(2), (3), (4)도 같은 방법으로 증명한다. ⊠

≪보충 3≫ (1) 상수 c에 대하여 $\lim_{x\to a} c = c$임을 극한의 정의로부터 쉽게 증명할 수 있다.

(2) $f(x)$가 유리함수, 즉 $f(x) = \dfrac{b_n x^n + b_{n-1}x^{n-1} + \cdots + b_0}{a_m x^m + a_{m-1}x^{m-1} + \cdots + a_0}$일 때, 정리 7.1.1을 이용하면 $\lim_{x\to a} f(x) = f(a)$임을 보일 수 있다.

≪예제 4≫ 다음 극한값을 구하여라.

(1) $\lim_{x\to 3}\dfrac{x^2-9}{x-3}$ (2) $\lim_{x\to 0}\dfrac{\sqrt{x+1}-1}{x}$

풀이 (1) $\lim_{x\to 3}\dfrac{x^2-9}{x-3} = \lim_{x\to 3}(x+3) = 6$

(2) $\lim_{x\to 0}\dfrac{\sqrt{x+1}-1}{x} = \lim_{x\to 0}\dfrac{1}{\sqrt{x+1}+1} = \dfrac{1}{2}$ ⊠

≪예제 5≫ $\lim_{h\to 0}\dfrac{\cos h - 1}{h} = 0$임을 밝혀라.

풀이 $$\lim_{h\to 0}\frac{\cos h-1}{h} = \lim_{h\to 0}\frac{-2\sin^2\frac{h}{2}}{h} = \lim_{h\to 0}\frac{-\sin^2\frac{h}{2}}{\frac{h}{2}} = -\lim_{h\to 0}\frac{\sin\frac{h}{2}}{\frac{h}{2}}\sin\frac{h}{2} = 0$$

⊠

≪예제 6≫ 다음 극한값을 계산하여라.

(1) $\lim_{x\to a}\sin x = \sin a$　　　　(2) $\lim_{x\to a}\cos x = \cos a$

풀이　(1) $\sin(x+y) = \sin x\cos y + \cos x\sin y$이므로

$$\lim_{x\to a}\sin x = \lim_{h\to 0}\sin(a+h) = \lim_{h\to 0}(\sin a\cosh + \cos a\sinh)$$

$$= \sin a\lim_{h\to 0}\cosh + \cos a\lim_{h\to 0}\sinh = \sin a$$

(2) $\lim_{x\to a}\cos x = \cos a$도 (1)과 같은 방법으로 보일 수 있다. ⊠

◈ **정리 7.1.2 (샌드위치 정리)**　$f(x) \le g(x) \le h(x)$이고, $\lim_{x\to a}f(x) = \lim_{x\to a}h(x) = l$이면 $\lim_{x\to a}g(x) = l$이다.

증명　$\lim_{x\to a}f(x) = \lim_{x\to a}h(x) = l$이므로 임의의 $\epsilon > 0$에 대하여 적당한 δ_1, $\delta_2 > 0$가 존재하여 $0 < |x-a| < \delta_1 \Rightarrow |f(x)-l| < \epsilon$ 이고, $0 < |x-a| < \delta_2 \Rightarrow |h(x)-l| < \epsilon$ 이다. 이제 $\delta = \min\{\delta_1, \delta_2\}$로 두자. 그러면

$$0 < |x-a| < \delta \Rightarrow l-\epsilon < f(x) \le g(x) \le h(x) < h(x) < l+\epsilon$$

이므로 $\lim_{x\to a}g(x) = l$이다. ⊠

지금까지 함수의 극한은 $x\to a$ (a는 실수)인 경우에만 생각했다. 그러나 $x\to\infty$ 또는 $x\to-\infty$일 경우의 극한도 생각할 수 있다.

예를 들면 $f(x) = \frac{1}{x}$일 때, $x\to\infty$이거나 $x\to-\infty$이면 $\frac{1}{x}\to 0$임을 직관적으로 알 수 있다. 이들 극한에 대한 엄밀한 정의는 다음과 같다.

◈ **정의**　임의의 $\epsilon > 0$에 대하여 적당한 실수 $\delta > 0$를 선택할 수 있어서 $x > \delta$ $(x < \delta) \Rightarrow |f(x)-l| < \epsilon$ 를 만족할 때 $l = \lim_{x\to\infty}f(x)$ ($\lim_{x\to-\infty}f(x)$)로 표기하고, l을 x가 ∞ $(-\infty)$로 갈 때 $f(x)$의 **극한값** (limit value)이라고 한다.

≪예제 7≫　$\lim_{x\to\infty}\frac{1}{x} = 0$임을 보여라.

풀이 임의의 $\epsilon > 0$에 대하여, $\delta = \dfrac{1}{\epsilon}$로 선택하고, $x > \delta$이면 $\left|\dfrac{1}{x}\right| = \dfrac{1}{x} < \dfrac{1}{\delta} = \epsilon$ 이므로 $\lim\limits_{x \to \infty} \dfrac{1}{x} = 0$이다. ▨

≪예제 8≫ $\lim\limits_{x \to \infty} \dfrac{3x^2 - 2x + 7}{1 + 2x^2 - 2x}$의 값을 구하여라.

풀이 $t = \dfrac{1}{x}$로 치환하면, $x \to \infty$일 때 $t \to 0^+$이므로

$$\lim_{x \to \infty} \frac{3x^2 - 2x + 7}{1 + 2x^2 - 2x} = \lim_{t \to 0^+} \frac{\dfrac{3}{t^2} - \dfrac{2}{t} + 7}{1 + \dfrac{2}{t^2} - \dfrac{2}{t}} = \lim_{t \to 0^+} \frac{3 - 2t + 5t^2}{t^2 + 2 - 2t} = \frac{3}{2}$$

이다. ▨

다음은 해석학에서 가장 중요한 분야중 하나이며 우리가 많이 취급하는 연속함수의 개념을 살펴본다.

◈ 정의 (1) 함수 $y = f(x)$가 $x = a$에서의 함숫값 $f(a)$와 $x \to a$일 때의 $f(x)$의 극한값 $\lim\limits_{x \to a} f(x)$가 존재하고, $\lim\limits_{x \to a} f(x) = f(a)$일 때 $y = f(x)$는 $x = a$에서 **연속함수**(continuous function)라고 한다.

(2) I가 개구간 또는 폐구간 일 때, 임의의 $a \in I$에서 $y = f(x)$가 연속이면, $y = f(x)$는 I에서 **연속**(continuous)이라고 한다.

연속함수의 정의를 이용하여 표현하면, 임의의 $\epsilon > 0$에 대하여 $|x - a| < \delta$ 이면 $|f(x) - f(a)| < \epsilon$ 을 만족하는 $\delta > 0$가 존재할 때, $y = f(x)$는 $x = a$에서 **연속함수**라고 한다.

보충 3에 의해서 유리함수는 연속함수임을 알 수 있다.

≪보충 9≫ $y = f(x)$는 $x = a$에서 불연속이라 함은 $\lim\limits_{x \to a} f(x)$가 존재하지 않거나, 존재하더라도 함숫값 $f(a)$와 같지 않은 경우와 $x = a$에서의 함숫값 $f(a)$가 정의되지 않은 경우이다.

그래프를 통해 불연속의 의미를 설명할 수 있다.

≪예제 10≫ $f(x) = \sin x$, $g(x) = \cos x$는 $\mathbb{R}$에서 연속이다.

풀이 임의의 $a \in \mathbb{R}$에 대하여

$$\lim_{x \to a} f(x) = \lim_{x \to a} \sin x = \sin a = f(a)$$

이므로, $f(x) = \sin x$는 $\mathbb{R}$에서 연속이다.

$g(x) = \cos x$의 경우도 같은 방법으로 증명할 수 있다. ⊠

◈ **정리 7.1.3** 함수 f, g가 $x = a$에서 연속이면 $f + g$, cf(c는 상수), fg, $\dfrac{f}{g}$도 $x = a$에서 연속이다.

증명 정리 7.1.1의 (1)에 의해,

$$\lim_{x \to a}(f(x) + g(x)) = \lim_{x \to a} f(x) + \lim_{x \to a} g(x) = f(a) + g(a)$$

이므로 $f + g$는 $x = a$에서 연속이다.

나머지도 같은 방법으로 증명할 수 있다. ⊠

◈ **정리 7.1.4** 함수 f가 a에서 연속이고, g가 $f(a)$에서 연속이면 합성함수 $g \circ f$는 $x = a$에서 연속이다.

증명 임의의 $\epsilon > 0$에 대하여 $\lim_{y \to f(a)} g(y) = g(f(a))$이므로 적당한 $\delta' > 0$가 존재하여

$$|y - f(a)| < \delta' \Rightarrow |g(y) - g(f(a))| < \epsilon$$

이다. 또, $\delta' > 0$에 대하여 $\lim_{x \to a} f(x) = f(a)$이므로 적당한 $\delta > 0$가 존재하여

$$|x - a| < \delta \Rightarrow |f(x) - f(a)| < \delta'$$

이다. 따라서

$$|x - a| < \delta \Rightarrow |f(x) - f(a)| < \delta' \Rightarrow |g(f(x)) - g(f(a))| < \epsilon$$

이므로 $g(f(x))$는 $x = a$에서 연속이다. ⊠

다음 정리들은 연속함수에서 성립하는 기본적인 정리로서 내용은 직관적으로 쉽게 이해할 수 있으나, 그 증명은 복잡하므로 생략한다.

◈ **정리 7.1.5 (최대, 최소의 정리)** 함수 f가 폐구간 $[a,b]$에서 연속이면 f는 $[a,b]$ 위에서 최대값 및 최소값을 갖는다.

◈ **정리 7.1.6 (중간값의 정리)** 함수 f가 폐구간 $[a,b]$에서 연속이고 $f(a) < c < f(b)$ 이면 $f(\xi)$를 만족하는 ξ가 개구간 (a,b) 내에 적어도 하나 존재한다.

연습문제 7.1

1. $\lim_{x \to a} \sqrt{x} = \sqrt{a}$ $(a \geq 0)$임을 보여라.

2. $\lim_{x \to a} x = a$ $(a \geq 0)$임을 보여라.

다음 극한값을 구하여라.(3~13)

3. $\lim_{x \to 0} \dfrac{2-3x^2}{1+2x}$

4. $\lim_{x \to a} \dfrac{x^2-a^2}{x-a}$

5. $\lim_{x \to -1^-} \dfrac{x-2}{3(x^2-4)}$

6. $\lim_{x \to 0^+} \dfrac{\sin x}{2x}$

7. $\lim_{x \to \infty} (x^2-4x+1)$

8. $\lim_{x \to \infty} \dfrac{\cos x}{3x}$

9. $\lim_{x \to \infty} \dfrac{7x-2}{x+4}$

10. $\lim_{x \to -\infty} \dfrac{\sqrt{8x^2+16}}{2x-6}$

11. $\lim_{h \to 0} \dfrac{(1+2h)^2-1}{h}$

12. $\lim_{x \to \infty} \dfrac{5+3\sin x}{x}$

13. $\lim_{x \to \infty} \dfrac{\tan x}{5x}$

14. $\lim_{x \to 0} \dfrac{\sin x}{x} = 1$임을 보여라.

15. $f(x) = \begin{cases} 1, & x \geq 0 \\ -1, & x < 0 \end{cases}$ 일 때, $\lim_{x \to 0} f(x)$는 존재하지 않음을 보여라.

16. $f(x) = \dfrac{[x]}{x}$ 일 때 $\lim_{x \to 2} f(x)$의 존재여부를 조사하여라. 단, $[x]$는 x를 넘지 않

은 최대의 정수이다.

다음 극한을 구하라.(17~20)

17. $\lim_{h\to 0}\frac{\tan h}{3h}$

18. $\lim_{x\to 0}\frac{\sec x-1}{x^2}$

19. $\lim_{x\to\infty}\left(1+\frac{a}{x}\right)^x$

20. $\lim_{x\to 0}\frac{\log_a(1+x)}{x}$

다음을 증명하여라.(21~22)

21. $\lim_{x\to 0}\frac{\log(1+x)}{x}=1$

22. $\lim_{x\to 0}\frac{e^x-1}{x}=1$

7.2 section 도함수, 미분

이 절에서는 연속인 함수의 순간 변화율의 수학적인 개념인 미분계수, 도함수, 미분법 및 미분 등을 학습한 후, 움직이는 물체의 속도, 가속도, 곡선에서의 접선의 기울기 등에 응용한다.

함수 $y=f(x)$의 곡선 상의 한 점 $P(a, f(a))$에서의 접선의 기울기를 구하여 보자. 점 P가 아닌 곡선 상의 임의의 한 점 $Q(x, f(x))$를 잡으면,

$$\overline{PQ}\text{의 기울기} = \frac{f(x)-f(a)}{x-a}$$

이 되고, 이 때 곡선을 따라서 점 Q를 점 P로 무한히 접근시키면, 점 P에서 곡선 $y=f(x)$의 접선 기울기를 구할 수 있다. 점 Q를 점 P에 무한히 접근시킨다는 뜻은 x가 a에 무한히 접근 할 때 (즉, $x \to a$) $f(x)$는 $f(a)$에 접근한다는 뜻과 같으므로, 곡선 $y=f(x)$ 위의 점 $P(a,\ f(a))$에서의 **접선의 기울기**는

$$\lim_{x\to a}\frac{f(x)-f(a)}{x-a}$$

임을 알 수 있다. 위에서 $\frac{f(x)-f(a)}{x-a}$는 구간 $[a,x]$에서의 $y=f(x)$의 **평균 변화율**이 되고, $\lim_{x\to a}\frac{f(x)-f(a)}{x-a}$ (극한값이 존재할 때)는 $y=f(x)$의 $x=a$에서 **순간 변화율**이 된다.

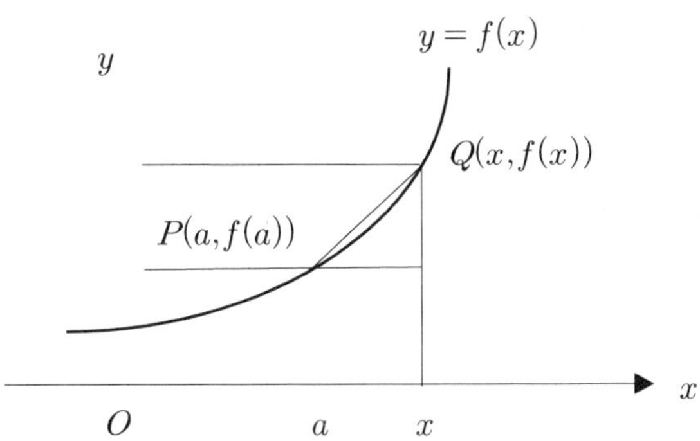

[도표 7.2]

◈ **정의** 함수 $y=f(x)$에서 극한값 $\lim_{x\to a}\frac{f(x)-f(a)}{x-a}$가 존재할 때

(1) $y=f(x)$는 $x=a$에서 **미분가능** (differentiable)하다고 하고

(2) 이 극한값을 $y=f(x)$의 $x=a$에서 **미분계수** (differential coefficient)라 하며 $f'(a)$로 표시한다. 즉, $f'(a)=\lim_{x\to a}\frac{f(x)-f(a)}{x-a}$이다.

위의 정의에서 $h=x-a$로 두면 $x\to a$ 일 필요충분조건은 $h\to 0$ 이므로 미분계수 $f'(a)$는 다음과 같이 표현할 수 있다.

$$f'(a)=\lim_{h\to 0}\frac{1}{h}f(a+h)-f(a)$$

◈ **정의** I를 실수 공간 $\mathbb{R}$ 상의 개구간이라고 하자.

(1) 함수 f가 I의 모든 점에서 미분가능일 때 f는 I에서 미분가능하다고 한다.

(2) 함수 f가 I에서 미분 가능할 때 각 점 $x\in I$를 그 점의 미분계수 $f'(x)$에 대응시키는 함수 $f: I\to R$을 f의 **도함수** (derivative)라고 한다.

즉 $f'(a)=\lim_{h\to 0}\frac{1}{h}f(x+h)-f(x)$이다.

(3) 함수 f의 도함수 f'을 구하는 것을 "f를 x에 대하여 미분한다"라고 한다.

함수 $y=f(x)$의 도함수를 나타내는 기호에는 다음과 같이 여러 가지가 있다.

$$f'(x)=y'=\frac{dy}{dx}=\frac{df}{dx}=\frac{d}{dx}f(x)=Df(x)$$

여기서, 기호 D, $\frac{d}{dx}$ 등은 x에 대하여 미분한다는 미분연산을 수행하는 의미의 기호이며, $f'(a)=\frac{dy}{dx}|_{x=a}$는 특정한 값 $x=a$에 대한 도함수의 값 (미분계수)을 표현하는 기호이다.

≪예제 1≫ $f(x)=x^2-x$의 도함수를 구하고 $x=5$에서의 미분계수를 구하여라.

풀이 $f'(x)=\lim_{h\to 0}[\frac{1}{h}f(x+h)-f(x)]=\lim_{h\to 0}[\frac{1}{h}(x+h)^2-(x+h)-(x^2-x)]$

$$=\lim_{h\to 0}[\frac{1}{h}(2x-1)h+h^2]=\lim_{h\to 0}[\frac{1}{h}(2x-1)+h]=2x-1$$

이므로 $f(x)$의 도함수는 $f'(x)=2x-1$이고, $f'(5)=9$이다. ⊠

≪예제 2≫ 함수 $f(x)=|x|$ 가 미분 가능한 영역을 구하고 도함수를 구하여라.

풀이 (1) $x>0$이면 $f(x)=|x|$ 이므로 $f'(x)=\lim_{h\to 0}\frac{(x+h)-(x)}{h}=1$이다.

(2) $x<0$이면 $f(x)=|x|=-x$ 이므로 $f'(x)=\lim_{h\to 0}\frac{-(x+h)-(-x)}{h}=-1$이다.

(3) $x=0$일 때 $f'(0)$가 존재한다면, $f'(0)=\lim_{h\to 0}\frac{1}{h}f(0+h)-f(0)=\lim_{h\to 0}\frac{|h|}{h}$
가 존재해야 한다.

그러나 $\lim_{h\to 0}\frac{|h|}{h}=\lim_{h\to 0}\frac{h}{h}=\lim_{h\to 0}1=1$ 이고, $\lim_{h\to 0}\frac{|h|}{h}=\lim_{h\to 0^-}\frac{-h}{h}=\lim_{h\to 0^-}(-1)=-1$
이므로 $\lim_{h\to 0}\frac{|h|}{h}$ 은 존재하지 않는다. 따라서 $f'(0)$는 존재하지 않는다. (1), (2), (3)에 의해서, $f(x)=|x|$ 의 미분 가능한 영역은 $\{x\in R \mid x\neq 0\}$이고

$$f'(x)=\begin{cases} 1, x>0 \\ -1, x<0 \end{cases}$$

이다. ⊠

위 예제 2에서 $f(x)=|x|$는 $x=0$에서 연속이지만 $x=0$에서 미분 불가능임을 알 수 있다. 즉, 일반적으로 함수가 $x=a$에서 연속이라고 해서 $x=a$에서 미분가능하다고 말할 수는 없다. 그러나 함수가 $x=a$에서 미분가능이면 항상 $x=a$에서 연속이 된다.

◈정리 7.2.1 함수 $y=f(x)$가 $x=a$에서 미분가능하면 $y=f(x)$는 $x=a$에서 연속이다.

증명 f가 $x=a$에서 연속임을 보이기 위해 $\lim_{x\to a}f(x)=f(a)$임을 보이자. f가 $x=a$에서 미분 가능하므로 $f'(a)$가 존재한다. 따라서

$$\lim_{x\to a}[f(x)-f(a)] = \lim_{x\to a}\frac{f(x)-f(a)}{x-a}(x-a) = \lim_{x\to a}\frac{f(x)-a}{x-a}\lim_{x\to a}(x-a) = f'(a)\cdot 0 = 0$$

이다. 그러므로

$$\lim_{x\to a}f(x) = [f(a)+f(x)-f(a)] = \lim_{x\to a}f(a)+\lim_{x\to a}(f(x)-f(a)) = f(a)$$

이고, f는 $x=a$에서 연속이다. ▨

도함수를 정의로부터 직접 계산하여 구한다면 그 계산의 복잡성 때문에 효율적이지 못할 것이다. 이 절에서는 도함수의 계산에 아주 유용한 기본 공식들을 알아보고자 한다.

≪예제 3≫ $f(x)=c$ (상수함수)이면 $f'(x)=0$임을 보여라.

풀이 $f'(x)=\lim_{h\to 0}\frac{1}{h}[f(x+h)-f(x)] = \lim_{h\to 0}\frac{1}{h}(c-c) = \lim_{h\to 0}0 = 0$ ▨

≪예제 4≫ 양의 정수 n에 대하여 $f(x)=x^n$이면 $f'(x)=nx^{n-1}$임을 보여라.

풀이 도함수의 정의에 의하여

$$f'(x)=\lim_{h\to 0}\frac{1}{h}[f(x+h)-f(x)]=\lim_{h\to 0}\frac{1}{h}[(x+h)^n-x^n]$$

이고, 인수분해 공식에 의해

$$\begin{aligned} f'(x) &= \lim_{h\to 0}\frac{1}{h}[(x+h)^n-x^n] \\ &= \lim_{h\to 0}\frac{1}{h}h\left[(x+h)^{n-1}+(x+h)^{n-2}x+\cdots+(x+h)x^{n-2}+x^{n-1}\right] \\ &= nx^{n-1} \end{aligned}$$

이다. ▨

≪보기 5≫ 상수함수 $y=7$의 도함수는 $f'(x)=\frac{d}{dx}(7)=0$이고, $g(x)=x^{10}$의 도함수는 $g'(x)=\frac{d}{dx}(x^{10})=10x^{10-1}=10x^9$이다.

다음 정리는 미분 가능한 함수들의 합, 차, 곱, 몫의 연산에 의하여 이루어진 함수의 도함수를 구하는데 유용한 미분법이다.

◈ 정리 7.2.2 c가 상수이고, 함수 f, g가 구간 I에서 미분가능이면, cf, $f+g$, fg, $\frac{f}{g}$도 I에서 미분가능 (단, $\frac{f}{g}$의 경우 $g(x)=0$인 x는 제외)이고, 각각의 도함수는 다음과 같다.

(1) $(cf)'(x) = c \cdot f'(x)$

(2) $(f+g)'(x) = f'(x) + g'(x)$

(3) $(f \cdot g)'(x) = f'(x)g(x) + f(x)g'(x)$

(4) $(\frac{f}{g})'(x) = \dfrac{f'(x)g(x) - f(x)g'(x)}{g(x)^2}$

증명 (1) $(cf)'(x) = \lim_{h\to 0}\frac{1}{h}[cf(x+h) - cf(x)] = c\lim_{h\to 0}\frac{1}{h}[f(x+h) - f(x)]$
$= cf'(x)$

(2) $(f+g)'(x) = \lim_{h\to 0}\frac{1}{h}[f(x+h) + g(x+h) - (f(x) + g(x)]$

$$= \lim_{h\to 0}\frac{1}{h}[f(x+h) - f(x)] + \lim_{h\to 0}\frac{1}{h}[g(x+h) - g(x)]$$

$$= f'(x) + g'(x)$$

(3) $(fg)'(x) = \lim_{h\to 0}\frac{1}{h}[f(x+h)g(x+h) - f(x)g(x)]$

$$= \lim_{h\to 0}\frac{1}{h}[f(x+h) - f(x)g(x+h) + g(x+h) - g(x)]$$

$$= \lim_{h\to 0}\left[\frac{f(x+h) - f(x)}{h}\right]g(x+h) + f(x)\left[\frac{g(x+h) - g(x)}{h}\right]$$

이고, 정리 7.1.1에 의해서 $\lim_{h\to 0}g(x+h) = g(x)$이므로
$(f \cdot g)'(x) = f'(x)g(x) + f(x)g'(x)$이다.

(4) 먼저 $(\frac{1}{g})'(x) = \dfrac{-g'(x)}{g(x)^2}$임을 보이자.

$$\left(\frac{1}{g}\right)'(x)=\lim_{h\to 0}\frac{1}{h}\left[\frac{1}{g(x+h)}-\frac{1}{g(x)}\right]$$

$$=\lim_{h\to 0}\left[\frac{g(x+h)-g(x)}{h}\cdot\frac{1}{g(x+h)\cdot g(x)}\right]$$

이고, 정리 7.2.1에 의해서 $\lim_{h\to 0}\frac{1}{g(x+h)}=\frac{1}{g(x)}$이므로 $\left(\frac{1}{g}\right)'(x)=\frac{-g'(x)}{g(x)^2}$이다.

따라서 위의 (3)을 이용하면,

$$\left(\frac{f}{g}\right)'(x)=\left(f\cdot\frac{1}{g}\right)'(x)=f'(x)\cdot\frac{1}{g(x)}+f(x)\left(\frac{1}{g}\right)'=\frac{f'(x)g(x)-f(x)g'(x)}{g(x)^2}$$

이다. ⊠

≪예제 6≫ $f(x)=4x^6-5x^4+6x-7$일 때 $f'(x)$를 구하여라.

풀이 $f'(x)=24x^5-20x^3+6$ ⊠

≪예제 7≫ $f(x)=(3x^2+2x)(x+2)$일 때 $f'(x)$를 구하여라.

풀이 $f'(x)=(3x^2+2x)'(x+2)+(3x^2+2x)(x+2)'$

$$=(6x+2)(x+2)+(3x^2+2x)1=9x^2+22x+4$$

⊠

≪예제 8≫ $f(x)=\frac{3x}{x^2+1}$일 때 $f'(x)$를 구하여라.

풀이 $\frac{(3x)'(x^2+1)-3x(x^2+1)'}{(x^2+1)^2}=\frac{3(x^2+1)-3x\cdot 2x}{(x^2+1)^2}=\frac{-3x^2+3}{(x^2+1)^2}$ ⊠

정리 7.2.2의 (4)를 이용하면, 예제 4의 n을 정수로 확장할 수 있다.

≪예제 9≫ 정수 n에 대하여 $f(x)=x^n$의 도함수는 $f'(x)=nx^{n-1}$이다.

풀이 $n=0$일 때는 명백하므로 n이 음의 정수일 때만 증명하면 된다.

$m=-n$이라고 두면, m은 양의 정수이고 $f(x)=x^n=x^{-m}=\frac{1}{x^m}$이므로 정리 7.2.2의 (4)와 예제 4에 의해서 $f'(x)=\frac{-mx^{m-1}}{x^{2m}}=-mx^{-m-1}=nx^{n-1}$이다. ▨

위의 예제 9은 임의의 실수로 확장 할 수 있다. 즉, 임의의 실수 α에 대하여 $f(x)=x^{\alpha}$ 의 도함수 $f'(x)=\alpha^{\alpha-1}$이다.

함수 $y=\sqrt{x^2+3}$의 도함수 $\frac{dy}{dx}$를 구하는 문제를 생각해보자. 이 경우 앞 절의 미분공식만을 이용하여 도함수를 계산한다는 것은 불가능함을 알 수 있다. 물론 도함수의 정의로부터 직접 도함수를 계산하는 것은 가능하다. 이제 다른 각도에서 이 문제를 생각하여 보자. $u=f(x)=x^2+3$, $y=g(u)=\sqrt{u}$라고 두면, $y=\sqrt{x^2+3}=g(f(x))$로 표현할 수 있다. 즉, $y=\sqrt{x^2+1}$은 두 함수 $u=f(x)$와 $y(g(u))$의 합성함수로 표현된다. 또한 $\frac{dy}{du}$, $\frac{1}{2\sqrt{u}}=\frac{1}{2\sqrt{x^2+3}}$이고 $\frac{du}{dx}=2x$임을 알 수 있다. 만일 $\frac{dy}{dx}$, $\frac{dy}{du}$, $\frac{du}{dx}$가 어떤 관계를 갖는지만 알 수 있다면 $\frac{dy}{dx}$를 구할 수 있을 것이다.

◈ 정리 7.2.3 (연쇄법칙: chain rule) $u=f(x)$가 $x=a$에서 미분가능하고, $y=g(u)$가 $u=f(a)$에서 미분가능하면, 합성함수 $y=g\circ f(x)$는 $x=a$에서 미분가능하고,

$$\frac{dy}{dx}\bigg|_{x=a}=\frac{dy}{du}\bigg|_{u=f(a)}\cdot\frac{du}{dx}\bigg|_{x=a}$$

이다. 즉 $u=f(x)$와 $y=g(u)$가 미분가능하면, $y=g\circ f(x)$는 미분가능하고,

$$\frac{dy}{dx}=\frac{dy}{du}\cdot\frac{du}{dx}$$

이다.

증명 $\Delta u=f(a+\Delta x)-f(a)$로 두면 f가 a에서 미분가능 (따라서 연속)이므로, $\lim_{\Delta x\to 0}\Delta u=0$이다. 따라서

$$(g\circ f)'(a)=\lim_{\Delta x\to 0}\frac{1}{\Delta x}[g\circ f(a+\Delta x)-g\circ f(a)]$$

$$= \lim_{\Delta x \to 0} \frac{1}{\Delta x}[g(u+\Delta u) - g(u)]$$

$$= \lim_{\Delta u \to 0} \frac{1}{\Delta u}[g(u+\Delta u) - g(u)] \lim_{\Delta x \to 0} \frac{1}{\Delta x}[f(a+\Delta x) - f(a)]$$

$$= g'(f(a))f'(a)$$

즉, $\left.\frac{dy}{dx}\right|_{x=a} = \left.\frac{dy}{du}\right|_{u=f(a)} \cdot \left.\frac{du}{dx}\right|_{x=a}$ 이다.

▨

≪예제 10≫ $y = \sqrt{x^2+3}$일 때 $\frac{dy}{dx}$를 구하라.

풀이 $u = x^2+3$이라 두면 $y = \sqrt{u}$, $u = x^2+3$이다. 따라서 연쇄법칙에 의하여 $\frac{dy}{dx} = \frac{dy}{du}\frac{du}{dx} = \frac{1}{2\sqrt{u}}2x = \frac{x}{\sqrt{x^2+3}}$이다. ▨

≪예제 11≫ $y = (x^3+1)^{2004}$일 때 $\frac{dy}{dx}$를 구하여라.

풀이 $u = x^3+1$이라 두면, $y = u^{2004}$, $u = x^3+1$이므로 연쇄법칙에 의해서,

$$\frac{dy}{dx} = \frac{dy}{du}\frac{du}{dx} = 2004u^{2003}3x^2 = 6012x^2(x^3+1)^{2003}$$

이다. ▨

지금부터는 $x^2+y^2 = 10$ 또는 $2x^3+3y^3 = 5xy^2$처럼 표현되는 경우에 $\frac{dy}{dx}$를 구하는 방법을 생각해 보자. 일반적으로 $F(x,y) = 0$의 꼴로 표현되는 경우를 **음함수**(implicit function)라고 한다. 물론 이 음함수를 $y = f(x)$의 형태로 바꾸어서 $\frac{dy}{dx}$를 계산할 수 도 있다. 그러나 우리는 음함수 $F(x,y) = 0$를 $y = f(x)$의 형태로 표현하지 않고 $F(x,y) = 0$의 양변을 x에 대해 미분한 다음 $\frac{dy}{dx}$를 구한다.

≪예제 12≫ $x^2+y^2 = 10$에서 $\frac{dy}{dx}$를 구하여라.

풀이 양변을 x에 대해 미분하면 $\frac{d}{dx}(x^2+y^2)=\frac{d}{dx}(10)$, 즉

$$\frac{d}{dx}(x^2)+\frac{d}{dx}(y^2)=0$$

이다. y는 x의 함수이므로 연쇄법칙을 이용하면, $2x+2y\frac{dy}{dx}=0$이고, 따라서 $\frac{dy}{dx}=-\frac{y}{x}$이다. ▨

x가 y의 함수일 때 즉, $x=f(y)$일 때 y를 x의 함수로 생각하여 $\frac{dy}{dx}$를 구하는 방법을 생각하자. 음함수 미분법과 연쇄법칙을 적용하여,

$$1=\frac{d}{dx}f(y)=\frac{d}{dy}f(y)\frac{dy}{dx}$$

이므로 $\frac{df(y)}{dy}=\frac{dx}{dy}\neq 0$일 때에 $\frac{dy}{dx}=\frac{1}{\frac{dx}{dy}}$임을 알 수 있다.

또한, $x=f(t)$이고 $y=g(t)$일 때 매개변수 t를 소거하면, y는 x의 함수임을 알 수 있고, 이 때 $\frac{dy}{dx}$를 구하여 보면 $\frac{dx}{dt}\neq 0$일 때에

$$\frac{dy}{dx}=\frac{dy}{dt}\frac{dt}{dx}=\frac{dy}{dt}/\frac{dx}{dt}$$

임을 알 수 있다. 따라서 이들을 정리하면 다음의 공식을 얻는다.

◈ 정리 7.2.4 (역함수 미분법, 매개함수 미분법) (1) $x=f(y)$에서 $\frac{dx}{dy}$가 존재하고 $\frac{dx}{dy}\neq 0$이면, $\frac{dy}{dx}=\frac{1}{dx/dy}$이다.

(2) $x=f(t)$, $y=g(t)$에서 $\frac{dx}{dt}$, $\frac{dy}{dt}$가 존재하고 $\frac{dx}{dt}\neq 0$이면 $\frac{dy}{dx}=\frac{dy}{dt}/\frac{dx}{dt}$이다.

다음은 **삼각함수 미분공식**을 구하여 보자.

◈ 정리 7.2.5 (1) $\frac{d}{dx}(\sin x) = \cos x$

(2) $\frac{d}{dx}(\csc x) = -\cos x \cot x$

(3) $\frac{d}{dx}(\cos x) = -\sin x$

(4) $\frac{d}{dx}(\sec x) = -\sec x \tan x$

(5) $\frac{d}{dx}(\tan x) = \sec^2 x$

(6) $\frac{d}{dx}(\cot x) = -\csc^2 x$

증명 (1) $\lim_{h \to 0} \frac{\sinh}{h} = 1$이고 $\lim_{h \to 0} \frac{\cosh - 1}{h} = 0$이므로

$$\frac{d}{dx}(\sin x) = \lim_{h \to 0} \frac{1}{h}[\sin(x+h) - \sin x] = \lim_{h \to 0} \frac{1}{h}[\sin x \cos h + \cos x \sin h - \sin x]$$

$$= \lim_{h \to 0}\left[\sin x \frac{\cos h - 1}{h} + \cos x \frac{\sin h}{h}\right] = \cos x$$

(3) $y = \cos x = \sin(\frac{\pi}{2} - x)$에서 $u = \frac{\pi}{2} - x$라 두면 $y = \sin u$, $u = \frac{\pi}{2} - x$이므로,

연쇄법칙과 (1)에 의해서 $\frac{d}{dx}(\cos x) = \frac{dy}{du}\frac{du}{dx} = -\cos u = -\sin x$이다.

(5) $\frac{d}{dx}(\tan x) = \frac{d}{dx}(\frac{\sin x}{\cos x}) = \frac{\cos^2 x + \sin^2 x}{\cos^2 x} = \sec^2 x$

나머지 공식도 위와 유사하게 증명할 수 있다. ⊠

≪예제 13≫ $y = \sin^3(7x)$일 때 $\frac{dy}{dx}$을 구하여라.

풀이 $u = 7x$, $v = \sin u$라 두면 $y = v^3$이고,

$$\frac{dy}{dx} = \frac{dy}{dv}\frac{dv}{dx} = \frac{dy}{dv}\frac{dv}{du}\frac{du}{dx} = 3v^2 \cos u \cdot 7$$

이므로

$$\frac{dy}{dx} = 21\sin^2(7x)\cos(7x)$$

이다. ⊠

함수 $y=f(x)$에 대하여 f 및 f'가 미분 가능한 함수이면, f'의 도함수 $(f')'=f''$을 함수 f의 2**계 도함수** (second order derivative)라고 한다. 즉,

$$y''=f''(x)=\frac{d}{dx}(f'(x))=\frac{d}{dx}(\frac{d}{dx}f(x))=\frac{d^2f(x)}{dx^2}=D^2y=D^2f(x)$$

이고 $y=f(x)$를 x에 대해서 2번 미분한 결과이다. 이때 f'를 f의 1**계 도함수** (first order derivative)라고 한다.

같은 방법으로, f''의 도함수 $(f'')'=f'''$를 생각할 수 있고, 이 f'''를 f의 3**계 도함수**라고 한다. 이러한 방법을 계속하면 일반적으로 f의 n**계 도함수**를 생각할 수 있고 이를 다음과 같이 표시한다.

$$y^n=f^{(n)}(x)=\frac{d^ny}{dx^n}=\frac{d^n}{dx^n}f(x)=D^ny=D^nf(x)$$

2계 이상인 도함수를 **고계 도함수**라고 한다.

≪예제 14≫ $x^2+y^2=10$일 때 $\frac{d^2y}{dx^2}$를 구하여라.

풀이 $2x+2y\frac{dy}{dx}=0$이므로 $\frac{dy}{dx}=-\frac{x}{y}$이다.

(1) $2x+2y\frac{dy}{dx}=0$을 다시 x에 대해 미분하면

$$2+2(\frac{dy}{dx})^2+2y\frac{d^2y}{dx^2}=0$$

이므로

$$\frac{d^2y}{dx^2}=-\frac{1+\left(\frac{dy}{dx}\right)^2}{y}=-\frac{y^2+x^2}{y^3}=-\frac{10}{y^3}$$

이다. ⊠

함수 $y=f(x)$의 도함수를 $\frac{dy}{dx}$로 표시하여 사용하였다. 사실 도함수의 정의에서는 $\frac{dy}{dx}$를 dy와 dx의 비 (ratio)로 생각할 수는 없다. 그러나 미분의 개념을 도입함으로서 $\frac{dy}{dx}$를 dy와 dx의 비로 생각할 수 있고, 이 미분은 도함수와 관련된 계산이나 미분방정식 및 근삿값의 계산 등에 유용하게 응용된다.

◈ 정의 함수 $y=f(x)$가 x에서 미분가능하고 dx를 실수 $\mathbb{R}$을 정의역으로 갖는 독립변수일 때 $f'(x)dx$를 y의 **미분** (differential)이라고 하고, dy, $df(x)$ 또는 df로 표시한다. 즉 $dy=df=f'(x)dx$이다.

위 정의에서 만일 $dx=0$이면 $dy=0$이다. 만일 $dx\neq 0$일 경우에는

$$f'(x)=\frac{y\text{의미분}}{x\text{의미분}}=\frac{dy}{dx}$$

이고, $y=f(x)$의 도함수 $\dfrac{dy}{dx}$를 dy와 dx의 비 (ratio)로 생각할 수 있다.

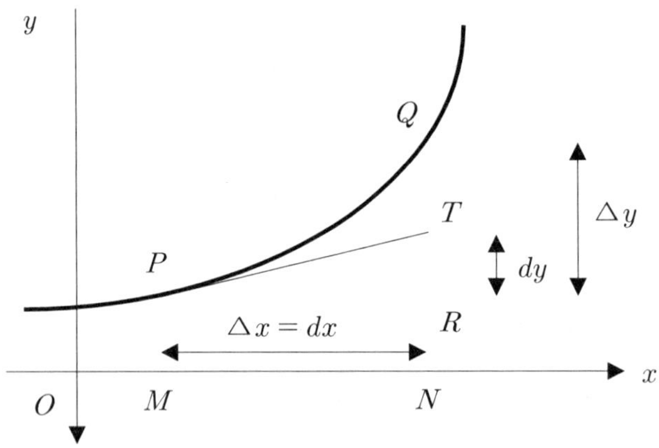

[그림 7.3]

≪예제 15≫ $y=5x^3+4x^2+3x+2$의 미분을 구하여라.

풀이 $dy=15x^2+8x+3$ ⊠

≪예제 16≫ $x=\sin t,\ y=-\cos t$일 때 $\dfrac{dy}{dx}$를 구하여라.

풀이 미분을 이용하면 $dx=\cos t\,dt$이고 $dy=\sin t\,dt$ 이므로

$$\frac{dy}{dx}=\frac{\sin t\,dt}{\cos t\,dt}=\frac{\sin t}{\cos t}=\tan t$$

이다. ⊠

미분의 기하학적 의미는 그림 7.3에서 $dx=\triangle x$라고 두고 $\triangle x$가 충분히 작으면, $dy=f(x+\triangle x)-f(x)$는 $dy=f'(x)dx$에 근사함을 알 수 있다. 따라서 $\triangle x$가 충분히 작으면,

$$\triangle y=f(x+\triangle x)-f(x)\approx dy=f'(x)dx$$

이 된다.

≪예제 17≫ $y=\sqrt{x}$에서 dy를 구하고 $\sqrt{99}$의 근삿값을 구하여라.

풀이 $f(x)=\sqrt{x}$라 두면 $dy=f'(x)dx$이므로 $dy=\dfrac{1}{2\sqrt{x}}dx$이다.

따라서 $x=100$, $dx=\triangle x=-1$로 두면 $dy=\dfrac{1}{2\sqrt{100}}(-1)=-0.05$이고,

$$\sqrt{99}=f(99)=f(100-1)=f(x+\triangle x)=f(x)+\triangle y\approx f(x)+dy$$

$$=f(100)+(-0.05)=\sqrt{100}-0.05=9.95$$

이다. ⊠

미분의 정의와 미분법으로부터 다음의 정리를 증명할 수 있다.

◈ **정리 7.2.6** $y=f(x)$, $y=g(x)$가 x에서 미분가능 할 때 다음이 성립한다.

(1) $d(f+g)=df+dg$

(2) $d(cf)=c(df)$ (단, c 는 상수)

(3) $d(fg)=gdf+fdg$

(4) $d\left(\dfrac{f}{g}\right)=\dfrac{g\,df-f\,dg}{g^2}$ (단, $g(x)\neq 0$)

연습문제 7.2

1. $f(x)=\sqrt{x}$의 도함수는 $f'(x)=\dfrac{1}{2\sqrt{x}}$임을 보여라.

다음 함수의 도함수를 구하여라.(2~5)

2. $f(x)=\dfrac{2x}{5x^2-7}$

3. $f(x)= 12x^6 - 5x^4 + 6x^3 - 7x + 9$

4. $f(x)= (5x^2 + 2x - 8)(-2x + 7)$

5. $f(x)= \cos(5x)\sin(3x)$

6. $x = \sqrt{5y^3 + 2y - 12}$일 때 $\dfrac{dy}{dx}$를 구하여라.

7. $x = \sqrt{6-7t}$, $y = \dfrac{1}{t^2}$일 때 $\dfrac{dy}{dx}$를 구하여라.

8. $y = \cos^3(15x)$일 때 $\dfrac{dy}{dx}$을 구하여라.

9. $\sin(x+y) = 2y\cos 3x$ 일 때 $\dfrac{dy}{dx}$을 구하여라.

10. $y = 9x^5 - 3x^3 + 11x^2 - 7x + 15$일 때 y의 n계 도함수를 구하여라.

11. $x = f(t)$이고 $y = g(t)$일 때 $\dfrac{d^2y}{dx^2} = \dfrac{g''(t)f'(t) - f''(t)g'(t)}{f'(t)^3}$을 밝혀라.

다음 함수의 미분을 구하여라.(12~13)

12. $y = 7x^4 - 5x^3 + 3x - 10$

13. $y = x\sqrt{x-2}$

미분을 써서 다음 14-15의 근사 값을 구하여라.(14~15)

14. $\sqrt{101}$

15. $\sqrt[3]{80}$

16. 정리 7.2.6을 증명하여라.

적분의 개념

Chapter 8

8.1_부정적분, 정적분

8.2_적분의 응용

8.1 section 부정적분, 정적분

7장에서 미분법에 관해 공부하였다. 이제 8장에서는 적분법 및 그 응용에 대해 생각해 보고자 한다. 적분에는 부정적분과 정적분이 있는데, 정적분은 면적을 구하는 문제를 일반화하여 얻은 개념인데, 체적, 곡선의 길이 등의 문제해결에 기여하게 된다. 부정적분은 단순히 도함수의 원래 함수를 계산하는 미분의 역연산이다. 이 두 개념은 2절에 나오는 미적분학의 기본정리에 의해 밀접한 관계가 있음을 알 수 있다.

◈ **정의** 함수 F의 도함수가 f일 때 즉, $\frac{dF(x)}{dx}=f(x)$일 때, f를 F의 **부정적분** (indefinite integral) 또는 **원시함수** (primitive function)라 하고,

$$F(x)=\int f(x)\,dx$$

로 표시한다.

$F(x)$가 $f(x)$의 부정적분이면 $F(x)+C$ (C는 상수)도 $f(x)$의 부정적분임을 위의 정의에 의해 쉽게 알 수 있다.

만약 $F(x)$, $G(x)$가 구간 I에서 $f(x)$의 부정적분이면, 임의의 $x\in I$에 대하여 $\frac{d}{dx}(G-F)(x)=0$이므로 $G(x)=F(x)+C$가 된다. 즉, $F(x)$가 $f(x)$의 한 부정적분이라면, $f(x)$의 임의의 부정적분 $G(x)$는 $G(x)=F(x)+C$ (C는 상수)의 꼴로 나타낼 수 있다. 이 때 C를 **적분상수** (primitive constant)라고 한다.

미분법의 공식을 이용하면 다음 적분법의 공식을 쉽게 유도할 수 있다.

◈ **정리 8.1.1 (적분공식)** (1) $\int\{af(x)+bg(x)\}\,dx=a\int f(x)\,dx+b\int g(x)\,dx$

(2) $\int x^n\,dx=\frac{x^{n+1}}{n+1}+C \quad (n\neq -1)$

(3) $\int \sin x\,dx = -\cos x + C$

(4) $\int \cos x\,dx = -\sin x + C$

(5) $\int \sec^2 x\,dx = \tan x + C$

(6) $\int \csc^2 x\,dx = -\cot x + C$

(7) $\int \sec x \tan x\,dx = \sec x + C$

(8) $\int \csc x \cot x\,dx = -\csc x + C$

≪예제 1≫ $\int (50x^4 + 10\sec^2 x)\,dx$ 를 구하여라.

풀이 $\int (50x^4 + 10\sec^2 x)\,dx = 50\int x^4\,dx + 10\int \sec^2 x\,dx$

$$= 10x^5 + 10\tan x + C.$$

⊠

다음 $f(x) = \sqrt{5x+9}$ 의 부정적분을 구하는데, 위의 적분의 공식을 직접 적용하기에는 적당치 않다. 그러나 이 경우 변수를 적당히 치환함으로 가능하도록 할 수 있다.

◈ 정리 8.1.2 (치환공식) $u = g(x)$, $y = f(x)$가 미분가능하고, $F'(u) = f(u)$이면, $\int f(u)\,du = \int f(g(x))g'(x)\,dx$이다.

증명 미분의 연쇄법칙을 이용하면,

$$f(u) = F'(u) = \frac{d}{dx}(F(u) + C) = \frac{dF}{du}\frac{du}{dx} = f(u)g'(x)$$

이므로,

$$\int f(u)\,du = \int f(g(u))g'(x)\,dx$$

이다. ⊠

위의 치환공식은, $g'(x)\,dx = du = d(g(x))$이므로,

$$\int f(g(x))g'(x)\,dx = \int f(g(x))\,d(g(x))$$

로 표현할 수 있다.

≪예제 2≫ $\int \sqrt{5x+9}\,dx$를 구하여라.

풀이 $u = 5x+9$로 치환하고 정리 8.1.2의 적분공식 (2)를 사용하면 다음과 같이

$$\int \sqrt{5x+9}\,dx = \frac{1}{5}\int (5x+9)^{\frac{1}{2}}\,d(5x+9) = \frac{2}{15}(5x+9)^{\frac{3}{2}} + C$$

이다. ⊠

다음으로 정적분을 공부하고 정적분의 성질, 적분에의 평균치 정리 및 부정적분과의 관계인 미적분학의 기본정리를 다룬다.

◈ **정의** 함수 f가 $[a,b]$에서 정의되고, $a = x_0 < x_1 < \cdots < x_n = b$를 $[a,b]$의 분할 P라고 하자. ξ_k를 $[x_{k-1}, x_k]$ 에서 선택하고,

$$\Delta x_k = x_k - x_{k-1}, \quad \| P \| = \max_{1 \le k \le n} \Delta x_k$$

으로 두자. 만일 각 구간 $[x_{k-1}, x_k]$ 에서 선택된 ξ_k에 관계없이, $\| P \| \to 0$ 일 때,

$$\sum_{k=0}^{n} f(\xi_k)\Delta x_k$$

가 일정한 값 I에 수렴하면, f는 $[a,\ b]$에서 **적분가능** (integrable)이라고 하고, 이 극한값 I를 $[a,\ b]$에서의 f의 **정적분** (definite integral)이라 하며, $\int_a^b f(x)\,dx$로 표시한다. 즉,

$$I = \int_a^b f(x)\,dx$$

이다.

이 때, a를 이 정적분의 **하한** (lower limit), b를 **상한** (upper limit)이라고 하며, $[a,\ b]$를 **적분구간** (integral interval)이라고 한다.

정적분 $\int_a^b f(x)\,dx$의 값은 변수 x와는 무관하다. x 대신 다른 문자를 사용하여

도 정적분의 값은 변하지 않는다. 즉 $\int_a^b f(x)\,dx = \int_a^b f(t)\,dt = \int_a^b f(u)\,du$이다.

함수 f가 $[a,\ b]$에서 적분 가능할 때 다음과 같이 정의한다.

$$\int_a^b f(x)\,dx = -\int_b^a f(x)dx,\ \int_a^a f(x)\,dx = 0$$

다음 정리는 적분 가능성에 대한 중요한 정리로서 증명은 본 교재의 정도를 벗어나므로 생략한다.

◈ 정리 8.1.3 함수 f가 $[a,\ b]$에서 연속이면 f는 $[a,\ b]$에서 적분가능하다.

f가 $[a,\ b]$에 적분가능하면, $\int_a^b f(x)\,dx$는 분할하는 방법과 ξ_k를 잡는 방법에 관계없으므로, 계산의 편리성을 위해, $[a,\ b]$를 n등분하여,

$$\triangle x = \frac{b-a}{n},\ \xi_k = x_k = a + k\triangle x$$

라 두면

$$\int_a^b f(x)\,dx = \lim_{n\to\infty}\sum_{k=1}^{n} f(a + k\triangle x)\triangle x$$

혹은,

$$\triangle x = \frac{b-a}{n},\ \xi_k = x_{k-1} = a + (k-1)\triangle x$$

라 두면

$$\int_a^b f(x)\,dx = \lim_{n\to\infty}\sum_{k=0}^{n-1} f(a + k\triangle x)\triangle x$$

가 된다.

≪예제 3≫ 다음 정적분의 값을 계산하여라.

$$\int_a^b x\,dx$$

풀이 $f(x) = c,\ \triangle x = \dfrac{b-a}{n}$라 두면

$$\int_a^b x\,dx = \lim_{n\to\infty}\sum_{k=0}^{n} f(a+k\Delta x)\Delta x = \lim_{n\to\infty}\sum_{k=0}^{n}(a+k\Delta x)\Delta x$$

$$= \lim_{n\to\infty}\sum_{k=0}^{n}\left(a\frac{b-a}{n}+k\frac{(b-a)^2}{n^2}\right) = \lim_{n\to\infty}\left(a(b-a)+n(n+1)2\ \frac{(b-a)^2}{n^2}\right)$$

$$= \frac{1}{2}(b^2-a^2)$$

이다. ⊠

≪예제 4≫ 다음 극한값을 정적분으로 나타내어라.

$$\lim_{n\to\infty}\frac{1}{n}\left(1+\sqrt{1+\frac{1}{n}}+\sqrt{1+\frac{2}{n}}+\cdots+\sqrt{1+\frac{n-1}{n}}\right)$$

풀이 $f(x)=\sqrt{1+x}$ 라 두면

$$\frac{1}{n}\left(1+\sqrt{1+\frac{1}{n}}+\sqrt{1+\frac{2}{n}}+\cdots+\sqrt{1+\frac{n-1}{n}}\right)=\sum_{k=0}^{n-1}f\left(\frac{k}{n}\right)\frac{1}{n}$$

이 되고, $a=0$, $b=1$, $\Delta x=\dfrac{b-a}{n}=\dfrac{1}{n}$로 잡으면, $\dfrac{k}{n}=a+k\Delta x$이므로

$$\lim_{n\to\infty}\sum_{k=1}^{n}f\left(\frac{k}{n}\right)\frac{1}{n}=\lim_{n\to\infty}\sum_{k=1}^{n}f(a+k\Delta x)\Delta x=\int_a^b f(x)\,dx=\int_1^0\sqrt{1+x}\,dx$$

이다. ⊠

정적분의 계산을 직접 정의로부터 구한다는 것은 무척 복잡한 계산을 요한다. 따라서 정적분의 계산 방법이 모색되어야 한다. 이를 위해 먼저 정적분의 기본성질을 알아보자.

◈ 정리 8.1.4 (정적분의 기본성질)

(1) $\displaystyle\int_a^b (f(x)+g(x))dx=\int_a^b f(x)\,dx+\int_a^b g(x)\,dx$

(2) $\displaystyle\int_a^b cf(x)\,dx=c\int_a^b f(x)\,dx$ (c는 상수)

(3) $\displaystyle\int_a^b f(x)\,dx=\int_a^c f(x)\,dx+\int_c^b f(x)\,dx$

(4) $[a,b]$에서 $f(x)\ge 0$이면 $\displaystyle\int_a^b f(x)\,dx\ge 0$이다.

(5) $[a, b]$에서 $f(x) \geq g(x)$이면 $\int_a^b f(x)\,dx \geq \int_a^b g(x)\,dx$ 이다.

증명 (1) $\int_a^b (f(x)+g(x))\,dx = \lim_{\| P \| \to 0} \sum_{k=1}^{n} (f(\xi_k)+g(\xi_k))\Delta x_k$

$$= \lim_{\| P \| \to 0} \sum_{k=1}^{n} f(\xi_k)\Delta x_k + \lim_{\| P \| \to 0} \sum_{k=1}^{n} g(\xi_k)\Delta x_k$$

$$= \int_a^b f(x)\,dx + \int_a^b g(x)\,dx$$

(2) (1)의 증명과 같은 방법으로 할 수 있다.

(3) 먼저 $a < c < b$인 경우부터 증명하자. $[a,\ b]$의 분할의 한 점 $x_m = c$이 되도록 잡으면,

$$\int_a^b f(x)\,dx = \lim_{\| P \| \to 0} \sum_{k=1}^{n} f(\xi_k)\Delta x_k = \lim_{\| P \| \to 0} \left[\sum_{k=1}^{m} f(\xi_k)\Delta x_k + \sum_{k=m+1}^{n} f(\xi_k)\Delta x_k \right]$$

$$= \int_a^b f(x)\,dx + \int_c^b f(x)\,dx$$

$a < b < c$인 경우는 위의 결과에 의해

$$\int_a^c f(x)\,dx = \int_a^b f(x)\,dx + \int_b^c f(x)\,dx$$

이므로

$$\int_a^b f(x)\,dx = \int_a^c f(x) - dx \int_b^c f(x)\,dx = \int_a^c f(x)\,dx + \int_c^b f(x)\,dx$$

이다.

$c < a < b$ 인 경우도 같은 방법으로 증명할 수 있다.

(4) 임의의 $x \in [a,\ b]$에 대하여, $f(x) \geq 0$ 이므로

$$\int_a^b f(x)\,dx = \lim_{\| P \| \to 0} \sum_{k=}^{n} f(\xi_k)\Delta x_k \geq 0$$

이다.

(5) 임의의 $x \in [a,\ b]$에 대하여, $f(x) - g(x) \geq 0$이므로, (4)에 의하여

$$\int_a^b (f(x) - g(x))\,dx \geq 0$$

즉

$$\int_a^b f(x)\,dx \geqq \int_a^b g(x)\,dx$$

이다. ⊠

◈ 정리 8.1.5 (적분에서 평균치정리) f가 $[a,b]$에서 연속이면,

$$\frac{1}{b-a}\int_a^b f(x)\,dx = f(\xi)$$

를 만족하는 ξ가(a,b)내에 존재한다.

증명 f 가 $[a,\ b]$에서 연속이므로 정리 7.1.5에 의해서 $[a,b]$에서 f의 최댓값 M과 최솟값 m이 존재한다. 즉, 적당한 x_1, x_2가 $[a,b]$에 존재하여 임의의 $x \in [a,b]$에 대하여

$$f(x_1) = m \le f(x) \le M = f(x_2)$$

이다. 따라서

$$\int_a^b m\,dx \le \int_a^b f(x)\,dx \le \int_a^b M dx$$

즉,

$$f(x_1) = m \le \frac{1}{b-a}\int_a^b f(x)\,dx \le M = f(x_2)$$

다시, f가 $[a,\ b]$에서 연속이므로 중간치의 정리에 의해서,

$$\frac{1}{b-a}\int_a^b f(x)\,dx = f(\xi)$$

인 ξ $(a < \xi < b)$가 존재한다. ⊠

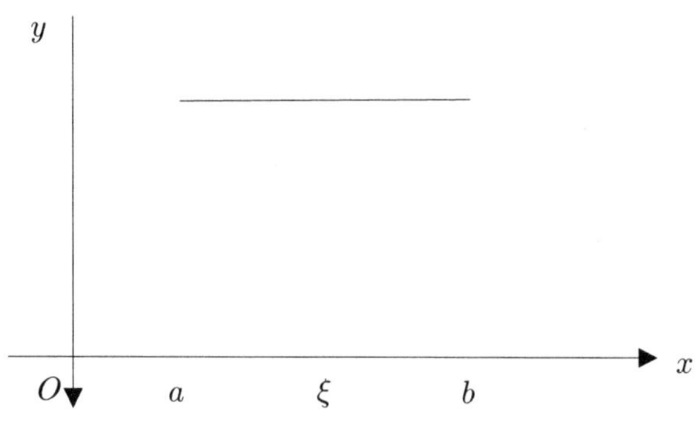

[도표 8.1]

◈ 정리 8.1.6 (미분적분학의 제1기본정리) 함수 f가 $[a,\ b]$에서 연속일 때 다음과 같이 정의된 함수 F는

$$F(x)=\int_a^x f(t)\,dt,\quad a\le x\le b$$

$[a,\ b]$에서 연속이고, $(a,\ b)$에서 미분가능이며 $F'(x)=f(x)$이다.

증명 x와 $x+h$가 $(a,\ b)$내의 점이면

$$\frac{1}{h}[F(x+h)-F(x)]=\frac{1}{h}\left[\int_a^{x+h} f(t)\,dt-\int_a^x f(t)\,dt\right]$$

$$=\frac{1}{h}\int_a^{x+h} f(t)\,dt$$

이고 정리 8.1.5에 의해서

$$\frac{1}{h}\int_a^{x+h} f(t)\,dt=f(\xi)$$

을 만족하는 ξ가 x와 $x+h$사이에 존재한다. $h\to 0$이면, $\xi\to x$이고 f가 연속이므로,

$$F'(x)=\lim_{h\to 0}\frac{1}{h}[F(x+h)-F(x)]=\lim_{\xi\to x} f(\xi)=f(x)$$

이다. 따라서 $x\in(a,\ b)$이면, F는 x에서 미분가능하고, 연속이다.

$x=a$인 경우는 위의 경우에 $x=a$를 대입하면

$$F(a+h)-F(a)=hf(\xi)\quad (a<\xi<a+h)$$

이므로

$$\lim_{h\to 0}(F(a+h)-F(a))=\lim_{h\to 0}hf(\xi)=0$$

따라서 F는 $x=a$에서 연속이다. $x=b$인 경우도 같은 방법으로 할 수 있다. ⊠

◈ 정리 8.1.7 (미분적분학의 제2기본정리) f가 $[a,\ b]$에서 연속이고 F가 f의 부정적분이면, $\int_a^b f(x)\,dx=F(b)-F(a)=F(x)]_a^b$ 이다.

증명 정리 8.1.6에 의해 $\int_a^x f(t)\,dt$ 는 f의 부정적분이므로

$$\int_a^x f(t)\,dt=F(x)+c\quad (c\text{ 는 상수})$$

$x=a$일 때

$$0=\int_a^a f(t)\,dt=F(a)+c$$

이므로

$$c=-F(a)$$

따라서

$$\int_a^x f(t)\,dt=F(x)-F(a)$$

이고 $x=b$를 대입하면

$$\int_a^b f(t)\,dt=F(b)-F(a)$$

이다. ⊠

≪예제 5≫ 함수 $g(x)=\int_0^x \sqrt{1+3t^2}\,dt$ 의 도함수를 구하여라.

풀이 함수 $f(t)=\sqrt{1+3t^2}$ 은 연속함수이므로 미적분학의 제1기본정리에 의하여 $g'(x)=\sqrt{1+3x^2}$ 이다. ⊠

≪예제 6≫ $\frac{d}{dx}\int_1^{x^2} \sin t^4\,dt$ 를 구하여라.

풀이 $u=x^2$으로 두고 연쇄율을 이용하면,

$$\frac{d}{dx}\int_1^{x^2} \sin t^2\,dt=\frac{d}{du}\left(\int_1^u \sin t^4 dt\right)\frac{du}{dx}=2x\sin u^4=2x\sin x^8$$

이다. ⊠

≪예제 7≫ $\int_0^{\frac{\pi}{2}} \cos x\,dx$ 의 값을 구하여라.

풀이 $\int_0^{\frac{\pi}{2}} \cos x\,dx=\sin x\Big]_0^{\frac{\pi}{2}}=1$ ⊠

◈ <u>정리 8.1.8 (치환적분법)</u> g'이 $[a,\ b]$에서 연속이고 f가 g의 치역에서 연속이면,

$$\int_a^b f(g(x))g'(x)\,dx = \int_{g(a)}^{g(b)} f(u)\,du$$

가 성립한다.

≪예제 8≫ $\int_0^{\frac{\pi}{2}} \sqrt{\sin x}\,\cos x\,dx$를 계산하여라.

풀이 $u = \sin x$로 두면, $du = \cos x dx$이고

$$\int_0^{\frac{\pi}{2}} \sqrt{\sin x}\,\cos x\,du = \int_0^1 \sqrt{u}\;du = \frac{2}{3}u^{\frac{3}{2}}\Big]_0^1 = \frac{2}{3}$$

이다. ⊠

다음은 수학에서 아주 중요하게 취급되는 초월함수 중 로그함수와 지수함수를 정의하고, 그의 미분법, 적분법 및 밑수가 a인 로그함수를 소개한다.

◈ 정의 $x > 0$에 대하여

$$\ln x = \int_1^x \frac{1}{t}dt$$

로 정의하고 $f(x) = \ln x \;\; (x > 0)$를 **자연로그함수** (natural logarithm function)라고 한다.

$\ln e = 1$을 만족하는 양의 실수 e를 **자연대수의 밑수** (base of natural logarithm)라고 한다. 즉, $\int_1^e \frac{1}{t}dt = \ln e = 1$이다.

[주의] x가 유리수이면 $\ln e^x = x\ln e = x$이므로, 임의의 유리수 x에 대하여 $y = f(x) = e^x$이다. x가 무리수인 경우에는 x에 수렴하는 유리수의 수열 $\{x_n\}$, 즉 $x = \lim_{n\to\infty} x_n$ (x_n은 유리수)이 존재한다. 따라서 $e^x = \lim_{n\to\infty} e^{x_n}$으로 정의하면, $e^x = \lim_{n\to\infty} e^{x_n} = \lim_{n\to\infty} f(x_n) = f\left(\lim_{n\to\infty} x_n\right) = f(x)$이다.

◈ 정의 $y = \ln x$의 역함수를 $y = e^x$로 나타내고, 이를 밑수가 e인 **지수함수** (exponential function)라 한다. 즉,

$$y = e^x \iff x = \ln y \;\; (-\infty < x < \infty,\; 0 < y < \infty)$$

이다.

◈ 정리 8.1.9 지수함수와 자연로그함수의 미분법 및 적분법을 소개한다.

$$\frac{d}{dx}e^x = e^x \qquad \frac{d}{dx}(\ln x) = \frac{1}{x}$$

$$\int e^x dx = e^x + C \qquad \int \frac{1}{x}dx = \ln|x| + C$$

[주의] $\lim_{n\to\infty}\left(1+\frac{1}{n}\right)^n = e \ (n \in \mathbb{N})$, $\lim_{x\to\mp\infty}\left(1+\frac{1}{x}\right)^x = \lim_{x\to 0}(1+x)^{\frac{1}{x}} = e \ (x \in \mathbb{R})$이 해석학에서 잘 알려져 있고 $e = 2.718281828459\cdots$인 무리수이다.

이제 $a > 0$가 밑수인 지수함수를 정의하자. 만일 x가 유리수이면 $e^{x\ln a} = e^{\ln a^x} = a^x$, $a > 0$이므로 임의의 실수 x에 대해서도 이같이 정의하자.

◈ 정의 $a > 0$이고 x가 임의의 실수일 때, $a^x = e^{x\ln a}$로 두고 $y = a^x$ $(-\infty < x < \infty)$를 밑수가 a인 **지수함수** (exponential function)라고 한다.

$\ln a^x = \ln e^{x\ln a} = x\ln a$이므로 임의의 실수 x에 대하여, $\ln a^x = x\ln a$임을 알 수 있다.

◈ 정의 $a > 0$, $a \neq 1$일 때 $y = a^x = e^{x\ln a}$의 역함수는

$$x = a^y = e^{y\ln a}$$

가 된다. 이 때 x에 대한 함수 y를 $y = \log_a x$ $(a > 0,\ a \neq 1,\ x > 0)$로 표기하고, 이를 밑수가 a인 **로그함수** (logarithmic function)라 한다. 즉,

$$y = \log_a x \iff x = a^y$$

위 정의에서 $a = e$임 경우는, $\log_e x = \ln x$이 된다. 따라서 $y = \ln x$를 밑수가 e인 **로그함수** (logarithmic function)라고 한다.

≪예제 10≫ $\int \frac{6\cos\theta}{1+2\sin\theta}d\theta$를 구하여라.

풀이 $u = 1+2\sin\theta$라고 두면, $du = 2\cos\theta d\theta$이고

$$\int \frac{6\cos\theta}{1+2\sin\theta}d\theta = \int \frac{3}{u}du = 3\ln u + C = 3\ln(1+2\sin\theta) + C$$

이다. ⊠

끝으로 함수의 곱에 관한 적분법인 부분적분법을 공부한 후 기초적인 삼각함수 적분법과 유리함수 적분법을 소개한 후 이 절을 마친다.

함수 f와 g가 미분가능하다면

$$u = f(x),\ \ v = g(x)$$

로 두면

$$\int uv'dx = uv - \int u'vdx$$

또는

$$\int udv = uv - \int vdu$$

이고, 그의 정적분 값은

$$\int_a^b f(x)g'(x)dx = \int_a^b (f(x)g(x))'dx - \int_a^b f'(x)g(x)dx = [f(x)g(x)]_a^b - \int_a^b f'(x)g(x)dx$$

이다.

≪예제 11≫ $\int x\cos x dx$를 구하여라.

풀이 적분하려는 함수 $x\cos x$에서 $u = x$, $dv = \cos x dx$라 놓자. 그러면 $du = dx$이고 $v = \sin x$이므로

$$\begin{aligned}\int x\cos x dx &= \int udv = uv - \int vdu \\ &= x\sin x - \int \sin x dx = x\sin x + \cos x + C\end{aligned}$$

이다. ⊠

적분들 중에서 $\int \sin^5 x\cos^3 x dx$ 또는 $\int \sin 6x\cos 3x dx$와 같은 꼴들을 **삼각함수 적분법**이라 한다. 피적분 함수들이 삼각함수들로 되어있기 때문이다.

치환적분법에서 치환하는 변수가 삼각함수를 포함하고 있을 때를 **삼각함수 치환법**이라 하며, 피적분 함수들이 $\sqrt{a^2 - x^2}$, $\sqrt{x^2 + a^2}$ 또는 $\sqrt{x^2 - a^2}$ (여기서 $a > 0$)꼴의 제곱근을 포함하고 있는 경우에 특히 효과적이다. (부록참조)

≪예제 12≫ $\int \frac{dx}{x^2\sqrt{1+x^2}}$를 구하여라.

풀이 $x = \tan\theta\ (-\frac{\pi}{2} < \theta < \frac{\pi}{2})$라고 두면 $dx = \sec^2\theta d\theta$이므로

$$\int \frac{dx}{x^2\sqrt{1+x^2}} = \int \frac{\sec^2\theta d\theta}{\tan^2\theta\sec\theta} = \int \frac{\cos\theta}{\sin^2\theta}d\theta$$

이다. 다시, $t = \sin\theta$라고 놓으면 $dt = \cos\theta d\theta$이다. 따라서

$$\int \frac{\cos\theta}{\sin^2\theta}d\theta = \int \frac{dt}{t^2} = -\frac{1}{t} + C = -\frac{1}{\sin\theta} + C$$

이다. $\tan\theta = x$이므로 $\sin\theta = \frac{x}{\sqrt{1+x^2}}$이다. 그러므로

$$\int \frac{dx}{x^2\sqrt{1+x^2}} = -\frac{\sqrt{1+x^2}}{x} + C$$

이다. ⊠

유리함수 $\frac{f(x)}{g(x)}$ ($f(x)$, $g(x)$는 x의 다항식)에서 $f(x)$의 차수가 $g(x)$의 차수보다 높거나 같을 때는 $f(x)$를 $g(x)$로 나누어 그 몫을 $q(x)$, 나머지를 $h(x)$라 하면 $\frac{f(x)}{g(x)} = q(x) + \frac{h(x)}{g(x)}$를 얻는다. 이 때, $q(x)$는 다항식이므로 쉽게 적분할 수 있고, $\frac{h(x)}{g(x)}$를 적분하는 일은 부분분수 문제로 해결할 수 있다. 분수식을 보다 간단한 분수식의 합으로 변형시키는 것을 **부분분수 분해**라고 한다. 실수의 범위에서 임의의 다항식은 2차 이하의 다항식의 곱으로 인수분해 된다고 고급 대수학에서 잘 알려져 있다. 그러므로 유리함수 적분은 분모 $g(x)$가 $(ax+b)$과 같은 인수 및 (ax^2+bx+c)와 같은 인수 (단, ax^2+bx+c는 인수분해 할 수 없는 것임)들로 구성되어 있는 경우의 적분법을 **유리함수 적분법**이라 한다.

≪예제 13≫ $\int \sin^3 x \cos^4 x dx$를 구하여라.

풀이 $\int \sin^3 x \cos^4 x dx = \int \sin^2 x \cos^4 x dx = \int (1-\cos^2 x)\cos^4 x \sin x dx$

여기서 $u = \cos x$라고 두면 $du = -\sin x dx$이고 따라서

$$\int \sin^3 x \cos^4 x dx = \int (1-u^2)u^4(-du) = \int (u^6 - u^4)du = \frac{1}{7}u^7 - \frac{1}{5}u^5 + C$$

$$= \frac{1}{7}\cos^7 x - \frac{1}{5}\cos^5 x + C$$

이다. ⊠

≪예제 14≫ $\int \frac{x^2+x-1}{x^2-x}dx$를 구하여라.

풀이

$$\int \frac{x^2+x-1}{x^2-x}dx = \int \left(1+\frac{1}{x}+\frac{1}{x-1}\right)dx = \int 1dx + \int \frac{1}{x}dx + \int \frac{1}{x-1}dx$$

$$= x + \ln|x| + \ln|x-1| + C$$

⊠

연습문제 8.1

다음 부정적분 값을 구하여라.(1~7)

1. $\int (7x^{100} + 5\sec^2 x)\,dx$
2. $\int x\cos(x^2+1)\,dx$
3. $\int \frac{dx}{3x+7}$
4. $\int \frac{\sin x dx}{5+\cos x}$
5. $\int \tan^5 x dx$
6. $\int x^2 \cos 2x dx$
7. $\int \tan\frac{x}{2}\sec\frac{x}{2}dx$

다음 정적분을 구하여라.(8~12)

8. $\int_{-2}^{1} (2x^3 - 7x + 5)\,dx$

9. $\int_{1}^{3}(11x^4+12x^2-13x+14)dx$

10. $\int_{0}^{\frac{\pi}{2}}\sin^2 x\cos x\,dx$

11. $\int_{-1}^{2}\sqrt{1-x^2}\,dx$

12. $\int_{-3}^{1}\frac{x}{x^2+1}dx$

다음 부분적분을 구하여라.(13~16)

13. $\int e^x\cos x dx$

14. $\int x\ln x dx$

15. $\int \sin^5 x\cos^4 x dx$

16. $\int x^2\cos 2x dx$

17. 다음 유리함수 적분 $\int \frac{x^2+x-2}{3x^3-x^2+3x-1}dx$를 구하여라.

18. $\frac{d}{dx}\int_{1}^{x^2}\cos t^3\,dt$ 를 구하여라.

8.2 section 적분의 응용

이 절에서는 정적분의 응용으로서 변수가 하나인 함수 $f(x)$가 폐구간 $[a,b]$에서 연속이고 적분가능 할 때 $[a,b]$ 상에서 곡선과 x축으로 둘러싸인 부분의 면적, 곡선의 길이, x축으로 회전할 때 회전체의 부피와 회전체의 겉넓이를 구하는 공식을 소개하고, 이와 같은 적분의 응용을 극좌표에서도 활용한다.

◈ 정리 8.2.1 함수 f가 $[a, b]$에서 연속이고 $f(x) \geq 0$일 때, $y=f(x)$, x축 및 두 직선 $x=a$, $x=b$로 둘러싸인 영역의 면적을 A라고 두면

$$A = \int_a^b f(x)\,dx$$

이다.

증명 $P: a=x_0 < x_1 < \cdots < x_n = b$를 $[a, b]$의 임의의 분할이라면, f는 연속이므로 소구간 $[x_{i-1}, x_i]$에서 최댓값 M_i, 최솟값 m_i가 존재하여

$$f(\xi_i')= M_i,\ \xi_i' \in [x_{i-1}, x_i],\ f(\xi_i'')= m_i,\ \xi_i'' \in [x_{i-1}, x_i]$$

를 갖는다. 한편 소구간의 면적의 합을 구하면 다음 부등식을 얻는다.

$$\sum_{i=1}^n f(\xi_i'')\Delta x_i = \sum_{i=1}^n m_i \Delta x_i \leq A \leq \sum_{i=1}^n M_i \Delta x_i = \sum_{i=1}^n f(\xi_i')\Delta x_i$$

(단, $\Delta x_i = x_i - x_{i-1}$) 그런데 f는 $[a, b]$에서 적분 가능하므로

$$\lim_{\max \Delta x_i \to 0} \sum_{i=1}^n f(\xi''_i)\Delta x_i = \lim_{\max \Delta x_i \to 0} \sum_{i=1}^n f(\xi'_i)\Delta x_i = \int_a^b f(x)\,dx$$

이다. 따라서 $A = \int_a^b f(x)\,dx$ 이다. ⊠

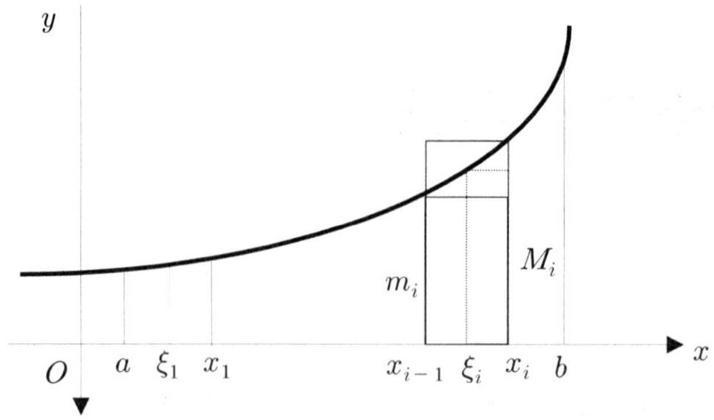

[도표 8.2]

≪예제 1≫ $y=x^2$, x축 및 직선 $x=1$로 둘러싸인 부분의 면적 S를 구하여라.

풀이 먼저 폐구간 $[0,\ 1]$를 n개의 부분구간

$$\left[0,\frac{1}{n}\right],\ \left[\frac{1}{n},\frac{2}{n}\right],\ \cdots,\ \left[\frac{k-1}{n},\frac{k}{n}\right],\ \cdots,\ \left[\frac{n-1}{n},1\right]$$

으로 분할하고, 밑변을 이 부분구간으로 하고 높이는 이 부분구간에서 최솟값 (최댓값)인 직사각형들의 면적의 합을 $s_n(S_n)$이라고 두면,

$$s_n=\sum_{k=1}^{n}f\left(\frac{k-1}{n}\right)\frac{1}{n}=\sum_{k=0}^{n}f\left(\frac{k-1}{n}\right)^2\frac{1}{n}=\frac{(n-1)(2n-1)}{6n^2}$$

$$S_n=\sum_{k=1}^{n}f\left(\frac{k}{n}\right)\frac{1}{n}=\sum_{k=1}^{n}f\left(\frac{k}{n}\right)^2\frac{1}{n}=\frac{(n+1)(2n+1)}{6n^2}$$

이고, 임의의 $n=1,\ 2,\cdots$ 에 대하여 $s_n\le S\le S_n$이므로

$$\frac{1}{3}=\lim_{n\to\infty}s_n\le S\le\lim_{n\to\infty}S_n=\frac{1}{3}$$

이 되어 면적 $S=\frac{1}{3}$ 임을 알 수 있다. ⊠

$\int_a^b f(x)\,dx$에서 $f(x)\,dx$를 그림 8.3에서 보는 바와 같이 높이가 $f(x)$, 밑변의 길이가 dx인 직사각형의 면적 dA로 생각하고, 구하는 면적 $\int_a^b dA$는 $dx\to 0$일 때 구한 면적의 합으로 생각하면 편리하다. 이때 면적의 미분

$$dA=f(x)\,dx$$

를 **면적요소** (area element)라고 한다.

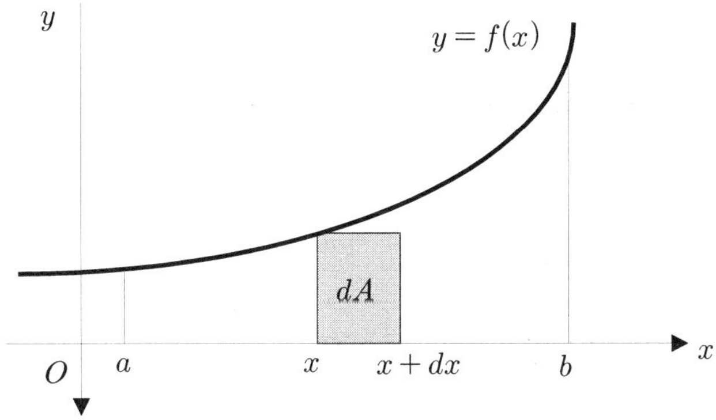

[도표 8.3]

≪보충 2≫ 함수 f가 $[a,\ b]$에서 연속일 때, 곡선 $y = f(x)$, 직선 $x = a$, $x = b$ 및 x축으로 둘러싸인 도형의 면적 A는 다음과 같다.

$$A = \int_a^b |f(x)|\,dx$$

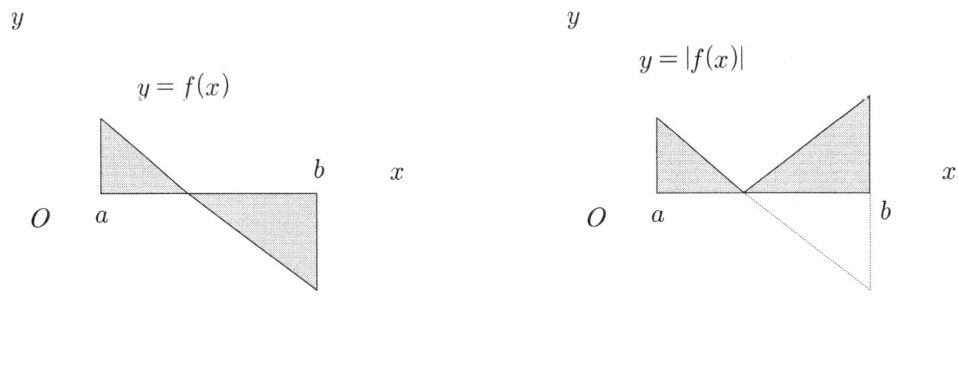

[도표 8.4]

두 함수 f, g가 $[a,\ b]$에서 연속일 때, 곡선 $y = f(x)$, $y = g(x)$와 직선 $x = a$, $x = b$로 둘러싸인 도형의 면적 A는

$$A = \int_a^b (f(x) - g(x))\,dx$$

이다. 한편 함수 g가 $[c,\ d]$에서 연속일 때, 곡선 $x = g(y)$, 직선 $y = c$, $y = d$ 및

y축으로 둘러싸인 도형의 면적 A는 다음과 같다.

$$A = \int_c^d |g(y)|\, dy$$

≪예제 2≫ 곡선 $y = 5\sin x$ $(0 \le x \le \pi)$ 및 x축으로 둘러싸인 도형의 면적을 구하여라.

풀이 구하는 면적을 A라 두면,

$$A = \int_0^{\pi} 5\sin x\, dx = -5\cos x \Big]_0^{\pi} = 10$$

이다. ⊠

다음은 극방정식에서의 넓이를 생각한다. 좌표평면에서 어떤 영역 R이

$$R = \{(r, \theta) \mid \alpha \le \theta \le \beta,\ 0 \le r \le f(\theta)\}$$

와 같이 극좌표로 주어졌을 때 넓이를 구하는 방법을 알아보자. 영역 R은 두 직선 $\theta = \alpha$, $\theta = \beta$와 곡선 $r = f(\theta)$로 둘러싸인 부분으로서, 임의로 작은 부채꼴로 분할한 후에, 그 중 하나인 작은 부채꼴 하나의 넓이 $\triangle A$를 계산하면

$$\triangle A = \frac{1}{2} r^2 \triangle \theta$$

이다. 그러므로 이 부채꼴의 면적요소는

$$dA = \frac{1}{2} r^2 d\theta$$

이고 dA가 R의 전 영역을 덮기 위하여서는 θ는 α에서 β까지 변화해야 한다. 따라서 다음 공식을 얻는다.

영역 $R = \{(r, \theta) \mid \alpha \le \theta \le \beta,\ 0 \le r \le f(\theta)\}$ 상의 넓이 A는

$$A = \int_R dA = \int_{\alpha}^{\beta} \frac{1}{2} r^2 d\theta$$

이다.

≪예제 4≫ 다음 도형의 넓이를 구하여라.

(1) 곡선 $r = 2\theta$와 두 반직선 $\theta = 0$, $\theta = \dfrac{\pi}{2}$로 둘러싸인 도형

(2) 심장형 $r = a(1 + \cos\theta)$ $(0 \le \theta \le 2\pi)$로 둘러싸인 도형 $(a > 0)$

풀이 (1) $A=\frac{1}{2}\int_0^{\frac{\pi}{2}}(2\theta)^2d\theta = 2\left[\frac{1}{3}\theta^3\right]_0^{\frac{\pi}{2}} = \frac{\pi^3}{12}$

(2) $A = 2\cdot\frac{1}{2}\int_0^{\pi}a(1+\cos\theta)^2d\theta = a^2\int_0^{\pi}\left(\frac{3}{2}+2\cos\theta+\frac{1}{2}\cos 2\theta\right)d\theta$

$= a^2\left[\frac{3}{2}\theta+2\sin\theta+\frac{1}{4}\sin 2\theta\right]_0^{\pi} = \frac{3\pi}{2}a^2$

⊠

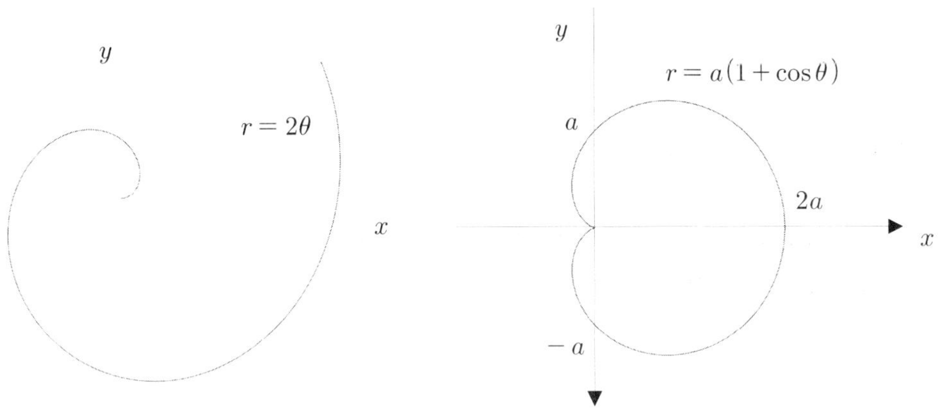

[도표 8.5]

입체의 부피

공간좌표에 있는 어떤 입체를 x축에 수직인 평면으로 자른 단면적이 A라 할 때, 이 입체의 **체적요소** (volume element) dV는

$$dV = Adx$$

로 주어짐을 알 수 있다.

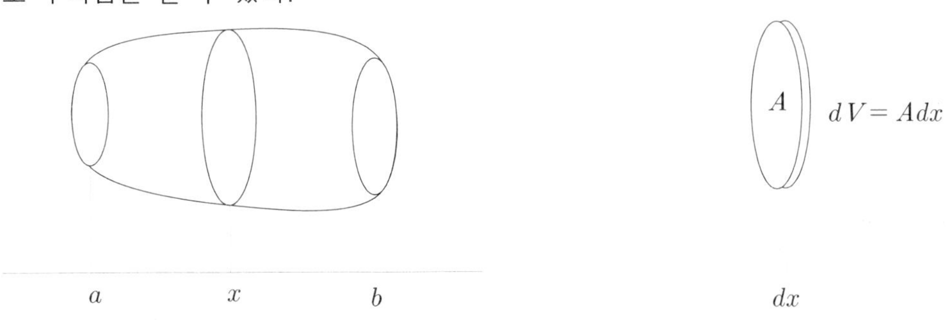

[도표 8.6]

따라서 평면 $x=a$, $x=b$ $(a<b)$ 사이에 있는 영역 D 상의 입체의 부피 V는 다음과 같다.

$$V=\int_D dV=\int_a^b Adx$$

특히, 곡선 $y=f(x)$의 $[a,b]$ 사이의 부분을 x축의 주위로 한 바퀴 회전시켜 얻은 입체의 부피 V는 $A=\pi y^2 dx$이므로

$$V=\int_a^b \pi y^2 dx$$

가 된다.

≪예제 5≫ 밑변의 넓이가 S이고 높이가 h인 삼각뿔의 부피를 구하여라.

풀이 꼭짓점을 0라 하고 밑면에 수직인 직선 l을 긋고 x $(0<x<h)$점에서 l에 수직인 평면으로 이 삼각뿔을 자른 단면적은

$$A=\left(\frac{x}{h}\right)^2 S$$

임을 알 수 있다. 따라서

$$V=\int_0^h Adx=\int_0^h \left(\frac{x}{h}\right)^2 Sdx=\frac{S}{h^2}\int_0^h x^2 dx=\frac{1}{3}hS$$

이다. ▧

≪예제 6≫ 반지름이 r인 공의 부피를 구하여라.

풀이 반지름이 r인 공은 중심을 0로 한 직교좌표축에서 곡선 $y=\sqrt{r^2-x^2}$를 x축의 주위로 한 바퀴 회전시켜 얻은 입체의 부피이므로

$$V=\int_{-r}^r \pi\left(\sqrt{r^2-x^2}\right)^2 dx=\frac{4}{3}\pi r^3$$

이다. ▧

곡선의 길이

평면위의 곡선 L의 **선분요소** (line element) ds는 피타고라스 정리로부터

$$ds^2=dx^2+dy^2$$

따라서

$$ds = \sqrt{1 + \left(\frac{dy}{dx}\right)^2}\, dx$$

이다. 한편, x, y가 매개변수 t의 함수일 때는

$$ds = \sqrt{\left(\frac{dx}{dt}\right)^2 + \left(\frac{dy}{dt}\right)^2}\, dt$$

임을 알 수 있다.

≪예제 7≫ 곡선 $y = x\sqrt{x}$ $(0 \le x \le 1)$의 길이 S를 구하여라.

풀이

$$S = \int_0^1 \sqrt{1 + (y')^2}\, dx = \int_0^1 \sqrt{1 + \left\{\left(x^{\frac{3}{2}}\right)'\right\}^2}\, dx$$

$$= \int_0^1 \sqrt{1 + \frac{9}{4}x}\, dx = \frac{1}{27}(13\sqrt{13} - 8)$$

이다. ⊠

연습문제 8.2

1. $y = x^2$, x축 및 직선 $x = 3$로 둘러싸인 부분의 면적 S를 구하여라.

2. 포물선 $y^2 = 4x$와 직선 $2x - y = 12$로 둘러싸인 도형의 면적을 구하여라.

3. 원 $r = a$의 내부와 심장형 $r = (a - \cos\theta)$의 외부로 이루어진 도형의 넓이를 구하여라.

4. 사이클로이드

$$x = a(t - \sin t),\ y = a(1 - \cos t)\ (0 \le t \le 2\pi)$$

와 x축으로 둘러싸인 부분의 넓이를 구하여라.

5. 곡선 $x = a\cos t$, $y = a\sin t$ $(0 \le t \le 2\pi)$의 둘레의 길이 S를 구하여라.

6. 반지름의 길이가 r인 공의 겉넓이를 구하여라.

수리과학의 응용

Chapter 9

9.1_암호 시스템

9.2_미분방정식

9.1 section 암호 시스템

암호학 (cryptology)의 어원은 그리스어 cruptos (hidden)와 logos (science)의 합성어로써 전달하려는 메시지 (message), 신호 (signal) 및 기호 (sign)를 지정된 사람 이외에는 알아보지 못하도록 표현하는 방법 및 암호화된 표현을 해독하고 추구하려는 방법 을 연구하는 학문이다.

암호기술은 처음에는 전쟁 시 군사적 목적으로 사용되어 왔으며 그의 역사는 대략 2000년 이상으로 추정되고, 암호기술을 접할 수 있는 사람은 극히 제한적이며 극소수였다. 그러나 1970년대 이후 컴퓨터, 네트워크 및 통신관련 기술이 급격히 발전함에 따라 암호기술에 관한 관심은 외교 분야, 민간 분야 및 비즈니스 분야에 까지 확산되었다. 정보산업이 발달함에 따라 암호기술의 중요성 및 의존도의 비중이 점점 커지고 있는 추세이며, 정보기술의 보안 및 기밀보안의 필요성이 대두되고 암호학의 연구는 점점 활발해지고 있다.

1977년 미국 국방부 상무성의 암호시스템 공모에 IBM사가 개발한 DES (Data Encryption Standard) 암호 알고리즘이 당첨되었으며, 이는 현재까지 널리 알려진 암호 알고리즘으로써 블록 암호 시스템 (Block Cryptosystem) 을 대표하고 있다. 한편 1978년에 미국 MIT 대학의 상임연구원 Adelman, Rivest 와 Shamir는 정수론을 암호학에 도입하여 개발한 ARS암호 시스템 (발표논문 : A Method for Obtaining Digital Signatures and Public Key Cryptosystems)은 너무나 유명하며 현재 국제적으로 많은 대학 및 연구소에서 높은 관심을 갖고 연구에 몰두하고 있다.

암호학은 **암호화** (encrypton)와 **암호분석** (cryptanalisis)으로 나누어진다. 암호화는 전달하려고 하는 내용을 **비밀키** (secret key)를 이용하여 지정된 사람 이외에는 알 수 없도록 표현하는 방법이다. 완벽하게 암호화된 정보는 이론적으로 비밀키를 알고 있는 사람만이 해독할 수 있고 비밀키를 알지 못하는 사람은 해독이 불가능하다. 암호분석은 암호문을 만드는데 사용된 비밀키에 대한 사전정보 없이 암호문을 해독하는 기술을 말한다.

송신자 A가 수신자 B에게 "세 시에 상륙하라." 는 메시지를 보내려고 한다고 가정하자. 이와 같이 일상적인 문장을 **평서문** (plaintext)이라 하고, m으로 표시한다.

메시지의 내용이 지정된 사람 외에 다른 사람들에게 공개되면 큰 손실을 입는다고 하면 A는 B를 제외한 누구에게도 통신문이 알려지지 않기를 원한다. 따라서 A는 메시지를 암호화하여 보내기를 원한다.

평서문을 암호화하는데 사용하는 도구나 규칙을 key라 하고 k로 표시한다. key를 사용하여 얻은 문장이나 결과를 **암호문** (ciphertext)이라 하고 c로 나타낸다.

암호화 (encryption)란 평서문을 암호문으로 만드는 과정을 말하며, **복호화** (decryption)란 암호문으로부터 평서문으로 복구시키는 과정을 말한다.

◈ 정의 **암호시스템** (cryptosystem)이란 다음과 같은 성질을 만족하는 공간들의 모임(P, C, K, E, D)을 말한다.

(1) P는 **평서문 공간** (plaintext space)이며 이의 원소를 평서문이라 한다.

(2) C는 **암호문 공간** (ciphertext space)이며 이의 원소를 암호문이라 한다.

(3) K는 **키의 공간** (key space)이며 이의 원소를 key라 한다.

(4) $E=\{E_k : P \to C \mid k \in K\}$로서 이의 원소를 **암호화 함수** (encryption function)라 한다.

(5) $D=\{D_k : C \to P \mid k \in K\}$로서 이의 원소를 **복호화 함수** (decryption function)라 한다.

평서문을 암호화하는 key를 암호key라 하며 이를 간단히 e-key 또는 k_e로 표시하며, 암호문을 복호화하는 key를 복호key라 하며 이를 간단히 d-key 또는 k_d로서 나타낸다. 따라서 다음과 같은 관계로써 암호시스템을 도식화할 수 있다.

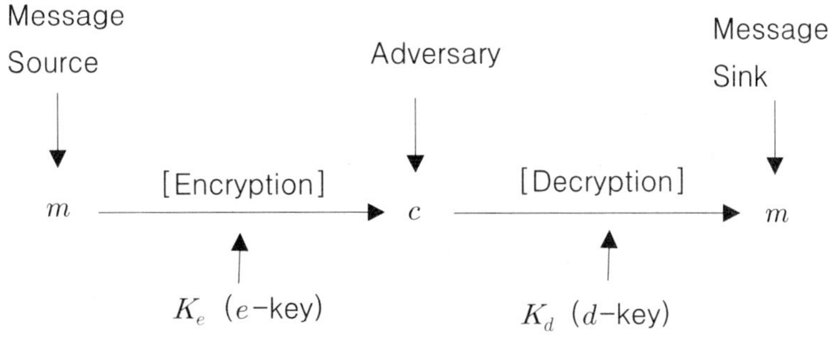

[표 9.1]

여기서 $c = E_{k_e}(m) \in C$, $D_{k_d}(c) = D_{k_d}\left(E_{k_e}(m)\right) = m \in P$라는 관계식을 얻는다.

위의 다이어그램을 바탕으로 아래와 같이 암호화와 해독 사이의 전형적인 암호체계를 소개한다.

$$\left[\begin{array}{c} \text{(열쇠)} \\ \Downarrow \\ \text{(통신문)} \Rightarrow \left[\begin{array}{c}\text{암호화} \\ \text{프로그램}\end{array}\right] \end{array}\right] \Rightarrow \left\langle \begin{array}{c}\text{암호화된} \\ \text{통신문}\end{array} \right\rangle \Rightarrow \left[\begin{array}{c} \text{(열쇠)} \\ \Downarrow \\ \left[\begin{array}{c}\text{해독된} \\ \text{프로그램}\end{array}\right] \Rightarrow \text{(통신문)} \end{array}\right]$$

[전송자] [수신자]

[표 9.2]

다음은 몇 개의 기본적이고 알기 쉬운 암호화 과정을 소개한다.

(1) Substitution Cipher :

$$\begin{array}{cccccc} A & B & C & D & E & \\ \downarrow & \downarrow & \downarrow & \downarrow & \downarrow & \cdots \\ P & T & A & Z & O & \end{array}$$

(2) Permutation Cipher :

$$\begin{array}{cccccccc} A & B & C & D & E & F & G & H \\ \downarrow & \downarrow & \downarrow & \downarrow & \downarrow & \downarrow & \downarrow & \downarrow \\ C & A & D & B & H & E & G & F \end{array}$$

(3) Block Substitution Cipher :

$$\begin{array}{ccccccccc} A & A & A & A & A & B & A & A & C \\ & \downarrow & & & \downarrow & & & \downarrow & \\ C & E & T & C & K & F & X & P & Q \end{array}$$

암호시스템의 한 예로써 현대 암호연구의 밑거름이 된 로마시대의 Julius Caesar (BC 100-44)의 경우를 살펴보자. Caesar 암호시스템은 평서문 공간 및 암호문 공간이 모두 같은

$$A = \{a, b, c, \cdots, z\}$$

이고, 다음과 같은 법칙을 적용한다.

(1) 각 문자를 0부터 25까지의 정수로 대응시킨다.

(2) 각 정수에 3을 더한 후 26으로 나눈 나머지를 구한다.

(3) 구한 나머지를 법칙 (1)에 의하여 다시 문자로 바꾼다.

Caesar 암호시스템에서 암호화, key 및 부호화를 살펴보면, $k_e = k_d = 3$이고, 임의의 $x \in A$에 대하여

$$E_3(x) \equiv (x+3) \pmod{26}$$

$$D_3(x) \equiv (x-3) \pmod{26}$$

이 됨을 알 수 있다.

≪예제 1≫ Caesar 암호시스템을 이용하여 평서문 $m = START\ AT\ FIVE$을 암호화하여라.

풀이 평서문: $START\ AT\ FIVE$ → 암호문: $VWDUW\ DW\ ILYH$ ⊠

≪예제 2≫ Caesar 암호시스템에 의한 암호문 $FRQTXHU$를 복호화하여라.

풀이 Caesar 암호시스템에서 부호화 key는

$$D_3(x) \equiv (x-3) \pmod{26}$$

이므로 $FRQTXHU$의 각 알파벳을 숫자로 바꾸어 3을 뺀 후 이를 다시 알파벳으로 바꾸면

$$D_3(F) \equiv (F-3) \pmod{26} \equiv (5-3) \pmod{26} = 2$$

2에 대응된 알파벳은 O이다.

같은 방법을 R, Q, T, X, H, U에 적용한다. 그러면

암호문: $FRQTXHU$
평서문: $CONQUER$

이다. ⊠

행렬을 이용한 암호시스템이란 발신자가 평서문을 암호화하고, 수신자가 이를 다시 복호화할 때 알파벳과 정수 집합과의 대응관계를 설정한 후 평서문을 특수한 **행렬키** (matrix key) k를 암호화하는 방법으로 다음과 같이 특수한 원리를 소개한다.

행렬을 이용한 암호시스템에서 평서문 공간은 $\{\varnothing, a, b, c, \cdots, z\}$, 암호문 공간은 $\{0, 1, 2, 3, \cdots, 26\}$으로 아래 법칙을 적용한다. 여기서 $\varnothing$은 문자와 문자 사이의 간격을 의미한다.

(1) 각 문자 $\varnothing$, a, b, c, $\cdots$, z를 각 숫자 0, 1, 2, 3, $\cdots$, 26로 대응시킨다.

(2) 평서문을 숫자의 나열로 바꾸고 이를 다시 적당한 행렬로 만든다.

(3) 발신자는 가역인 특수한 행렬키 k를 사용하여 평서문을 암호화하여 수신자에게 보낸다.

(4) 수신자는 암호문을 행렬키 k의 역행렬 k^{-1}를 사용하여 복호화하여 평서문을 구한다.

≪예제 3≫ 행렬을 이용한 암호 시스템에서 평서문

$$CONSTRUCT \;\; A \;\; FORTRESS$$

를 행렬키 k가

$$k = \begin{bmatrix} 1 & 0 & 2 \\ 0 & 1 & 1 \\ 0 & 0 & 1 \end{bmatrix}$$

로 주어졌을 때 암호화하여라.

풀이 $m = CONSTRUCT \;\; A \;\; FORTRESS$을 숫자 열로 대응시키고 이를 다시 평서문 행렬로 표시하면

$$m = 3 \;\; 15 \;\; 14 \;\; 19 \;\; 20 \;\; 18 \;\; 21 \;\; 3 \;\; 20 \;\; 0 \;\; 1 \;\; 0 \;\; 6 \;\; 15 \;\; 18 \;\; 20 \;\; 18 \;\; 5 \;\; 19 \;\; 19$$

$$= \begin{bmatrix} 3 & 15 & 14 & 19 & 20 & 18 & 21 \\ 3 & 20 & 0 & 1 & 0 & 6 & 15 \\ 18 & 20 & 5 & 1 & 19 & 19 & 0 \end{bmatrix}$$

평서문 행렬 m앞에 k를 곱하여 다음과 같이 암호화한다:

$$c = km = \begin{bmatrix} 1 & 0 & 2 \\ 0 & 1 & 1 \\ 0 & 0 & 1 \end{bmatrix} \begin{bmatrix} 3 & 15 & 14 & 19 & 20 & 18 & 21 \\ 3 & 20 & 0 & 1 & 0 & 6 & 15 \\ 18 & 20 & 5 & 1 & 19 & 19 & 0 \end{bmatrix} = \begin{bmatrix} 39 & 55 & 50 & 29 & 58 & 56 & 21 \\ 21 & 40 & 18 & 6 & 19 & 25 & 15 \\ 18 & 20 & 18 & 5 & 19 & 19 & 0 \end{bmatrix}$$

따라서 수신자가 받은 암호문은

$$c = 39 \;\; 55 \;\; 50 \;\; 29 \;\; 58 \;\; 56 \;\; 21 \;\; 21 \;\; 40 \;\; 18 \;\; 6 \;\; 1925 \;\; 15 \;\; 18 \;\; 20 \;\; 18 \;\; 5 \;\; 19 \;\; 19 \;\; 0$$

이다. ⊠

예제 3에서 발신자가 수신자에게 보낸 암호문이

$$c = km$$

인데, 수신자는 행렬키 k의 역행렬 k^{-1}를 사용하여

$$m = k^{-1}c$$

의 방법으로 복호화한다.

다음으로 전치암호에 대해서 알아보자. 행렬 A의 전치행렬 A^t의 정의는 행렬 A의 행을 열로 옮긴 행렬이라는 것을 3장에서 배웠다는 것을 기억하자.

◈ 정의 **전치암호** (transposition cipher)란 전치행렬을 이용하여 암호를 만드는 것을 말한다.

≪예제 4≫ $m = I \;\; LOVE \;\; MATH \;\; MORE \;\; THAN \;\; KOREAN$으로 전치암호를

만들어라.

풀이 먼저 평서문 m을 행렬로 바꾸어 보자. 평서문이 빈 칸을 포함하여 28글자로 이루어져 있으므로 28의 4×7행렬로 바꾸어 보자.

$$\begin{bmatrix} I & & L & O & V & E & \\ M & A & T & H & & M & O \\ R & E & & T & H & A & N \\ & K & O & R & E & A & N \end{bmatrix}$$

이제, 이의 전치행렬을 구해보면

$$\begin{bmatrix} I & M & R & \\ & A & E & K \\ L & T & & O \\ O & H & T & R \\ V & & H & E \\ E & M & A & A \\ & O & N & N \end{bmatrix}$$

이다. 따라서 암호문은

$$c = IMR\ \ AEK\ \ LT\ \ OOHTRV\ \ HEEMAA\ \ ONN$$

이 됨을 알 수 있다. ⊠

연습문제 9.1

Caesar 암호시스템을 이용하여 나음 평서문을 암호화하여라.(1~3)

1. $m = CONGRATULATION\ \ ON\ \ MATH.\ \ FESTIVAL!$
2. $m = MATHEMATICS\ \ IS\ \ A\ \ QUEEN\ \ OF\ \ THE\ \ SCIENCES$
3. $m = THERE\ \ IS\ \ NO\ \ ROYAL\ \ ROAD\ \ LEARNING$

Caesar 암호시스템에 의한 다음 암호문을 복호화하여라.(4~5)

4. $c = VWDUW\ \ DW\ \ IRXU$
5. $c = UHPRYH.$

행렬키 k가 다음과 같이 주어졌을 때

$$k = \begin{bmatrix} 1 & 1 & 2 \\ 0 & 1 & 2 \\ 1 & 0 & 1 \end{bmatrix}$$

아래 평서문을 암호화하여라.(6~7)

6. $m = KNOWLEDGE\ \ IS\ \ POWER.$

7. $m = CONQUER\ \ AND\ \ KILL\ \ THEM\ \ ALL.$

8. 발신자가 수신자에게 보낸 암호문이

$$\begin{aligned} c = {} & 11\ 21\ 41\ 10\ 25\ 12\ 25\ 35\ 27\ 10\ 1\ 21\ 9 \\ & 22\ 1\ 25\ 15\ 19\ 6\ 21\ 1\ 40\ 7\ 12\ 23\ 34\ 8 \end{aligned}$$

일 때, 행렬키 k가

$$k = \begin{bmatrix} 1 & 1 & 1 \\ 0 & 1 & 1 \\ 1 & 0 & 1 \end{bmatrix}$$

를 사용하여 복호화하여라.

다음을 전치암호로 바꾸어라.(9~10)

9. $m = YOU\ \ ARE\ \ MY\ \ DESTINY$

10. $m = MOVE\ \ TO\ \ NEWYORK$

9.2 section 미분방정식

미분방정식 (differential equation)이란 어떤 함수의 **도함수** (derivative) [또는 **미분** (differential)]나 **편도함수** (partial derivative)를 포함하는 방정식을 말한다. 이와 같은 방정식은 여러 가지 형태로 자연과학과 공학은 물론 경제학, 사회과학 분야에서도 많이 다루고 있다.

≪보기 1≫ (1) $\dfrac{dy}{dx} - x + 3 = 0$ [또는 $dy = (x-3)dx$]

(2) $\dfrac{d^2y}{dx^2} + 2\dfrac{dy}{dx} + 5y = 0$

(3) $(y'')^3 + 3(y')^5 = 2y + x^2$

(4) $y''' + 2(y'')^3 + 7y = \sin x$

(5) $\dfrac{\partial z}{\partial x} + x\dfrac{\partial z}{\partial y} = z$

(6) $\dfrac{\partial^2 z}{\partial x^2} + \dfrac{\partial^2 z}{\partial y^2} - 2y = x^5$

보기 1의 (1)~(4)와 같이 미분방정식에 포함되는 독립변수가 1개일 때 그 미분방정식을 **상미분방정식** (ordinary differential equation)이라 하고, (5)와 (6)처럼 미분방정식에 포함되는 독립변수가 2개 이상일 때 **편미분방정식** (partial differential equation)이라 한다.

한편 미분방정식에 포함되어 있고 최고계인 도함수의 계수를 그 미분방정식의 **계수**라고 한다. 위의 보기 중 (1), (5)는 1계 미분방정식이며 (2), (3), (6)은 2계 미분방정식, (4)는 3계 미분방정식이다. 미분방정식에 나타나는 최고계도함수의 차수를 그 미분방정식의 **차수**라고 하며 위에서 (3)은 3차 미분방정식이고 나머지는 모두 1차 미분방정식이다.

x의 함수 y가 x이외에 임의에 상수 c를 가질 때, 즉

$$f(x, y, c) = 0$$

일 경우 이를 x에 관해 미분하여 c를 소거하고

$$g(x, y, y') = 0$$

를 얻는다면 $g(x, y, y') = 0$는 1계 미분방정식이 되며 $f(x, y, c) = 0$는 이 미분방정식의 해가 된다.

≪예제 2≫ $y = cx$에서 임의의 상수 c를 소거하여 미분방정식을 만들어라.

풀이 $y = cx$를 x에 관해 미분하여 $\frac{dy}{dx} = c$를 주어진 식에 대입하면

$$x\frac{dy}{dx} - y = 0$$

라는 1계 1차 미분방정식을 얻는다. ▨

어떤 함수가 주어진 미분방정식을 만족할 때 이 함수를 미분방정식의 **해** (solution) 라 한다. n계 미분방정식의 해로써 n개의 임의의 상수를 포함하는 해를 미분방정식의 **일반해** (general solution)라 하고, 일반해의 임의의 상수 대신 특수한 값을 넣어서 얻어지는 해를 **특수해** (special solution)라고 한다.

≪보기 3≫ 미분방정식 $x + y\frac{dy}{dx} = 0$의 일반해는 $x^2 + y^2 = c$이며, $x^2 + y^2 = 9$는 특수해이다.

다음은 미분방정식의 몇 가지 유형을 살펴본다.

주어진 미분방정식을 변형하여

$$f(x)dx + g(y)dy = 0$$

의 형태로 될 때 이것을 **변수 분리형** (variable separable form)이라고 한다. 이 미분방정식의 양변을 적분하여

$$\int f(x)dx + \int g(y)dy = c$$

라는 일반해를 얻는다.

≪예제 4≫ $\frac{dy}{dx} = \frac{1+y}{1+x}$의 일반해를 구하여라.

풀이 $\dfrac{dy}{dx}=\dfrac{1+y}{1+x}$를 변형하면

$$\frac{dx}{1+x}=\frac{dy}{1+y}$$

이 되고 다시 이의 양변을 적분하면

$$\log(1+y)=\log(1+x)+\log c$$

이다. 따라서 $y+1=c(1+x)$이다. ⊠

주어진 미분방정식

$$f(x,y)dx+g(x,y)dy=0$$

에서 $f(x,y)$와 $g(x,y)$가 각각 x, y에 관한 같은 차수의 식 일 때, 이것을 **동차형** (homogeneous form)이라 하고, 이는 다시 $\dfrac{dy}{dx}=h\left(\dfrac{y}{x}\right)$모양으로 변형된다.

$v=\dfrac{y}{x}$, 즉 $y=vx$라 두면

$$\frac{dy}{dx}=v+x\frac{dv}{dx}, \quad 즉 \quad \frac{dv}{h(v)-v}=\frac{dx}{x}$$

인 변수분리형이 된다.

≪예제 5≫ 미분방정식 $(y^2-xy)dx+x^2dy=0$을 풀어라.

풀이 $\dfrac{dy}{dx}=\dfrac{xy-y^2}{x^2}=\dfrac{y}{x}-\left(\dfrac{y}{x}\right)^2$이다. 여기서 $y=vx$라 두면, $\dfrac{dy}{dx}=v+x\dfrac{dv}{dx}$이므로

$$v+x\frac{dv}{dx}=v-v^2$$

이다. 즉,

$$\frac{1}{x}dx+\frac{1}{v^2}dv=0$$

이다. 이 때, 양변을 적분하면 $\log x-\dfrac{1}{v}=c$이 되고, $v=\dfrac{y}{x}$를 대입하면

$$\log x-\frac{x}{y}=c$$

이다. ⊠

주어진 미분방정식 $P(x,y)dx+Q(x,y)dy=0$의 좌변이 어떤 함수 $u(x,y)$의 전

미분 du와 같으면, 즉 $P(x,y)dx+Q(x,y)dy=du(x,y)$일 때

$$P(x,y)dx+Q(x,y)dy=0$$

을 **완전 미분방정식** (exact differential equation)이라 한다. 이 경우 $u(x,y)=c$는 일반해이다.

한편, $P(x,y)dx+Q(x,y)dy=0$가 완전 미분방적식이기 위한 필요충분조건은

$$\frac{\partial P}{\partial y}=\frac{\partial Q}{\partial x} \qquad (\star)$$

이라는 것이 잘 알려져 있다. 이 경우 $(\star)$를 만족하는 함수 $u=u(x,y)$를 구하여 보자. $\frac{\partial u}{\partial x}=P$라고 놓으면 $u=\int Pdx+f(y)$이고 $\frac{\partial u}{\partial y}=Q$이므로

$$Q=\frac{\partial u}{\partial y}=\frac{\partial}{\partial y}\left[\int Pdx+f(y)\right]=\frac{\partial}{\partial y}\int Pdx+f'(y)$$

즉, $f'(x)=Q-\frac{\partial}{\partial y}\int Pdx$을 얻는다. 이것을 적분하면

$$f(y)=\int[Q-\frac{\partial}{\partial y}\int Pdx]dy+a$$

이다. 여기서 a는 임의의 적분 상수이다. 따라서

$$du=d\left(\int Pdx+\int\left[Q-\frac{\partial}{\partial y}\int Pdx\right]dy+a\right)=Pdx+Qdy=0$$

이므로

$$u=\int Pdx+\int\left[Q-\frac{\partial}{\partial y}\int Pdx\right]dy=c$$

가 구하려는 일반해이다.

≪예제 6≫ 다음 미분방정식이 완전 미분형인지를 보이고 일반해를 구하여라.

$$(xy^2-1)dx+(x^2y-1)dy=0$$

풀이 $P=xy^2-1$, $Q=x^2y-1$이라 두면 $\frac{\partial P}{\partial y}=2xy=\frac{\partial Q}{\partial x}$이므로 주어진 미분방정식은 완전 미분형이다.

$$u=\int(xy^2-1)dx+f(y)=\frac{1}{2}x^2y^2-x+f(y),$$

$$x^2y-1=Q=\frac{\partial u}{\partial y}=x^2y+f'(y)$$

이므로, $f'(y)=-1$, $f(y)=-y+a$이다. 따라서 $\frac{1}{2}x^2y^2-x-y=c$가 구하려는 일반해이다. ⊠

연습문제 9.2

1. 다음 미분방정식의 계수와 차수를 말하라.

 (1) $\dfrac{dy}{dx}+5y=x^2+x+1$

 (2) $\dfrac{d^2y}{dx^2}+3\dfrac{dy}{dx}-6y=e^x$

 (3) $\left(\dfrac{d^3y}{dx^3}\right)^3+\left(\dfrac{d^2y}{dx^2}\right)^5=y+7x$

 (4) $(1+y^2)dx+(1+x^2)dy=0$

2. $y=c_1e^{2x}+c_2e^{-x}+x$에서 c_1, c_2를 소거하여 미분방정식을 만들어라.

3. $(1+x)y+(1-y)x\dfrac{dy}{dx}=0$을 풀어라.

4. $(x^2+y^2)dx-2xydy=0$을 풀어라.

5. $2xydx+(x^2-\cos 2y)dy=0$을 풀어라.

6. $(3x+4y+5)dx+(3y+4x)dy=0$을 풀어라.

7. $(y^2+xy+1)dx+(x^2+xy+1)dy=0$가 완전 미분형인지 아닌지 조사하고 풀 수 있는 방법을 연구하여라.

부록편

Chapter 10

10.1_대수적 기초개념

10.2_기초 수학공식

10.1 section 대수적 기초개념

이 절에서는 이항연산을 갖는 대수적 구조를 간단히 살펴보고 이를 바탕으로 1장부터 계속 나오는 체의 개념을 이해한다.

집합 A가 공집합이 아닐 때 $A \times A$에서 A로의 사상

$$f : A \times A \to A, \ (x, y) \mapsto f(x, y)$$

를 A 위의 **이항연산** (binary operation) 또는 간단히 A 위의 **연산** (operation)이라고 부른다. 여기서 $f(x, y)$를 x와 y의 **곱** (product) 혹은 **합성** (composite)이라 한다. 연산을 나타내는 기호로는 $\circ$, $*$, $+$, $\times$, $\cdot$, $\cdots$ 등이 사용된다. 이 때 $*$가 A 위의 연산이라면, 이를 원소 표시법으로 $(x, y) \mapsto x * y$로 나타내며, $x * y$를 x와 y의 **곱** (product)이라 부르고, 혼동이 없을 경우 간단히 xy로 표시하기도 한다 (특히 $+$가 A 위의 연산이라면 $(x, y) \mapsto x + y$로 나타내며, $x + y$를 x와 y의 **합** (sum)이라 부르고, 이 경우의 부호는 생략하지 않는다).

$*$가 집합 A 위의 이항연산이라고 하자. 만약 모든 x, y, $z \in A$에 대하여

$$(x * y) * z = x * (y * z)$$

가 성립한다면 $*$는 **결합** (associative)**연산**이라 하고, 만약 모든 x, $y \in A$에 대하여

$$x * y = y * x$$

가 성립한다면, $*$는 **교환** (commutative)**연산**이라고 한다.

◈ 정의　집합 $G\ (\neq \varnothing)$가 $*$를 연산으로 갖는다고 하자.(즉, $a, b \in G \Rightarrow a * b \in G$일 때) (앞으로 $a * b$를 간단히 ab로 표시하자.) 만약 $*$가 다음 조건을 만족한다면, G는 $*$를 연산으로 갖는 **군** (君, group)이라 한다.

(1) **결합성** (associativity). $*$는 결합연산이다.

(2) **항등원** (identity). $e \in G$이 존재하여 모든 $a \in G$에 대하여

$$ae = a = ea$$

이 성립한다. 우리는 e를 G의 항등원이라고 부른다.

(3) **역원** (inverse). 임의의 $a \in G$에 대하여

$$ab = e = ba$$

이 성립하는 $b \in G$가 존재한다. 우리는 b를 a의 역원이라고 한다.

연산 $*$를 갖는 군 G를 쌍으로 표시하여 군 $(G, *)$로 나타내고 혼동이 없을 경우, 연산 $*$를 생략하고 집합 G를 군이라 한다.

집합 $S(\neq \varnothing)$가 결합연산만을 갖는다면, S를 **반군** (半君, semigroup)이라 하고, 반군 S가 항등원도 갖는다면 S를 **모노이드** (monoid)라 하며, 군 $(G, *)$에 대하여 $*$가 교환연산이라면, 군 G를 **가환군** (commutative group) 또는 **Abel군** (abelian group)이라 한다. 가환이 아닌 군을 **비가환군** (noncommutative group) 또는 **비Abel군** (nonabelian group)이라고 한다.

덧셈연산 (addition) $+$를 갖는 군 $(G,+)$을 **덧셈군** (additive group)이라 하고 덧셈군 $(G,+)$의 항등원을 0으로 표시하고 **영원** (zero element)이라 부르며, $a \in G$의 역원을 $-a$라 표시하고, a의 **음원** (negative element)이라고 한다. $(G,+)$은 항상 Abel군 (abelian group)으로 약속하고, 이 때 G를 **덧셈에 관한 Abel군** (additive abelian group)이라고 부른다. 따라서 덧셈군 $(G,+)$의 조건은 다음과 같다.

① 임의의 $a, b, c \in G$에 대하여, $(a+b)+c = a+(b+c)$
② $0 \in G$가 존재하여 모든 $a \in G$에 대하여 $a+0 = a = 0+a$이다.
③ 각 $a \in G$에 대하여, $-a \in G$가 존재하여 $a+(-a) = 0 = (-a)+a$이다.
④ 모든 $a, b \in G$에 대하여, $a+b = b+a$이다.

≪보기 1≫ (1) $(2\mathbb{Z}, \cdot)$과 $(2\mathbb{N}, \cdot)$은 반군이다.
(2) $(\mathbb{Z}, \cdot)$는 모노이드이다.
(3) $(\mathbb{Z},+)$, $(\mathbb{Q},+)$, $(\mathbb{R},+)$, $(\mathbb{C},+)$는 가환군들이다.
(4) $(\mathbb{Q}-\{0\}, \cdot)$, $(\mathbb{R}-\{0\}, \cdot)$, $(\mathbb{C}-\{0\}, \cdot)$는 가환군들이다.
(5) $(\mathbb{Z}(\sqrt{2}), \cdot)$는 모노이드이다.
(6) $(\mathbb{Z}-\{0\}, \cdot)$는 모노이드이나 군은 아니다.
(여기서, $(\mathbb{Z}-\{0\}, \cdot) = \{a+b\sqrt{2} \mid a, b \in \mathbb{Z}\}$이다.)

곱셈연산 (multiplication) $\cdot$을 갖는 군 $(G, \cdot)$을 **곱셈군** (multiplicative group)이라하고, 이의 항등원을 1, 임의의 $a \in G$의 역원을 a^{-1}로 표시한다. 우리는 $a \cdot b$를 보통 ab로 표시한다.

◈ <u>정리 10.1.1</u>　군 G에 대하여 다음 사실이 성립한다.

(1) 항등원 e는 오직 하나만 존재한다.

(2) 각 $a \in G$에 대한 역원은 유일하게 하나 존재한다. 이 때, a의 역원을 a^{-1}로 표시하자.

(3) G에는 **소거법칙** (cancellation law)이 있다: G의 각 원 a, b, c에 대하여, ($ab = ac$ 또는 $ba = ca$) $\Rightarrow$ $b = c$이다.

증명　(1) e와 e'를 군 G의 항등원이라 하면 $e = ee' = e'$이므로 항등원은 오직 하나만 존재한다.

(2) G의 임의의 원소 a에 대하여, a의 역원을 b와 c라 하자. 그러면 $ab = e$, $ba = e$이고 $ac = e$, $ca = e$이므로 $b = be = b(ac) = (ba)c = ec = c$가 된다.

(3) $ab = ac$의 양변의 왼편에 a^{-1}를 곱하면

$$b = eb = (a^{-1}a)b = a^{-1}(ab) = a^{-1}(ac) = (a^{-1}a)c = ec = c$$

같은 방법으로 $ba = ca$인 경우에도 $b = c$가 유도된다. ⊠

≪예제 2≫　군 G의 임의의 원소 a, b에 대하여 $(ab)^2 = a^2b^2$이면 G는 Abel군이다.

풀이　모든 $a, b \in G$에 하여 $(ab)^2 = a^2b^2$에서 $abab = aabb$를 유도한다. 그러면 정리 10.1.1의 (3)의 소거법칙에 의하여 $ab = ba$이다. 따라서 G는 Abel군이다. ⊠

◈ <u>정의</u>　군 G의 공집합이 아닌 부분집합 H가 G의 연산에 의하여 군을 이루면, H를 G의 **부분군** (subgroup)이라 하고 $H < G$와 같이 표시한다.

◈ <u>정리 10.1.2</u>　H가 군 G의 공집합이 아닌 부분집합이라고 할 때, 다음 세 명제는 서로 동치이다.

(1) $H < G$

(2) 각 $a, b \in H$에 대하여 $ab \in H$, $a^{-1} \in H$이다.

(3) 각 $a, b \in H$에 대하여 $ab^{-1} \in H$이다.

증명　(1) $\Rightarrow$ (2) 및 (2) $\Rightarrow$ (3)은 명백하다.

(3) $\Rightarrow$ (1)을 밝히자. H는 공집합이 아니므로 적어도 한 원소 $x \in H$가 있다. 따라서 가정 (3)에 의하여 $e = xx^{-1} \in H$이다. 또한, 임의의 원소 $a \in H$에 대하여

$a^{-1} = ea^{-1} \in H$이다. 끝으로 임의의 두 원소 $a, b \in H$에 대하여 $a, b^{-1} \in H$이므로 $ab = a(b^{-1})^{-1} \in H$가 되어 $H < G$이다. ⊠

≪보기 3≫ 덧셈군 $(\mathbb{Z}, +)$의 부분군은 적당한 정수 n의 배수의 집합 $n\mathbb{Z}$의 형태뿐이다.

◈ <u>정의</u> $(G, *)$, $(G', \circ)$을 군이라고 하자. 사상 $f : G \to G'$가 두 군의 연산을 보전시킬 때, 즉

$$f(a * b) = f(a) \circ f(b), \ (\forall a, b \in G)$$

f를 G에서 G'로의 **군 준동형사상** (group homomorphism)이라 한다. 또 사상 $f : G \to G'$가 군 준동형사상인 동시에 전단사일 때 f를 G에서 G'위로의 **군 동형사상** (group isomorphism)이라 하고, 군 G에서 G' 위로의 군 동형사상이 존재할 때, 이 두 군은 서로 **동형** (isomorphic)이라 하며 $G \approx G'$로 표시한다.

◈ <u>정리 10.1.3</u> $f : G \to G'$를 군 준동형사상이라고 할 때

(1) $f(e) = e'$ (여기서 e는 G의 항등원이고, e'은 G'의 항등원이다.)

(2) 각 $a \in G$에 대하여, $f(a^{-1}) = f(a)^{-1}$

증명 (1) $f(e)e' = f(e) = f(e)f(e)$이므로, 정리 10.1.1의 (3)에 의하여 $e' = f(e)$이다.

(2) $f(a)f(a^{-1}) = f(aa^{-1}) = f(e) = e' = f(a)f(a)^{-1}$이므로 다시 정리 10.1.1의 (2)에 의하여 $f(a^{-1}) = f(a)^{-1}$임을 쉽게 알 수 있다. ⊠

◈ <u>정의</u> 군 준동형사상 $f : G \to G'$에서 집합

$$\{a \in G \mid f(a) = e'\} \text{ (단, } e'\text{은 } G'\text{의 항등원)}$$

을 f의 **핵** (kernel)이라 하고, $\mathrm{Ker}f$로 표시한다.

◈ <u>정리 10.1.4</u> $f : G \to G'$를 군 준동형사상이라고 할 때

(1) $\mathrm{Ker}f < G$

(2) $\mathrm{Im}f < G'$

(3) $\mathrm{Ker}f = \{e\} \Leftrightarrow f$는 단사 사상이다. 여기서 e는 G의 항등원이다.

증명 (1)과 (2)는 정리 10.1.2에 의하여 쉽게 밝혀진다.

(3) ($\Rightarrow$) $\mathrm{Ker}f = \{e\}$라 가정하자. f가 단사사상이기 위한 필요충분조건은

$$f(a)= f(b) \Rightarrow a = b$$

이다. 따라서 위의 조건이 성립하는지 확인해 보자. 먼저, $f(a)= f(b)$라 두자. 그러면, 정리 10.1.3에 의하여 $f(b)^{-1} = f(b^{-1})$이므로

$$f(ab^{-1})= f(a)f(b^{-1})= f(a)f(b)^{-1} = f(b)f(b)^{-1} = e'$$

이 된다. 따라서 $ab^{-1} \in \mathrm{Ker}f = \{e\}$, 즉 $a = b$이 된다. 따라서 f는 단사 사상임을 알 수 있다.

($\Leftarrow$) f를 단사사상이라고 하고 a를 $\mathrm{Ker}f$의 임의의 원소라고 가정하자. 그러면 $\mathrm{Ker}f$의 정의에 의하여 $f(a)= e'$이고, 정리 10.1.3에 의하여 $e' = f(e)$이다. f가 단사 사상이라고 가정했으므로, $f(a)= e' = f(e) \Rightarrow a = e$임을 알 수 있다. a는 $\mathrm{Ker}f$의 임의의 원소이므로, $\mathrm{Ker}f = \{e\}$임을 알 수 있다. ⊠

◈ 정의 집합 R ($\neq \varnothing$) 위에 덧셈연산 (addition) $+$와 곱셈연산 (multiplication) $\bullet$가 존재하여 아래의 조건들을 만족할 때, R을 **환** (ring)이라 한다.

(1) $(R, +)$는 Abel군이다.

(2) $(R, \bullet)$는 반군이다.

(3) 임의의 $a, b, c \in R$에 대하여 $a(b+c)= ab+ac$, $(a+b)c = ac+bc$이다.

환 R이 모든 $a, b \in R$에 대하여, $ab = ba$를 만족할 때 우리는 이러한 환 R을 **가환환** (commutative ring)이라 한다. 또한 $e \in R$가 존재하여 모든 $a \in R$에 대하여 $ae = a = ea$를 만족하면 우리는 이러한 e를 R의 **단위원** (unity) 또는 **항등원** (identity)이라 하고 1로 표시한다.

단위원을 갖는 환 R에 관하여, 영이 아닌 R의 모든 원소가 곱셈연산에 대하여 역원을 가질 때 R을 **나눗셈 환** (division ring)이라 하고, 가환인 나눗셈 환을 **체** (field)라고 부른다.

◈ 정의 R은 단위원을 갖는 가환인 환이라 하고 a를 R의 0이 아닌 원소라 하자. 만약 R의 0이 아닌 원소 b가 존재하여 $ab = 0$가 될 때, a를 R에서 **영인자** (zero divisor)라 하고, 만약 R이 영인자를 갖지 않는다면 R을 **정역** (integral domain)이라고 부른다.

환 R을 덧셈연산 $(+)$과 곱셈연산 $(\bullet)$을 첨가하여 세 쌍으로 표시하며 $(R, +, \bullet)$로 나타내기도 한다.

≪보기 4≫ (1) $(2\mathbb{Z},+,\cdot)$ 는 환이고 $(\mathbb{Z},+,\cdot)$ 는 단위원을 갖는 환이다.

(2) $(\mathbb{Q},+,\cdot)$, $(\mathbb{R},+,\cdot)$, $(\mathbb{C},+,\cdot)$ 는 체이다.

(3) 집합 $\mathbb{Z}(\sqrt{2})=\{a+b\sqrt{2}\mid a,b\in\mathbb{Z}\}$는 단위원을 갖는 환이다.

(4) 집합 $\mathbb{Q}(\sqrt{2})=\{a+b\sqrt{2}\mid a,b\in\mathbb{Q}\}$는 체이다.

≪보기 5≫ 환 $\mathbb{Z}$, $\mathbb{Q}$, $\mathbb{R}$, $\mathbb{C}$, $\mathbb{Z}(\sqrt{2})$ 및 $\mathbb{Q}(\sqrt{2})$는 모두 정역이다.

집합 F가 **체** (field)이기 위한 필요충분조건은 다음 조건을 만족할 때이다.

(Ⅰ) 모든 $a,b\in F$에 대하여 $a+b\in F$이고,

(1) 임의의 $a,b,c\in F$에 대하여 $(a+b)+c=a+(b+c)$

(2) $0\in F$이고, 임의의 $a\in F$에 대하여 $a+0=a=0+a$

(3) 임의의 $a\in F$에 대하여 $-a\in F$가 유일하게 존재하여,

$$a+(-a)=0=(-a)+a$$

(4) 임의의 $a,b\in F$에 대하여 $a+b=b+a$

(Ⅱ) 모든 $a,b\in F$에 대하여 $ab\in F$이고,

(1) 임의의 $a,b,c\in F$에 대하여 $(ab)c=a(bc)$

(2) $1\in F$이고, 임의의 $a\in F$에 대하여 $a1=a=1a$

(3) 임의의 $a\in F$ $(a\neq 0)$에 대하여 $a^{-1}\in F$가 유일하게 존재하여

$$aa^{-1}=1=a^{-1}a$$

(4) 임의의 $a,b\in F$에 대하여 $ab=ba$

(Ⅲ) 임의의 $a,b,c\in F$에 대하여,

$$a(b+c)=ab+ac,\ (a+b)c=ac+bc$$

체 F의 모든 원소를 **스칼라** (scalar) 또는 **수** (number)라고 부른다.

[주의] 체 F에 있어서, 덧셈에 관한 항등원 0를 F의 **영원** (zero element)이라 부르고 곱셈에 관한 항등원 1을 F의 **항등원** (identity)이라고 부른다. 이들은 정리 10.1.1의 (1)에 의해 유일하게 존재한다.

◈ 정리 10.1.5 단위원을 갖는 가환인 환 R에 대하여 다음 사실은 동치이다.

(1) R은 정역이다.

(2) R의 두 원소 a, b에 대하여, $ab=0$이면 $a=0$이거나 $b=0$이다.

증명 문제 14로 남긴다. ⊠

연습문제 10.1

1. 군 G의 원소 a, b에 대하여, $(a^{-1})^{-1}=a$와 $(ab)^{-1}=a^{-1}b^{-1}$임을 보여라.

2. 군 G의 원소와 $m, n\in\mathbb{Z}$에 대하여 다음이 성립한다.
   (1) $a^m a^n = a^{m+n}$ (2) $(a^m)^n = a^{mn}$ (3) $a^{-n}=(a^n)^{-1}$

3. $(\mathbb{Z},+)\approx(3\mathbb{Z},+)$ 를 밝혀라.

4. 군 G에 대하여 $\mathbb{Z}(G)=\{a\in G \mid ax=xa,\ \forall x\in G\}$ 는 G의 부분군임을 밝혀라.

5. 양의 유리수 전체의 집합 $\mathbb{Q}^+$에 대하여 연산을 $a*b=\dfrac{ab}{3}$으로 정의하면 $(\mathbb{Q}, *)$는 가환군임을 밝혀라.

6. 가환군 $(G,+)$의 원소 a와 $m, n\in\mathbb{Z}$에 대하여 다음이 성립한다.
   (1) $(m+n)a=ma+na$, (2) $mna=m(na)$,
   (3) $(-n)a=-(na)$, (4) $n(a+b)=na+nb$.

7. 사상 $f: G\to G'$와 $g: G'\to G''$가 군 준동형사상이면 $g\circ f: G\to G''$도 군 준동형사상임을 밝혀라.

8. 환 $(R,+,\bullet)$에서 다음 사실이 성립한다.
   (1) 모든 $a\in R$에 대하여 $a0=0=0a$, $-(-a)=a$
   (2) 모든 $a,b\in R$에 대하여 $a(-b)=(-a)b=-ab$
   (3) 모든 $a,b\in R$에 대하여 $(-a)(-b)=ab$
   (4) 모든 $a,b\in R$에 대하여 $a+b=a+c\Rightarrow b=c$

9. $f: G\to G'$가 군 동형사상이면 $f^{-1}: G'\to G$도 군 동형사상임을 증명하여라.

10. G가 가환군이면 $f(x)=x^2$으로 정의되는 사상 $f: G\to G$는 군 준동형사상임을 보여라.

11. $\mathbb{Q}(i)=\{a+bi \mid a,b\in\mathbb{Q}\}$는 체가 됨을 보여라.

12. G가 곱셈군이면 $G=\{a^{-1}\in G \mid a\in G\}$임을 보여라.

13. 체 F에 대하여 다음 사실 (1), (2)가 성립하고, F가 정역일 경우에도 (2)는 성립한다.

(1) 모든 $0\neq a\in F$에 대하여 $(a^{-1})^{-1}=a$

(2) 모든 $0\neq a,b\in F$에 대하여 $ab=ac \Rightarrow b=c$

14. 문제 13의 (2)를 이용하여 정리 10.1.5를 증명하여라.

15. 환 R의 원소 a, b에 대하여 다음을 계산하여라.

(1) $(a+b)(a-b)$

(2) $(a+b)^2$

16. 환 R의 공집합이 아닌 부분집합 S가 R의 연산에 의하여 환을 이루면, S를 R의 **부분환** (subring)이라 하고 $S<R$과 같이 나타낸다. S가 R의 부분환이 될 필요충분조건은 임의의 $a,b\in S$에 대하여, $a-b\in S$, $ab\in S$임을 보여라.

17. S와 T가 환 R의 부분환일 때, $S\cap T$도 R의 부분환이다.

18. 모든 체 F는 정역임을 보여라.

19. 모든 **유한 정역**은 체가 됨을 보여라.

10.2 section 기초 수학공식

- 기 하 공 식-

다음 공식에서 r은 반경, h는 높이, l은 비탈 높이, b는 밑면, B는 밑면의 면적, θ는 호도(라디안)법으로 잰 중심각을 나타낸다.

1. 삼각형 면적 $=\frac{1}{2}bh$
2. 직사각형 면적 $=bh$, 대각선 $=\sqrt{b^2+h^2}$
3. 사다리꼴 면적 $=\frac{1}{2}h(b_1+b_2)$
4. 원 원호 $=r\theta$, 원주 $=2\pi r$, 면적 $=\pi r^2$
5. 부채꼴 면적 $=\frac{1}{2}r^2\theta$
6. 활꼴 면적 $=\frac{1}{2}r^2(\theta-\sin\theta)$
7. 직육면체 세 모서리를 a, b, c라 하면
   면적 $=abc$, 대각선 $=\sqrt{a^2+b^2+c^2}$
8. 각기둥 부피 $=Bh$
9. 각뿔 부피 $=\frac{1}{3}Bh$
10. 직원기둥 옆면적 $=2\pi rh$, 부피 $=\pi r^2h$
11. 직원뿔 옆면적 $=\pi rl$, 부피 $=\frac{1}{3}\pi r^2h$
12. 구 표면적 $=4\pi r^2$, 부피 $=\frac{4}{3}\pi r^3$
13. 직원추대 옆면적 $=\pi l(r_1+r_2)$, 부피 $=\frac{1}{3}\pi h(r_1^2+r_2^2+r_1r_2)$

- 대 수 공 식-

1. 이차방정식의 근의 공식

$ax^2 + bx + c = 0$, $a \neq 0$이면 $x = \dfrac{-b \pm \sqrt{b^2 - 4ac}}{2a}$이다.

2. log의 성질

(a) $\log(MN) = \log M + \log N$　　(b) $\log\left(\dfrac{M}{N}\right) = \log M - \log N$

(c) $\log(M^n) = n\log M$　　(d) $\log(\sqrt[n]{M}) = \left(\dfrac{1}{n}\right)\log M$

(e) $\log_a a = 1$　　(f) $\log_a 1 = 0$

3. 계승

$$n! = 1\cdot 2\cdot \cdots \cdot (n-1)\cdot n\ ,\ \ 0! = 1$$

4. 이항전개

n이 양의 정수일 때

$$(a+b)^n = a^n + {}_nC_1 a^{n-1}b + {}_nC_2 a^{n-2}b^2 + \cdots + {}_nC_r a^{n-r}b^r + \cdots + b^n$$

이다. 여기서 ${}_nC_r = \dfrac{n!}{r!(n-r)!}$이다.

5. 등차급수

a를 초항, d를 공차, n을 항수, l을 말항, S를 총합이라 하면

$$l = a + (n-1)d,\ \ S = \frac{1}{2}n(a+l),\ \ S = \frac{1}{2}[2a + (n-1)d]$$

6. 등비급수

a를 초항, r을 공비, n을 항수, l을 말항, S를 총합이라 하면

$$l = ar^{n-1},\ \ S = a\frac{1-r^n}{1-r},\ \ S = \frac{a-rl}{1-r}$$

7. 무한등비급수

a를 초항, r을 공비, S를 총합이라 하면 $|r| < 1 \ \Rightarrow\ S = \dfrac{a}{1-r}$

- 삼 각 법 -

1. 호도와 도수

$360^\circ = 2\pi$라디안$=1$회전

1라디안$=57.2957\cdots^\circ$, $1^\circ = 0.0174532\cdots$라디안

2. 특수각에 관한 삼각 함숫값

각(도수)	sin	cos	tan	cot	sec	csc	각(라디안)
0°	0	1	0	∞	1	∞	0
30°	$\frac{1}{2}$	$\frac{1}{2}\sqrt{3}$	$\frac{1}{\sqrt{3}}$	$\sqrt{3}$	$\frac{2}{3}\sqrt{3}$	2	$\frac{1}{6}\pi$
45°	$\frac{1}{2}\sqrt{2}$	$\frac{1}{2}\sqrt{2}$	1	1	$\sqrt{2}$	$\sqrt{2}$	$\frac{1}{4}\pi$
60°	$\frac{1}{2}\sqrt{3}$	$\frac{1}{2}$	$\sqrt{3}$	$\frac{1}{\sqrt{3}}$	2	$\frac{2}{3}\sqrt{3}$	$\frac{1}{3}\pi$
90°	1	0	∞	0	∞	1	$\frac{1}{2}\pi$
180°	0	-1	0	$-\infty$	-1	∞	π
270°	-1	0	$-\infty$	0	∞	-1	$\frac{3}{2}\pi$
360°	0	1	0	∞	1	∞	2π

3. 기본 항등식

$\csc x = \dfrac{1}{\sin x}$, $\sec x = \dfrac{1}{\cos x}$, $\cot x = \dfrac{1}{\tan x}$

$\tan x = \dfrac{\sin x}{\cos x}$, $\cot x = \dfrac{\cos x}{\sin x}$, $\sin^2 x + \cos^2 x = 1$

4. 환원관계

	sin	cos	tan	cot	sec	csc
$(-x)$	$-\sin x$	$\cos x$	$-\tan x$	$-\cot x$	$\sec x$	$-\csc x$
$(90^\circ - x)$	$\cos x$	$\sin x$	$\cot x$	$\tan x$	$\csc x$	$\sec x$
$(90^\circ + x)$	$\cos x$	$-\sin x$	$-\cot x$	$-\tan x$	$-\csc x$	$\sec x$
$(180^\circ - x)$	$\sin x$	$-\cos x$	$-\tan x$	$-\cot x$	$-\sec x$	$\csc x$
$(180^\circ + x)$	$-\sin x$	$-\cos x$	$\tan x$	$\cot x$	$-\sec x$	$-\csc x$
$(270^\circ - x)$	$-\cos x$	$-\sin x$	$\cot x$	$\tan x$	$-\csc x$	$-\sec x$
$(270^\circ + x)$	$-\cos x$	$\sin x$	$-\cot x$	$-\tan x$	$\csc x$	$-\sec x$
$(360^\circ - x)$	$-\sin x$	$\cos x$	$-\tan x$	$-\cot x$	$\sec x$	$-\csc x$

5. 두 각의 합과 차에 관한 공식

$$\sin(x \pm y) = \sin x \cos y \pm \cos x \sin y$$

$$\cos(x \pm y) = \cos x \cos y \mp \sin x \sin y$$

$$\tan(x \pm y) = \frac{\tan x \pm \tan y}{1 + \tan x \tan y}$$

6. 배각의 공식

$$\sin 2x = 2\sin x \cos x$$

$$\cos 2x = \cos^2 x - \sin^2 x = 2\cos^2 x - 1 = 1 - 2\sin^2 x$$

$$\tan 2x = \frac{2\tan x}{1 - \tan^2 x}$$

7. 반각의 공식

$$\sin\frac{x}{2} = \pm\sqrt{\frac{1-\cos x}{2}}$$

$$\cos\frac{x}{2} = \pm\sqrt{\frac{1+\cos x}{2}}$$

$$\tan\frac{x}{2} = \pm\sqrt{\frac{1-\cos x}{1+\cos x}} = \frac{1-\cos x}{\sin x} = \frac{\sin x}{1+\cos x}$$

8. 합의 공식

$$\sin x+\sin y=2\sin\frac{1}{2}(x+y)\cos\frac{1}{2}(x-y)$$

$$\sin x-\sin y=2\cos\frac{1}{2}(x+y)\sin\frac{1}{2}(x-y)$$

$$\cos x+\cos y=2\cos\frac{1}{2}(x+y)\cos\frac{1}{2}(x-y)$$

$$\cos x-\cos y=-2\sin\frac{1}{2}(x+y)\sin\frac{1}{2}(x-y)$$

9. 곱의 공식

$$\sin x\sin y=\frac{1}{2}\cos(x-y)-\frac{1}{2}\cos(x+y)$$

$$\sin x\cos y=\frac{1}{2}\sin(x-y)+\frac{1}{2}\sin(x+y)$$

$$\cos x\cos y=\frac{1}{2}\cos(x-y)+\frac{1}{2}\cos(x+y)$$

10. 역삼각함수의 공식

$a>0$이면

$$\sin^{-1}(-a)=-\sin^{-1}a \qquad \cot^{-1}(-a)=\pi-\tan^{-1}\left(\frac{1}{a}\right)$$

$$\cos^{-1}(-a)=-\cos^{-1}a \qquad \sec^{-1}(-a)=\cos^{-1}\left(\frac{1}{a}\right)-\pi$$

$$\tan^{-1}(-a)=-\tan^{-1}a \qquad \csc^{-1}(-a)=\sin^{-1}\left(\frac{1}{a}\right)-\pi$$

$$\sin^{-1}a=\cos^{-1}\left(\sqrt{1-a^2}\right) \qquad \cos^{-1}a=\sin^{-1}\left(\sqrt{1-a^2}\right)$$

$a>0,\ b>0$이면

$$\sin^{-1}a-\sin^{-1}b=\sin^{-1}\left(a\sqrt{1-b^2}-b\sqrt{1-a^2}\right)$$

$$\tan^{-1}a-\tan^{-1}b=\tan^{-1}\left(\frac{a-b}{1+ab}\right)$$

$$\cos^{-1}a+\cos^{-1}b=\begin{cases}\cos^{-1}\left[ab-\sqrt{(1-a^2)(1-b^2)}\right] & (a^2+b^2>1\text{일 때})\\ \dfrac{\pi}{2} & (a^2+b^2=1\text{일 때})\\ \pi-\cos^{-1}\left[\sqrt{(1-a^2)(1-b^2)}-ab\right] & (a^2+b^2<1\text{일 때})\end{cases}$$

$$\tan^{-1}a - \tan^{-1}b = \begin{cases} \tan^{-1}\left(\dfrac{a+b}{1-ab}\right) & (ab<1\text{일 때}) \\ \dfrac{\pi}{2} & (a=b\text{일 때}) \\ \pi - \tan^{-1}\left(\dfrac{a+b}{ab-1}\right) & (ab>1\text{일 때}) \end{cases}$$

11. 임의의 삼각형에 관한 공식

변의 길이를 a, b, c라 두고 그에 대한 대각을 A, B, C, $s=\frac{1}{2}(a+b+c)$, 외접원의 반경을 R, 내접원의 반경을 r이라 하면

사인법칙 $\dfrac{a}{\sin A}=\dfrac{b}{\sin B}=\dfrac{c}{\sin C}=2R$

코사인법칙 $a^2=b^2+c^2-2ab\cos A$

면적$=\dfrac{1}{2}ab\sin C=\dfrac{a^2\sin B\sin C}{2\sin(B+C)}=\sqrt{s(s-a)(s-b)(s-c)}$

$$r=\sqrt{\frac{(s-a)(s-b)(s-c)}{s}}$$

해답(선정된 문제)

연습문제 1.1

1. 남자 5명과 여자 5명이 미팅하는 방법의 수: $5! = 120$, 마트에 가서 물건사고 계산하기, 시간마다 시계바늘이 움직이는 각도, 건물의 높이를 그림자를 이용하여 알아보기, 주사위 놀이 등이 있다.

3. 나사못의 원리, 자동차의 계기판, 비행기의 속도와 거리관계, 강철의 강도, 디자인 법칙, 컴퓨터 원리 등이 있다.

연습문제 1.2

1. + 에 대한

 결합법칙: $(a+b)+c = a+(b+c)$

 항등원 존재: $\exists 0$

 역원: $\forall a \in Z$에 대하여, $\exists -a \in Z$

 교환법칙: $a+b = b+a$

• 에 대한

 결합법칙: $(ab)c = a(bc)$

 항등원 존재: $\exists 1$

 교환법칙: $ab = ba$

 분배법칙: $(a+b)c = ac+bc,\ \forall a,b,c \in Z$

3. 피보나치수열은 앞의 두 수를 더한 수가 그 다음 수가 되는 수열이다. 따라서 답은 233이다.

4. $(1 \times 2 \times 3) - (4 \times 5) + (6 \times 7) + (8 \times 9) = 100$

5. 파스칼의 삼각형은 위의 두 수를 더한 수가 바로 아래의 수가 되므로 답은 20이다.

연습문제 2.1

2. $A \cup B = \{2, 3, 4, 7, 8, 9\}$, $A \cap B = \{3, 4\}$, $B - A = \{7, 8, 9\}$,

$$A \times B = \left\{ \begin{matrix} (2,3), (2,4), (2,7), (2,8), (2,9), \\ (3,3), (3,4), (3,7), (3,8), (3,9), \\ (4,3), (4,4), (4,7), (4,8), (4,9) \end{matrix} \right\}$$

3. (1) $x \in A \cup A \Leftrightarrow x \in A$ or $x \in A \Leftrightarrow x \in A$

4. (1) $x \in (A^c)^c \Leftrightarrow x \notin A^c \Leftrightarrow x \in A$

5. (2)
$$\begin{aligned} x \in (A \cap B) \cap C &\Leftrightarrow x \in A \cap B \text{ and } x \in C \\ &\Leftrightarrow x \in A \text{ and } x \in B \text{ and } x \in C \\ &\Leftrightarrow x \in A \text{ and } x \in B \cap C \\ &\Leftrightarrow x \in A \cap (B \cap C) \end{aligned}$$

연습문제 2.2

1. (1) 정의역 :
$$\begin{aligned} \{x \mid 10^2 - x^2 \geq 0\} &= \{x \mid x^2 \ \ 10^2 \leq 0\} \\ &= \{x \mid (x+10)(x-10) \leq 0\} \\ &= \{x \mid -10 \leq x \leq 10\} \end{aligned}$$

치역 : $x^2 \geq 0$이기 때문에 $10^2 - x^2 \leq 100$이다. 정의역이 $\{x \mid -10 \leq x \leq 10\}$이기 때문에 $0 \leq 10^2 - x^2 \leq 100$이다. 따라서 $0 \leq \sqrt{10^2 - x^2} \leq 10$이며, 고로, 치역은 $\{y \mid 0 \leq y \leq 10\}$이다.

3. (2) $x = 5y + 7 \Leftrightarrow y = \frac{1}{5}(x - 7)$

5. (1) $y \in f(A_1 \cap A_2) \Leftrightarrow x \in A_1 \cap A_2$인 x가 존재하여 $y = f(x)$가 성립한다.

$\Leftrightarrow x \in A_1$이면서 $x \in A_2$인 x가 존재하여 $y = f(x)$가 성립한다.

$\Rightarrow y \in f(A_1)$이면서 $y \in f(A_2)$

$\Leftrightarrow y \in f(A_1) \cap f(A_2)$

연습문제 3.1

1. (1) $(A+B)+C = \left(\begin{bmatrix}1 & 1\\3 & -4\end{bmatrix}+\begin{bmatrix}3 & 0\\1 & 6\end{bmatrix}\right)+\begin{bmatrix}-1 & 1\\7 & 8\end{bmatrix} = \begin{bmatrix}3 & 2\\11 & 10\end{bmatrix}$

$A+(B+C) = \begin{bmatrix}1 & 1\\3 & -4\end{bmatrix}+\left(\begin{bmatrix}3 & 0\\1 & 6\end{bmatrix}+\begin{bmatrix}-1 & 1\\7 & 8\end{bmatrix}\right) = \begin{bmatrix}3 & 2\\11 & 10\end{bmatrix}$

4. 역행렬을 구하는 공식 : $\begin{bmatrix}a & b\\c & d\end{bmatrix}^{-1} = \dfrac{1}{ad-bc}\begin{bmatrix}d & -b\\-c & a\end{bmatrix}$

$B^{-1} = \dfrac{1}{5}\begin{bmatrix}-3 & -4\\5 & 5\end{bmatrix}$, $A^{-1} = \begin{bmatrix}\cos x & -\sin x\\\sin x & \cos x\end{bmatrix}$

6. (1) A가 n-정방행렬이고 B, C를 $n\times m$행렬이므로 AB와 AC가 잘 정의된다.

$$AB=AC \Leftrightarrow A^{-1}(AB)=A^{-1}(AC) \Leftrightarrow B=C$$

11. X에서 X로의 관광코스는 1가지, X에서 Y로의 관광코스는 2가지, Y에서 X로의 관광코스는 3가지이고 Y에서 Y로의 관광코스는 2가지이므로, 관광코스의 수를 나타내는 행렬은 $A=\begin{bmatrix}1 & 2\\3 & 2\end{bmatrix}$으로 표현할 수 있다.

X지점을 출발하여 두 코스를 이어서 관광하고, 다시 Y지점에 도착하는 방법은 $A^2=AA=\begin{bmatrix}7 & 6\\9 & 10\end{bmatrix}$의 $(1,2)$성분으로서 6가지임을 알 수 있다.

연습문제 3.2

5. (1) $\begin{bmatrix}0 & 1 & 2\\-1 & 3 & -1\\1 & -2 & 1\end{bmatrix} \underset{r}{\sim} \begin{bmatrix}1 & -2 & 1\\-1 & 3 & -1\\0 & 1 & 2\end{bmatrix} \underset{r}{\sim} \begin{bmatrix}1 & -2 & 1\\0 & 1 & 0\\0 & 1 & 2\end{bmatrix}$

$\underset{r}{\sim} \begin{bmatrix}1 & -2 & 1\\0 & 1 & 0\\0 & 0 & 2\end{bmatrix} \underset{r}{\sim} \begin{bmatrix}1 & 0 & 1\\0 & 1 & 0\\0 & 0 & 2\end{bmatrix} \underset{r}{\sim} \begin{bmatrix}1 & 0 & 0\\0 & 1 & 0\\0 & 0 & 1\end{bmatrix}$

7. (1) $(BB^t)^t = (B^t)^t B^t = BB^t$

$(B+B^t)^t = B^t+(B^t)^t = B^t+B = B+B^t$

9. (1) $\begin{bmatrix}0&3&0\\0&1&2\\1&1&0\end{bmatrix} \underset{r}{\sim} \begin{bmatrix}1&1&0\\0&1&2\\0&3&0\end{bmatrix} \underset{r}{\sim} \begin{bmatrix}1&0&-2\\0&1&2\\0&0&-6\end{bmatrix} \underset{r}{\sim} \begin{bmatrix}1&0&0\\0&1&0\\0&0&1\end{bmatrix}$ $\quad \therefore B = \begin{bmatrix}1&0&0\\0&1&0\\0&0&1\end{bmatrix}$

$$D=BA^{-1}=A^{-1}=\begin{bmatrix}-\frac{1}{3}&0&1\\\frac{1}{3}&0&0\\-\frac{1}{6}&\frac{1}{2}&0\end{bmatrix}$$

12.

1	3	5	7
9	11	13	15
17	19	21	23
25	27	29	31

2	3	6	7
10	11	14	15
18	19	22	23
26	27	30	31

4	5	6	7
12	13	14	15
20	21	22	23
28	29	30	31

8	9	10	11
12	13	14	15
24	25	26	27
28	29	30	31

16	17	18	19
20	21	22	23
24	25	26	27
28	29	30	31

연습문제 4.1

1. (1) $\sigma^{-1} = \begin{pmatrix}1\,2\,3\,4\\4\,1\,2\,3\end{pmatrix}$, $\tau^{-1} = \begin{pmatrix}1\,2\,3\,4\\4\,3\,2\,1\end{pmatrix}$.

5. $\det(A)=-2$, $\det(B)=18$, $\det(C)=-42$

7. (2) $\det\begin{bmatrix}\lambda-3&0&0\\0&\lambda&1\\0&4&\lambda-6\end{bmatrix}=(\lambda-3)\lambda(\lambda-6)-(\lambda-3)4=0 \Leftrightarrow \lambda=3.$

연습문제 4.2

1. (1) $\begin{vmatrix}2&1&0\\3&3&2\\3&-5&2\end{vmatrix}=\begin{vmatrix}2&1&0\\3&3&2\\0&-8&0\end{vmatrix}=\begin{vmatrix}2&1&0\\0&\frac{3}{2}&2\\0&-8&0\end{vmatrix}=\begin{vmatrix}2&1&0\\0&\frac{3}{2}&2\\0&0&\frac{32}{3}\end{vmatrix}=32$

1. (2) $\begin{vmatrix} 1 & 2 & 5 \\ 3 & -1 & 6 \\ 4 & 3 & 7 \end{vmatrix} = \begin{vmatrix} 1 & 2 & 5 \\ 0 & -7 & -9 \\ 0 & -5 & -13 \end{vmatrix} = \begin{vmatrix} 1 & 2 & 5 \\ 0 & -7 & -9 \\ 0 & 0 & -\frac{46}{7} \end{vmatrix} = 46$

3. (1)

$$\begin{vmatrix} 1+a & 1 & 1 \\ 1 & 1+b & 1 \\ 1 & 1 & 1+c \end{vmatrix} = \begin{vmatrix} a & 0 & -c \\ 0 & b & -c \\ 1 & 1 & 1+c \end{vmatrix} = a(b(1+c)+c) - c(-b) = abc + ab + bc + ca$$

12. A가 가역행렬이기 때문에 $\det(A) \neq 0$이다. 또한,

$$1 = \det(I) = \det(AA^{-1}) = \det(A^{-1}A) = \det(A)\det(A^{-1}) = \det(A^{-1})\det(A)$$

이므로, $\det(A^{-1}) = \dfrac{1}{\det(A)}$이다.

연습문제 4.3

2. (1) $M_{13} = \begin{bmatrix} -1 & 0 & 2 \\ 1 & -3 & 3 \\ 6 & 3 & 2 \end{bmatrix}$, $D_{13} = \begin{vmatrix} -1 & 0 & 2 \\ 1 & -3 & 3 \\ 6 & 3 & 2 \end{vmatrix} = 57$, $A_{13} = (-1)^{1+3}57 = 57$

3. $\begin{vmatrix} 1 & 3 & 7 \\ 2 & 0 & -5 \\ -1 & -3 & 4 \end{vmatrix} = -2(12-(-21)) - (-5)(-3-(-3)) = -66$

연습문제 5.1

1. (1) 1차방정식이 아니다.
1. (2) 1차방정식이다.
1. (3) 1차방정식이 아니다.
1. (4) 1차방정식이다.
1. (5) 1차방정식이 아니다.
1. (6) 1차방정식이다.

3. (1) $\begin{bmatrix} -1 & 2 & 0 \\ 3 & 4 & -1 \\ 2 & -5 & -2 \end{bmatrix}$

4. (1) $x-2z=4$
$2x+y-z=5$
$-y+3z=6$

8. (1) 위의 연립1차방정식의 확대행렬은

$$\begin{bmatrix} 0 & 5 & -1 & 1 \\ 3 & -3 & 0 & 6 \\ 4 & -10 & 3 & 8 \end{bmatrix}$$

이고, 이의 기약 행 사다리꼴 행렬로 변형하면,

$$\begin{bmatrix} 1 & -1 & 0 & 2 \\ 0 & 1 & -\frac{1}{5} & \frac{1}{5} \\ 0 & 0 & 1 & \frac{2}{3} \end{bmatrix}$$

이다. 이에 해당하는 연립1차방정식은

$$x-y=2$$
$$y-\frac{1}{5}z=\frac{1}{5}$$
$$z=\frac{2}{3}$$

이다. 주어진 연립1차방정식과 새로 구해진 연립1차방정식은 해가 같으므로, 주어진 연립1차방정식의 근은 $x=\frac{7}{3}$, $y=\frac{1}{3}$, $z=\frac{2}{3}$이다.

연습문제 5.2

1. $\det(A)=\begin{vmatrix} 1 & 2 & 3 \\ 0 & 2 & 2 \\ 0 & 0 & 3 \end{vmatrix}=6\neq 0$ 이므로, A는 가역이다. $A^{-1}=\begin{bmatrix} 1 & -1 & -\frac{1}{3} \\ 0 & \frac{1}{2} & -\frac{1}{3} \\ 0 & 0 & \frac{1}{3} \end{bmatrix}$

2. (1) $\begin{bmatrix} 2 & -1 & 3 \\ 0 & 1 & -4 \\ 2 & 1 & -2 \end{bmatrix}\begin{bmatrix} x_1 \\ x_2 \\ x_3 \end{bmatrix}=\begin{bmatrix} -2 \\ 3 \\ 7 \end{bmatrix}$

$$\therefore \begin{bmatrix} x_1 \\ x_2 \\ x_3 \end{bmatrix} = \frac{1}{6}\begin{bmatrix} 2 & 1 & 1 \\ -8 & -10 & 8 \\ -2 & -4 & 2 \end{bmatrix}\begin{bmatrix} -2 \\ 3 \\ 7 \end{bmatrix} = \begin{bmatrix} 1 \\ 7 \\ 1 \end{bmatrix}$$

7. (1) $\begin{vmatrix} 1 & 2 & 1 \\ 1 & -1 & 1 \\ 2 & 3 & -1 \end{vmatrix} = 9$, $\begin{vmatrix} 4 & 2 & 1 \\ 5 & -1 & 1 \\ 1 & 3 & -1 \end{vmatrix} = 20$, $\begin{vmatrix} 1 & 4 & 1 \\ 1 & 5 & 1 \\ 2 & 1 & -1 \end{vmatrix} = -3$, $\begin{vmatrix} 1 & 2 & 4 \\ 1 & -1 & 5 \\ 2 & 3 & 1 \end{vmatrix} = 22$

$$\therefore \ x = \frac{20}{9}, y = -\frac{1}{3}, z = \frac{22}{9}$$

연습문제 6.1

1. $A+B=(6,5)$, $A-B=(8,-1)$, $3A=(21,6)$, $-5B=(5,-15)$, $3A-5B=(26,-9)$

2. $A+B=(1,0)$, $A-B=(7,10)$, $3A=(12,15)$, $-5B=(15,25)$, $3A-5B=(27,40)$

8. (2) $2A-(B+C)=(2,-13,-8,-4)$

연습문제 6.2

1. (1) $\| A-B \| = \sqrt{65}$

1. (3) $\| A-B \| = \sqrt{59}$

8. (2) $\mathrm{Proj}_B A = \dfrac{A \cdot B}{\| B \|^2} B = \left(-\dfrac{56}{41}, -\dfrac{70}{41}\right)$

$$\therefore \|\mathrm{Proj}_B A\| = \frac{14\sqrt{41}}{41}$$

10. (1) $\cos\theta = \dfrac{(1,-2,3) \cdot (3,-4,-5)}{\| (1,-2,3) \| \ \| (3,-4,-5) \|} = -\dfrac{2}{5\sqrt{7}}$

연습문제 6.3

3. $(9,2,7) = a(1,2,-1) + b(6,4,2) \Leftrightarrow \begin{array}{l} a+6b=9 \\ 2a+4b=2 \\ -a+2b=7 \end{array} \Leftrightarrow a=-3, b=2$

$\therefore$ $(9,2,7) = (-3)(1,2,-1) + 2(6,4,2)$

8. (1) 모든 실수 k에 대하여 $2k(1,2) + (-k)(2,4) = (0,0)$이 성립한다.

$\therefore$ 1차 종속이다.

8. (3) $a(1,2) + b(2,3) + c(-1,5) = (0,0) \Leftrightarrow \begin{array}{l} a+2b-c=0 \\ 2a+3b+5c=0 \end{array} \Leftrightarrow a=-13c, b=7c$

모든 실수 k에 대하여 $(-13k)(1,2) + 7k(2,3) + k(-1,5) = (0,0)$이 성립한다.

$\therefore$ 1차 종속이다.

연습문제 7.1

2. 너 일반적인 경우인 $\lim_{x\to a} x = a$ $(a \in \mathbb{R})$에 대해 증명해보자.

임의의 $\epsilon > 0$에 대하여 $\delta = \epsilon$로 두자. 그러면, $0 < |x-a| < \delta \Rightarrow |x-a| < \delta = \epsilon$ 이다. 따라서 $\lim_{x\to a} x = a$이다.

3. 7장 1절 보충 3의 (2) 에 의하여, $\lim_{x\to 0}\dfrac{2-3x^2}{1+2x} = 2$이다.

14.

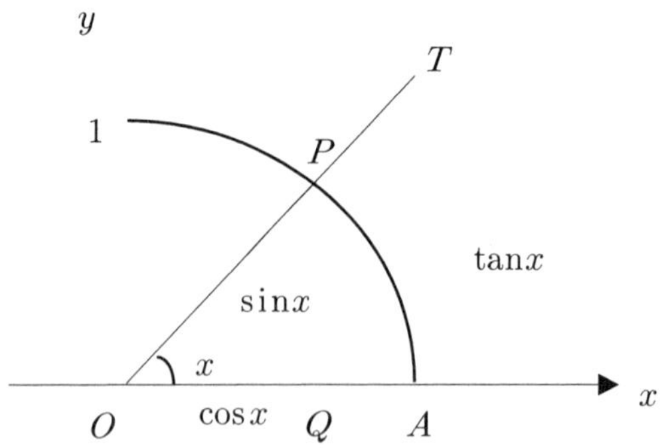

이 문제를 풀기 위하여 우리는 우극한 값과 좌극한 값이 모두 1이라는 것을 보일 것이다.

먼저, 우극한 값이 1이라는 것을 보이자. 위의 그림과 같이 $0 < x < \frac{\pi}{2}$일 때를 생각해 보자. 그러면

$$\triangle OAP\text{의 넓이} < \text{부채꼴 } OAP\text{의 넓이} < \triangle OAT\text{의 넓이}$$

이다. 이 때

$$\triangle OAP\text{의 넓이} = \frac{1}{2}\cdot(\text{밑변})\cdot(\text{높이}) = \frac{1}{2}\cdot 1\cdot(\sin x) = \frac{\sin x}{2}$$

$$\text{부채꼴 } OAP\text{의 넓이} = \frac{1}{2}\cdot r^2\cdot\theta = \frac{1}{2}\cdot(1)^2\cdot x = \frac{x}{2}$$

$$\triangle OAT\text{의 넓이} = \frac{1}{2}\cdot(\text{밑변})\cdot(\text{높이}) = \frac{1}{2}\cdot 1\cdot(\tan x) = \frac{\tan x}{2}$$

이므로

$$\frac{\sin x}{2} < \frac{x}{2} < \frac{\tan x}{2}$$

를 얻는다. 여기서 각 항들에 $\frac{2}{\sin x}$를 곱하고 역수를 취하면

$$1 > \frac{\sin x}{x} > \cos x$$

가 된다. 그러면 7장 1절 예제 2와 정리 7.1.2 (샌드위치 정리)에 의하여 $\lim_{x\to 0^+}\frac{\sin x}{x} = 1$이 된다. 이 때, $\frac{\sin x}{x}$이 우함수 (모든 x에 대하여 $f(x) = f(-x)$가 되는 함수)이므로 $\lim_{x\to 0^-}\frac{\sin x}{x} = 1$이다. 따라서 우리는 $\lim_{x\to 0}\frac{\sin x}{x} = 1$을 얻는다.

연습문제 7.2

2. $f'(x) = \dfrac{2(5x^2-7)-2x(10x)}{(5x^2-7)^2} = \dfrac{-10x^2-14}{(5x^2-7)^2}$

4. $f'(x) = (10x+2)(-2x+7)+(5x^2+2x-8)(-2)$

8. 연쇄법칙에 의하여 $\dfrac{dy}{dx} = \left(3\cos^2(15x)\right)\cdot(-\sin(15x))\cdot(15) = -45\cos^2(15x)\sin(15x)$

연습문제 8.1

1. $\displaystyle\int (7x^{100} + 5\sec^2 x)\,dx = \frac{7}{101}x^{101} + 5\tan x + C$

3 . $\displaystyle\int \frac{dx}{3x+7} = \frac{1}{3}\ln|3x+7| + C$

8. 미분적분학의 제2기본정리에 의하여

$$\int_{-2}^{1}(2x^3-7x+5)dx = \frac{1}{2}x^4 - \frac{7}{2}x^2 + 5x\Big]_{-2}^{1} = \left(\frac{1}{2}-\frac{7}{2}+5\right)-(8-14+(-10)) = 18$$

연습문제 8.2

2. 그래프를 그려보면, 포물선 $y^2 = 4x$와 직선 $2x - y = 12$로 둘러싸인 도형의 면적은

$$\int_0^4 2\sqrt{x}\,dx + \int_0^9 2\sqrt{x}\,dx + \int_4^6(-2x+12)dx - \int_6^9(2x-12)dx$$

라는 것을 알 수 있다. 이를 계산해 보면, $\dfrac{125}{3}$이다.

5. $x^2+y^2=a^2$이고, $0 \le t \le 2\pi$이므로 곡선은 중심이 원점이고 반지름이 $|a|$ 인 원이다. $\therefore\ S = 2\pi|a|$.

연습문제 9.1

9. 평서문의 길이가 띄어쓰기를 포함하여 18개 이므로 3×6행렬으로 만들어 보자. 그러면 행렬 $\begin{bmatrix} Y O U \quad A R \\ E \quad M Y \quad D \\ E S T I N Y \end{bmatrix}$이 된다. 이의 전치행렬은 $\begin{bmatrix} Y E E \\ O \quad S \\ U M T \\ \quad Y I \\ A \quad N \\ R D Y \end{bmatrix}$이고, 따라서 암호문은 $c=$ *YEEO SUMT YIA NRDY*가 된다.

10. 평서문의 길이가 띄어쓰기를 포함하여 15개 이므로 3×5행렬으로 만들어 보자. 그러면 행렬 $\begin{bmatrix} M O V E \\ T O \quad N E \\ W Y O R K \end{bmatrix}$이 된다. 이의 전치행렬은 $\begin{bmatrix} M T W \\ O O Y \\ V \quad O \\ E N R \\ \quad E K \end{bmatrix}$이고, 따라서 암호문은 $c=$ *MTWOOYV OER EK*가 된다.

연습문제 9.2

1. (2) 이 방정식의 계수는 2이고, 1차 미분방정식이다.

4. $\dfrac{dy}{dx}=\dfrac{x^2+y^2}{2xy}=\dfrac{x}{2y}+\dfrac{y}{2x}$이다. 여기서 $y=vx$라 두면, $\dfrac{dy}{dx}=\dfrac{x}{2y}+\dfrac{y}{2x}$로부터 $\dfrac{dy}{dx}=\dfrac{1}{2v}+\dfrac{v}{2}$을 얻고, $y=vx$로부터 $\dfrac{dy}{dx}=v+x\dfrac{dv}{dx}$을 얻는다. 따라서

$$v+x\frac{dv}{dx}=\frac{1}{2v}+\frac{v}{2}$$

이다. 즉,

$$\frac{1}{x}dx+\frac{2v}{v^2-1}dv=0$$

이다. 여기서, 다시 $t=v^2-1$로 두자. 그러면, 위의 식은

$$\frac{1}{x}dx+\frac{1}{t}dt=0$$

가 된다. 양변을 적분하면 $\log x+\log t=\log c$가 되고, $t=v^2-1$와 $v=\dfrac{y}{x}$를 대입하

면

$$\log x + \log\left(\frac{y^2}{x^2} - 1\right) = \log c$$

이 된다. 이 식을 정리하면

$$\frac{y^2}{x} - x = c$$

이다.

참고 문헌

1. 김정헌, 암호학 입문, 교우사, 2002
2. 박건, 신용호, 이동수. 대학 수학, uup, 2002
3. 박근영, 교육마술, 올댓컨텐츠, 2012
4. 박근영, 수학마술사의 체, 에듀코리아, 2010
5. 박승안, 대수학과 암호학, 경문사 1999
6. 조용욱, 알기쉬운 선형대수학과 응용, 경문사. 2007
7. 조용욱, 기초수리과학의 응용, 교우사. 2004
8. 조용욱 외 4인, Mathematica를 이용한 일반수학, 교우사, 2003
9. 조용욱 외 3인, 현대대수학 (제3판), 경문사. 2007
10. 조용욱 외 3인, 현대대수학, 경문사. 2000
11. 조용욱, 알기쉬운 자연과학사, 형설출판사, 2001
12. 조용욱, 생활과 수리과학, 경문사, 2008
13. 조용욱, 생활 속의 수학, 신라대학교 출판부 2014
14. H. Anton Elementary Linear Algebra 5th edition, John Wiley, New York, 1987
15. R. Larson & B.H. Edwards, Elementary Linear Algebra, 4-th Ed, 2000
16. http://www.imagebase.net
17. http://www.google.co.kr

찾아보기

(1)
1차 결합(linear combination) 161
1차 독립(linear independence) 161
1차방정식(linear equation) 118
1차 종속(linear dependence) 161

(A)
Abel군(abelian group) 235

(ㄱ)
가역행렬(invertible matrix) 59
가우스-조르단 소거법(Gauss-Jordan elimination) 121
가우스 소거법(Gauss elimination) 121
가환군(commutative group) 235
가환환(commutative ring) 238
강한 상 삼각행렬(strictly upper triangular matrix) 51
강한 하 삼각행렬(strictly lower triangular matrix) 51
같다(equal) 33
같은 방향(same direction) 148
개구간(open interval) 144
거리(distance) 154
거짓(false) 32
결합(associative) 연산 234
계수 227
계수행렬(coefficient matrix) 133
곱(product) 234
곱셈군(multiplicative group) 235
공역(co-domain) 40
공집합(empty set) 33
관계(relation) 36
교대행렬(alternating matrix) 80
교집합(intersection) 34
교환 (commutative) 연산 234
구간(interval) 144
군 동형사상(group isomorphism) 237
군 준동형사상(group homomorphism) 237
극한값(limit value) 172, 176
근방(neighborhood) 172
기본연산(elementary operation) 64
기본 열 연산(elementary column operation) 64
기본적(elementary product) 89
기본 행 연산(elementary row operation) 72
기본행렬(elementary matrix) 66
기약 행 계단행렬 71
기약 행 사다리꼴행렬(reduced row echelon matrix) 71
기치환(odd permutation) 86
길이(length) 152
끝점(end point) 146

(ㄴ)
나눗셈 환(division ring) 238
내적(scalar product 또는 dot product) 148
내적 공간(inner product space) 149
내적함수(inner product function) 148
노름(norm) 152

(ㄷ)
단위벡터(unit vector) 154
단위원(unity) 238
단위행렬(unit matrix) 50
닫혀있다(closed) 54
대각행렬(diagonal matrix) 50

대칭적(symmetric) 36
대칭행렬(symmetric matrix) 80
덧셈연산(addition) 235
도함수(derivative) 182
동등(equivalent) 71
동차 연립1차방정식(homogeneous system of linear equations) 119
동차형(homogeneous form) 229
동치 33
동치관계(equivalence relation) 36
동치류(equivalence class) 36
동형(isomorphic) 237
드 모르강의 법칙(De Morgan's Law) 35

(ㄹ)
로그함수(logarithmic function) 206

(ㅁ)
매개함수 미분법 189
멱집합(power set) 35
면적요소(area element) 213
명제(statement) 32
모노이드(monoid) 235
미분(differential) 192
미분가능(differentiable) 182
미분계수(differential coefficient) 182
미분방정식(differential equation) 227
미적분학의 제1기본정리 203
미적분학의 제2기본정리 203

(ㅂ)
반군(semigroup) 235
반대 방향(opposite direction) 148
반사적(reflexive) 36
반폐구간(half closed interval) 144
벡터(vector) 146, 148
벡터공간(vector space) 146
벡터 삼중적(vector triple product) 167
벡터성분(vector component) 156
변수 분리형(variable separable form) 228
복호화(decryption) 221
복호화 함수(decryption function) 221
부분군(subgroup) 236
부분분수 분해 208
부분집합(subset) 33
부분환(subring) 241
부정적분(indefinite integral) 196
부호부 기본적(signed elementary product) 90
분할(partition) 37
불능 120
불일치(inconsistent) 120
비Abel군(nonabelian group) 235
비가역행렬(non-invertible matrix) 59
비가환군(noncommutative group) 235
비밀키(secret key) 220
비정칙행렬(singular matrix) 59

(ㅅ)
사상(mapping) 40
삼각부등식(triangle inequality) 153
삼각함수 미분공식 189
삼각함수 적분법 207
삼각함수 치환법 207
상(image) 40
상등(equal) 52
상등(equivalent) 147

상미분방정식(ordinary differential equation) 227
상 삼각행렬(upper triangular matrix) 50
상한(upper limit) 198
샌드위치 정리(Sandwich Theorem) 176
생성한다(generate) 168
서로소(disjoint) 34
선두성분(leading entry) 71
선두변수(leading variables) 122
선분요소(line element) 216
선형계(linear system) 118
성분(entry 또는 component) 50
소거법칙(cancellation law) 236
소행렬(minor matrix) 105
수(number) 239
수반행렬(adjoint matrix) 111
순서 n쌍(ordered n-tuple) 144
순서 세 쌍(ordered triples) 144
순서쌍(ordered pair) 144
슈바르츠 부등식(Schwartz inequality) 152
스칼라(scalar) 145, 146, 239
스칼라 곱셈연산(scalar multiplication) 52
스칼라 삼중적(scalar triple product) 167
스칼라행렬(scalar matrix) 51
시점(beginning point) 146

(ㅇ)
암호문(ciphertext) 221
암호문 공간(ciphertext space) 221
암호분석(cryptanalisis) 220
암호시스템(cryptosystem) 221
암호학(cryptology) 220
암호화(encryption) 221
암호화 함수(encryption function) 221
양립(consistent) 120
여인자 행렬(cofactor matrix) 111
여인자(cofactor) 105
여집합(complement) 34
역사상(inverse mapping) 45
역상(inverse image) 40
역연산(inverse operation) 69
역원(inverse) 234
역치환 87
역함수 미분법 189
연립1차방정식(system of linear equations) 118
연산(operation) 234
연속함수(continuous function) 177
연쇄법칙(chain rule) 187
열(column) 50
영벡터(zero vector) 146
영원(zero element) 235, 239
영인자(zero-divisor) 59, 238
영행렬(zero-matrix) 50
완전 미분방정식(exact differential equation) 230
외적(outer product) 164
우극한값(right limit value) 172
우치환(even permutation) 86
원상(pre-image) 40
원소(element) 33
원시함수(primitive function) 196
위치벡터(position vector) 146
유리함수 적분법 208
유클리드 거리(Euclidean distance)

154
유클리드 내적(Euclidean inner product) 148
유클리드 벡터(Euclidean vector) 144
음원(negative element) 235
음함수(implicit function) 188
이항연산(binary operation) 234
일반해(general solution) 228

(ㅈ)
자명한 해(trivial solution) 120
자연대수의 밑수(base of natural logarithm) 205
자연로그함수(natural logarithm function) 205
적분가능(integrable) 199
적분구간(integral interval) 198
적분상수(primitive constant) 196
전단사(bijective 또는 one-to-one correspondence) 사상 41
전도(inversion) 85
전도수(numbers of inversion) 85
전체집합(universal set) 33
전치행렬(transpose matrix) 57
정방행렬(square matrix) 50
정사영(projection) 156
정역(integral domain) 238
정의역(domain) 40
정적분(definite integral) 198
정적분의 기본성질 200
정칙행렬(non-singular matrix) 59
좌극한값(left limit value) 172
좌표(coordinate) 145
주 대각성분(main diagonal) 50
중간값의 정리 179
지수함수(exponential function) 205
직교 148
진부분집합(proper subset) 33

(ㅊ)
차수 227
차집합(difference) 34
참(true) 32
체(field) 238
체적요소(volume element) 215
최대, 최소의 정리 179
추월 85
추월수 85
추이적(transitive) 33
추적(trace) 81
충분조건(sufficient condition) 32
치환공식 197
치환적분법 204

(ㅋ)
카테시언 곱집합(cartesian product) 34
크기(size) 152
크라머의 공식(Cramer's formula) 140
키의 공간(key space) 221

(ㅌ)
특수해(special solution) 228

(ㅍ)
파스칼의 삼각형(Pascal's triangle) 20
편미분방정식(partial differential equation) 227
평서문(plaintext) 220

평서문 공간(plaintext space) 221
평행(parallel) 148
폐구간(closed interval) 144
프랙털(Fractal) 이론 16
피보나치 수열(Fibonacci sequence) 19
피타고라스의 정리(Pythagorean theorem) 155
필요조건(necessary condition) 32
필요충분조건(necessary and sufficient condition) 32

(ㅎ)
하 삼각행렬(lower triangular matrix) 51
하한(lower limit) 198
한정기호(quantifier) 33
함수(function) 40
함수의 오른쪽표기법(left hand side function) 46
함수의 왼쪽표기법(right hand side function) 46
합(sum) 52, 234
합성(composite) 41, 234
합집합(union) 34
항등사상(identity mapping) 41
항등원(identity) 238
항등치환(identity permutation) 86
항등행렬(identity matrix) 50
해(solution) 120
행(row) 49
행 동등(row equivalent) 65
행렬(matrix) 49
행렬식(determinant) 90
행렬의 곱(product of matrices) 53
행렬의 덧셈연산(matrix addition) 52
행렬의 크기(size) 50
확대행렬(augmented matrix) 119
환(ring) 238
후진대입법(back substitution) 124

생활 속의 수리 과학

지은이 조용욱
펴낸이 조경희
펴낸곳 경문사
펴낸날 2015년 3월 5일 1판 1쇄
등 록 1979년 11월 9일 제313-1979-23호
주 소 121-818, 서울특별시 마포구 와우산로 174
전 화 (02)332-2004 팩스 (02)336-5193
이메일 kyungmoon@kyungmoon.com

값 13,000원

ISBN 978-89-6105-902-2